U0342585

锂硫电池原理及正极的
设计与构建

张义永　著

北　京
冶金工业出版社
2022

内 容 提 要

本书是作者在电化学储能领域研究取得进展而总结编写的一部学术专著。内容涵盖了锂硫电池的工作原理、研究成果，内容主要包括多种硫宿主材料和新型电极结构，即材料结构和电极结构的设计思想、制备方法、电化学性能及固硫机理，如碳基材料固硫、有机碳硫聚合物固硫、硫化锂改性及新型电极结构设计与构筑等。最后还对锂硫电池硫正极的研究现状进行总结和展望。本书选材新，内容少而精，注重科学性、先进性和适用性。

本书可作为电化学储能专业及相关专业教学用书，也可供从事电化学储能工作的科学技术人员阅读参考。

图书在版编目(CIP)数据

锂硫电池原理及正极的设计与构建/张义永著.—北京：冶金工业出版社，2020.4（2022.6重印）

ISBN 978-7-5024-8480-4

Ⅰ.①锂…　Ⅱ.①张…　Ⅲ.①锂蓄电池—研究　Ⅳ.①TM912

中国版本图书馆 CIP 数据核字（2020）第 066442 号

锂硫电池原理及正极的设计与构建

出版发行	冶金工业出版社	电　话	(010)64027926
地　址	北京市东城区嵩祝院北巷 39 号	邮　编	100009
网　址	www.mip1953.com	电子信箱	service@ mip1953.com

责任编辑　杨盈园　美术编辑　彭子赫　版式设计　孙跃红
责任校对　王永欣　责任印制　李玉山
北京虎彩文化传播有限公司印刷
2020 年 4 月第 1 版，2022 年 6 月第 3 次印刷
710mm×1000mm　1/16；16.5 印张；321 千字；254 页
定价 98.00 元

投稿电话　（010）64027932　投稿信箱　tougao@cnmip.com.cn
营销中心电话　（010）64044283
冶金工业出版社天猫旗舰店　yjgycbs.tmall.com
（本书如有印装质量问题，本社营销中心负责退换）

前　言

锂硫(Li-S)电池由于具有较高的理论比容量和比能量,且硫具有储量丰富、价格低廉和对环境友好等优点,而被认为是极具潜力的下一代储能体系。然而,由于其循环性能差、库伦效率低和活性材料利用率低等诸多问题,锂硫电池商业化应用一直难以实现。其中,硫正极存在的主要挑战为:

(1)活性材料 S 及其放电产物 Li_2S 的导电性差;

(2)充放电循环过程中产生的多硫化锂易溶于有机电解液,导致"穿梭效应";

(3)充放电循环过程中体积膨胀。

为了解决锂硫电池硫正极存在的问题,作者从设计和制备新型材料及构建新型电极结构出发,一方面旨在从源头上将硫物种固定在硫正极侧,设计和开发了多种硫宿主材料,包括碳纳米管(CNT)/聚合物复合材料、不同还原程度的氧化石墨烯、双掺杂空心碳、双掺杂碳纳纤维/无定形碳材料及有机碳硫聚合物;另一方面旨在将溶解的硫物种吸附再利用,设计和开发了新型双集流体硫正极电极结构,包括在正极通过刮涂的方法构筑碳纤维/聚合物上集流体和通过静电纺丝的方法构筑纤维层上集流体,并系统研究了材料结构特性和硫正极电极构型对锂硫电池电化学性能的影响。

作者作为电化学储能领域科技研究人员,为了能给即将从事储能领域的同行以更多的借鉴,因此本书介绍锂硫电池正极方面的研究进展。为此,作者在阅读大量的文献以及与众多经验丰富的研究人员进行充分交流的基础上,结合自己在硫正极方面的研究,经过系统整理著成本书。

本书按照材料结构和电极结构的设计思想、制备方法、电化学性能及固硫机理,介绍了多种硫宿主材料和新型电极结构。同时,对锂硫电池硫正极的研究进展进行总结和展望。

感谢冶金工业出版社的编辑以及其他有关人士对本书的出版给予的支持和帮助。最后感谢王红叶女士在本书的编写和校对过程中所做的工作。

由于作者水平所限,书中错漏之处,恳请批评指正。

作　者

2019 年 12 月

目　录

1 绪　　论

1.1　引言

　　能源是人类赖以生存的基本物质条件之一，具体体现为：（1）能源是一个国家国民经济的物质基础和保障；（2）能源是一个国家核心竞争力的重要组成部分。作为最大的发展中国家，我国对能源的需求尤为巨大，因此建立环保、经济、高效、可再生、稳定、安全的能源体系，对于我国实现伟大复兴和经济社会可持续发展至关重要。

　　化石能源作为当今能源体系中的重要组成部分，属于不可再生资源，在人类不断开发和使用下终将枯竭，且化石能源燃烧产生的二氧化碳及其他有害气体的大规模排放危及人类的生存环境。煤炭、石油和天然气等不可再生能源的过度使用，不仅引起了能源危机，还带来了一系列环境问题。为了人类生存发展的可持续性，采取行动减少化石能源消耗是必要的，也是必然的。因此人类迫切需要开发清洁、可再生的能源体系，如太阳能、风能和潮汐能等，以满足未来能源的需求。然而新能源的产生往往是间断的、不连续的，很难直接加到电网上利用，并且还受地域的限制，使用范围有限，为了将其大规模应用需要开发稳定且有效的储能系统。因此，在新能源的利用过程中，低成本、高安全性的大型储能设备至关重要。同时，面对化石能源急剧减少和日益严峻的环境问题，我国作为汽车产业大国，顺应社会发展，大力发展电动汽车，既是有效应对能源和环境挑战，实现中国汽车产业可持续发展的必然选择，也是实现汽车产业跨越式发展的重要举措。继法国、德国、荷兰等欧洲国家提出停止销售传统燃油汽车提案后，中国也将这一计划提上日程。2015 年，中国政府在《中国制造 2025》提出将"节能与新能源汽车"作为重点发展领域，建议加速开发下一代锂离子动力电池和新体系动力电池，并提出了动力电池单体能量密度中期达 300Wh/kg、远期 400Wh/kg的目标。2017 年 9 月 9 日上午，国家工业和信息化部副部长辛国斌在中国汽车产业发展国际论坛上披露："目前工信部也启动了相关研究，将会联合相关部门制订我国传统能源汽车退出的时间表，以推动汽车产业持续发展。"根据我国制定的《节能与新能源汽车产业规划（2011—2020）》，纯电动汽车、混合动力汽车是未来发展的重要方向，动力电池为其中的关键技术。2017 年《节能与新能源汽车技术路线》（以下简称《路线》）正式公布，其描绘了我国汽车产业技术未来 15 年的发展蓝图。《路线》指出到 2020 年、2025 年、2030 年，新能源汽车年销量预计分别达到 210 万辆、500 万辆和 1500 万辆，相应的市场占有率分别达到30%、40% 和 50%。一系列相关政策对促进我国节能与新能源汽车产业的发展，发挥了极大的推动和引领作用，但同时对新能源动力电池技术提出了新的挑战，例如《路线》中明确指出到 2030 年纯电动乘用车续航里程预计达 500km，这需要电池单体能量密度能够达到 500Wh/kg，这已经达到目前商业化锂离子电池体系的极限。此外，战略新兴产业，如先进消费电子、智能电网、轨道交通、航空航天、机器人和国家安全等领域，也迫切需要先进储能技术的支持。因此，需要开发新型电池材料和体系，以满足对电池高能量密度、高安全性、长循环寿命和低成本等的要求。

1.2　锂离子电池

现有的电池体系中，锂二次电池因具有高比能量密度、高工作电压、无记忆效应、低自放电率、长工作寿命等优势而被广泛应用，占据了可移动便携式电子设备和电动汽车动力电池的主要市场份额。随着人们生活水平不断提高，目前的锂离子电池体系已不能满足社会发展的需求，发展更高性能的锂离子电池成为行业不断追求的目标。

锂离子电池的发展最早可追溯到 20 世纪 70 年代，首个锂离子电池采用硫化钛作为正极材料，金属锂作为负极材料，但由于综合性能一般，未能大规模应用。随后经过众多科学家的努力，发现了一系列性能较优的正负极材料，并克服了一系列科学及工程技术问题，最终由日本索尼公司在 1991 年率先将锂离子电池（图 1-1）商业化。锂离子电池进入市场后，经过 20 余年的发展，凭借其性能优势迅速在消费类电子产品、电动工具和国防等领域广泛使用，成为一种不可或缺的储能系统。由于锂离子电池自身性能的优越性，及其展现出的巨大发展前景，世界各国对锂离子电池的发展广泛关注。为了发展锂离子电池，占领锂离子电池技术制高点，从中获得更多的利益，各国投入了大量科研经费争先支持锂离子电池领域的研发计划及项目，如美国、日本、德国以及中国等。也正是在各国政府的重视与支持下，锂离子电池研究取得了持续发展，并在人们生活中起到越来越重要的作用。

随着消费电子产品的飞速发展以及电动汽车对延长续航里程的迫切需求，急需大幅度提升电池的能量密度。然而，目前商业化的锂离子电池，其能量密度已经接近其理论能量密度，从技术层面上已达到瓶颈。在电池的构成组分中，电极活性材料决定了电池的工作电压和容量，也就是决定了电池的能量密度，因而发展高能量密度电池的关键在于电极活性材料的开发。因此，优化当前过渡金属氧化物、金属磷酸盐和石墨的嵌/脱锂反应机制，研发出其他更有希望的电池化学反应是提高锂电池性能的必然手段。

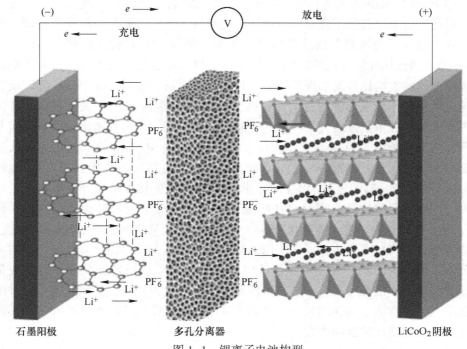

图 1-1 锂离子电池构型

1.3 锂硫电池

1.3.1 锂硫电池的发展历程

相比于商业化的锂离子电池（如 $LiCoO_2/C$：387W·h/kg），锂硫（Li-S）电池具有更高的理论比能量（2600W·h/kg）。此外，使用的硫正极具有储量丰富、成本低和对环境友好等优点，受到了国内外众多科研人员的关注与研究。硫正极的理论容量为 1675mA·h/g（基于 $S^0 \leftrightarrow S^{2-}$ 计算），联合锂硫电池的平均工作电压（2.15V vs Li^+/Li）和锂负极的理论容量（基于 $Li^+ \leftrightarrow Li^0$ 计算出的 3860mA·h/g），可以计算出锂硫电池的理论能量密度约高达 2600W·h/kg，比传统锂离子电池高出约一个数量级（相比于商业化的锂离子电池，如 $LiCoO_2/C$：387W·h/kg）。锂硫电池是一种"绿色电池"，无论硫电极材料本身，还是在充放电使用过程中，几乎不产生对环境有害的物质。有专家预测，按照现有研究进程，在未来几年内，锂硫电池的实际能量密度会得到很大的提高。因此，锂硫电池被认为是当前最具研究吸引力的二次电池体系之一。

锂硫电池的发展可以追溯到 20 世纪 60 年代，1967 年，美国阿贡国家实验室开发了以熔融锂作为负极、硫作为正极的高温锂硫电池体系。为了将该体系应用于室温下，以 Peled 等人为代表，对锂硫电池在室温有机溶剂的充放电行为进行了大量研究，最终确定了锂硫电池体系在充放电过程中的氧化还原反应机理，并且发现电化学行为与溶剂的选择有很大关系。另外一个突破性进展是 2009 年，Nazar 课题组使用高度介孔碳材料（CMK-3）与硫复合制备硫正极，极大地提高了锂硫电池的放电比容量和循环性能。仅在一年之后，美国 Sion Power 公司就将锂硫电池应用于无人驾驶飞机上，并创造了连续飞行 14 天的记录。目前，各国对锂硫电池的技术研发展开了一系列战略布局，例如，美国的斯坦福大学、西北太平洋国家实验室、阿贡国家实验室、Sion Power 公司、Polyplus 公司等；欧洲的德国慕尼黑大学、英国 Oxis 公司、法国 Robotics 公司、西班牙 Leitat 等；亚洲的韩国 LG 化学、韩国三星 SDI 公司、日本新能源产业技术综合开发机构等。在国内，许多科研院校和公司对锂硫电池相关技术展开了积极的研究和应用。例如，2018 年初，中科院大连物化所陈剑团队研制出能量密度达到 609W·h/kg 的锂硫电池，并将该电池体系成功应用于驱动大翼展无人机；2018 年 7 月，中南大学公示了赖延清团队"高比能量锂硫电池技术"相关成果转让协议，总的成果转让费高达 1.4 亿元人民币，进一步推动了锂硫电池的实用化进程。近年来，随着电动汽车、智能电网等的发展，对高能量密度储能体系的需求日益加剧，不断促进了锂硫电池的发展和研究。

1.3.2　锂硫电池的构型及反应机理

锂硫电池的基本构型如图 1-2 所示。负极使用锂金属；正极主要采用单质硫作为活性材料，并且一般还包含黏结剂和导电剂；电解液包含锂盐和有机溶剂，起到促进离子在正负极之间传输的作用。与传统嵌脱式锂离子电池体系不同，锂硫电池是以硫—硫键的断裂和生成实现化学能和电能之间相互转换的电化学储能

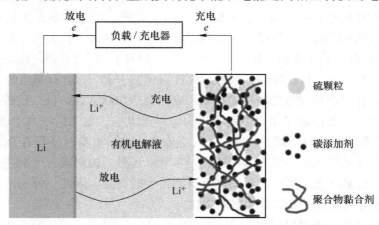

图 1-2　锂硫电池构型

体系。在放电过程中，锂金属被氧化产生锂离子（Li^+）和电子，产生的电子在外电路传输，产生的 Li^+ 迁移到正极与硫发生反应，使硫—硫键断裂，并经过多步电化学反应和化学反应最终生成硫化锂（Li_2S）。在充电过程中，Li_2S 被氧化生成单质硫，产生的 Li^+ 回到负极，发生还原反应生成单质锂。

硫（S）是一种多原子分子，有 30 多种同素异形体，室温下主要以最稳定的环状 S_8 分子形式存在，所以，硫正极活性材料主要为 S_8 分子。S 有三种形态，分别是 α-S、β-S 和 γ-S，其中 β-S 和 γ-S 是亚稳态的，它们在环境温度下储存时转化为 α-S。α-S 的熔点为 115.2℃，沸点为 444.6℃，容易升华，在熔融状态下呈现出独特的黏温特性。加热时，S 熔体的黏度缓慢下降，随着 S_8 环的开环和聚合，其黏度在 160℃附近开始显著增加，直到接近 190℃时，S 开始解聚，导致黏度降低。因此，可以得出 S 在低于 160℃附近有一个最小黏度值。这一特点已被广泛应用到硫复合材料的制备过程中：将 S 加热到 155℃，熔融浸渍到多孔材料中制备 S 复合材料。S 微溶于许多极性电解质溶剂。与单质 S 不同，多硫化物可以在电解质溶液中容易地形成并稳定存在。例如，可以通过单质 S 和硫化锂（Li_2S）的反应容易地制备多硫化锂溶液（Li_2S_n，$n>2$）。

当锂硫电池充放电时，硫正极和锂负极发生的电化学氧化还原反应简写如下：

硫正极：　　　　　　　　　$S+2Li^++2e \Longrightarrow Li_2S$ 　　　　　　　　（1-1）

锂金属负极：　　　　　　　　　$2Li \Longrightarrow 2Li^++2e$ 　　　　　　　　（1-2）

总反应：　　　　　　　　　$S+2Li \Longrightarrow Li_2S$ 　　　　　　　　（1-3）

这是一个两电子反应，按照公式计算，硫正极理论比容量为 1675mA·h/g，锂硫电池的理论能量密度约高达 2600W·h/kg，是目前商业化锂离子电池的 5~7 倍。然而这个电化学反应没有考虑锂硫电池循环过程中产生的多硫化锂中间体溶解的影响。在锂硫电池实际充放电过程中，只有全固态锂硫电池满足上述过程。对醚类有机电解液体系的锂硫电池，硫正极电化学反应是一个复杂的过程，会产生不同链长且能溶于有机电解液的多硫化锂中间体（Li_2S_n，$n>2$）（图 1-3）。溶解的多硫化锂中间体会穿梭到负极发生一系列副反应，导致活性材料的损失和再分布，致使电池容量快速衰减和严重的自放电等。

在充放电过程中，硫正极发生的是一个复杂的、多步骤的氧化还原反应，其中还伴随着多硫化物复杂的相变过程。在放电时，固相单质 $S_8(s)$ 按照式（1-4）~式（1-9）逐步被还原，被还原成的中间体 S_n^{2-}（$8 \geqslant n \geqslant 4$）与锂离子结合形成长链的 Li_2S_n，其易溶于有机电解液，并由于浓度梯度扩散到电解液中。伴随着放电的进行，长链 S_n^{2-}（$8 \geqslant n \geqslant 4$）进一步被还原为短链的多硫离子 S_2^{2-} 和 S^{2-}，与锂离子结合形成在电解液中几乎不溶解的 Li_2S_2 和 Li_2S，如式（1-10）和式（1-11）：

$$S_8(s) \Longleftrightarrow S_8(1) \tag{1-4}$$

$$\frac{1}{2}S_8(1) + e \Longleftrightarrow \frac{1}{2}S_8^{2-} \tag{1-5}$$

$$\frac{3}{2}S_8^{2-} + e \Longleftrightarrow 2S_6^{2-} \tag{1-6}$$

$$S_6^{2-} + e \Longleftrightarrow \frac{3}{2}S_4^{2-} \tag{1-7}$$

$$\frac{1}{2}S_4^{2-} + e \Longleftrightarrow S_2^{2-} \tag{1-8}$$

$$\frac{1}{2}S_2^{2-} + e \Longleftrightarrow S^{2-} \tag{1-9}$$

$$S_2^{2-} + 2Li^+ \Longleftrightarrow Li_2S_2 \tag{1-10}$$

$$S^{2-} + 2Li^+ \Longleftrightarrow Li_2S \tag{1-11}$$

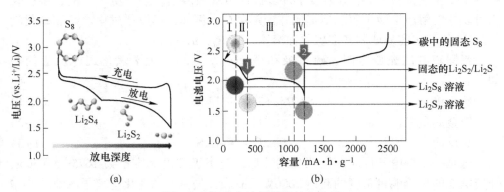

图 1-3　锂硫电池首圈充放电曲线

典型的锂硫电池充放电曲线如图 1-3 所示，具体电化学反应过程如下。如图 1-3 （b）所示，一般放电过程主要可以分为四个部分：高电压放电平台、第一斜线区、低电压放电平台和最终斜线区。首先，高电压放电平台区（约 2.3V）和第一斜线区主要对应硫正极电化学反应式（1-5）～式（1-7）；S_8 分子结合电子和从负极迁移过来的锂离子开环转变成 Li_2S_8，Li_2S_8 溶于有机电解液，促进内部 S 的利用和反应动力学；紧接着，随着放电的继续，长链多硫化锂不断产生，浓度不断增加，从而导致电解液的黏度不断增加，当黏度增加到一定值时，锂离子迁移变得越来越困难，产生浓差极化，电压下降，充放电曲线进入第一斜线区，此时多硫化锂中间体以 Li_2S_4 为主。当继续放电，放电曲线进入低电压平台区（约 2.1V），长链多硫离子慢慢向短链多硫离子（S_2^{2-} 和 S^{2-}）转变，最后与锂离子结合形成不溶的 Li_2S_2 和 Li_2S，阻抗增加，电压下降，放电曲线进入最后斜线区，放电终止，对应硫正极电化学反应式（1-8）～式（1-11）。

同时，如图 1-3（b）所示，也可以根据硫物种相成分的变化，将放电过程分为四个还原区：（1）区域（Ⅰ），从 $S_8(s)$ 到 Li_2S_8 的固液两相还原区（对应反应式（1-4）、式（1-5）），表现出 2.2~2.3V 处的高电压放电平台。在此区域，形成的 Li_2S_8 溶解于液体电解质，成为液相活性物质。这个过程在正极留下许多空隙。（2）区域（Ⅱ），液相 Li_2S_8 还原成短链的多硫化锂的单相还原区（对应反应式（1-6）、式（1-7））。这个区域中，电池的电压急剧下降，随着多硫化锂链长度的减小和多硫化锂数量（浓度）的增加，溶液的黏度逐渐增大。在这个放电区域结束时溶液的黏度达到最大值。（3）区域（Ⅲ），从溶解的短链多硫化锂到不溶解的 Li_2S_2 或 Li_2S 的液-固两相还原区（对应反应式(1-8)~式(1-11)）。这个区域表现出 1.9~2.1V 的低电压放电平台，这是锂硫电池容量的主要贡献区。（4）区域（Ⅳ），不溶的 Li_2S_2 固体还原成 Li_2S 的固-固单相还原区。由于 Li_2S_2 和 Li_2S 的不导电和不溶性，该过程动力学缓慢并且极化较高。在上述四个区域中，区域（Ⅰ）和（Ⅱ）氧化还原穿梭最为显著，这期间电池自放电率高，电池容量损失大。区域（Ⅲ）是锂硫电池容量的主要贡献区。当区域（Ⅲ）中 Li_2S 的生成占主导时，区域（Ⅳ）变得非常短，甚至消失。

实际上，在锂硫电池放电时，硫活性物质的转化过程并不是严格按照上述方程式（1-4）~式（1-11）逐步进行的，实际反应更加复杂（这是由多硫化锂本身特性决定的，因为多硫化锂在放电过程中除了发生电化学氧化还原反应外，还会发生化学歧化反应。与放电相比，充电的电化学反应刚好是其逆反应。首先是一个长而平坦的低充电平台，代表了 Li_2S 氧化成多硫化锂。上充电平台表示溶解区域中的多硫化锂的进一步氧化，向更长链的多硫化锂或 S_8 转变。通过原位 X 射线衍射分析，在充电结束时可以检测到晶体 S）。同时，根据锂硫电池放电过程对应的总反应 $S_8+16Li \rightleftharpoons 8Li_2S$，可知每摩尔的硫反应需要消耗 2mol 电子，对应的理论比容量为 1675mA·h/g。但是，实际获得的首圈放电比容量只有 1000~1300mA·h/g，这可能与自放电、化学反应的消耗、多硫化锂的溶解和穿梭、生成的固体 Li_2S_2 和 Li_2S 覆盖在碳材料表面阻止了反应的进行等因素有关。为了更好地了解锂硫电池充放电过程中的电化学反应机制，下面分别对固体材料和中间相液体材料两个方面的相关研究进行介绍。

1.3.2.1 固体材料相关研究

对于充放电过程中存在的固体材料，主要有原材料 S_8 和还原产物 Li_2S 以及 Li_2S_2。其中硫（S）是一种多原子分子，有 30 多种同素异形体，室温下主要以最稳定的环状 S_8 分子形式存在，所以，硫正极活性材料主要为 S_8 分子。由于 S_8 分子不同的空间排列，S 有三种形态，分别是 α-S、β-S 和 γ-S，其中 β-S 和 γ-S 是亚稳态的，它们在环境温度下储存时转化为 α-S。在锂硫充放电过程中，主要存在以下疑问：（1）对于原始材料 S_8，放电过程中经历怎样的变化？放电结束时，是否完全反应？在后续充放电过程中，能否回到原始 S_8 状态？还是以 Li_2S_8 的形式存在？此外，其晶型和形貌是否发生改变？（2）对于还原产物 Li_2S，放电时，在哪个阶段开始产生？最终产物是 Li_2S_2 还是 Li_2S 或是二者混合物？充电时如何变化？充电结束时是否完全反应？

对于以上疑问，由于固体材料（α-S_8、β-S_8、Li_2S 和 Li_2S_2）都具有一定的晶体结构，因此利用 X 射线衍射（XRD）技术能够很好地监测其在充放电过程中的变化，尤其是同步辐射技术的发展，能够提供更强的光源，从而获得更高质量的 XRD 衍射峰，可为研究锂硫电池充放电机理提供很大帮助。2012 年，Cui 课题组首次采用同步辐射作为光源，利用在线 XRD 技术实时检测锂硫电池充放电过程中 S_8 和 Li_2S 的变化。结果发现单质硫在放电过程中，其 XRD 峰强逐渐减弱，至第一个放电平台结束前完全消失；充电过程是否能够回到硫的晶体结构，与正极材料有关，对于纯硫正极能够监测到硫的 XRD 峰，但是采用石墨烯/聚氧化乙烯/硫复合材料作为正极时，却没有观察到硫对应的 XRD 峰。对于 Li_2S，在放电过程中始终没有监测到相应的 XRD 峰，而在非原位 XRD 能观察到 Li_2S 的存在，与之前报道一致。作者认为这是因为生成的 Li_2S 以无定形的形式存在，只有静置之后才能变为晶体。但是在随后的原位或在线 XRD 研究中，大部分工作都检测到在放电阶段生成 Li_2S，只是对 Li_2S 开始形成的阶段存在争议，有的学者认为在第二个平台刚开始能观察到，有的学者认为是在第二个平台后期。

近年来，随着联用技术以及三维成像技术的发展，研究人员对锂硫电池充放电过程机理的研究更加全面。2018 年，Abruna 课题组采用同步辐射 X 射线作为光源，结合在线 XRD、X 射线显微镜（XRM）和 X 射线断层摄影，重点观察了硫正极在溶解和再形成过程中的晶体结构以及形貌的变化。如图 1-4 所示，放电时，单质 α-S_8 在第一个平台结束前（20% 放电深度（DOD））完全消失，充电末端（90% 充电状态（SOC））出现 β-S_8，并且与原始极片相比，硫的分布更加均匀；放电时，与大部分研究结果相同，Li_2S 在第二个平台开始时就出现，充电后期（80%SOC）完全消失。此外，作者还研究了温度和电流变化对硫和 Li_2S 形貌的影响，发现对于 α-S_8，一方面温度越高，其反应速度越快；另一方面，电流密度越大，再次形成的硫颗粒粒度越小，且分布越均匀，这是由于过电位增加，导致成核电流密度增加引起的。对于 Li_2S，在低温和大电流密度下，由于过电位增加，传输速度变慢，导致其生成的粒径更小。从上述研究可以看出，对于原始反应物 α-S_8，发现其在第一个平台结束前完全反应，充电后期晶体结构有所改变（形成 β-S_8），且位置有所改变，硫的分布更均匀；对于放电产物 Li_2S，发现其在第二个放电平台开始时出现，充电后期完全反应。

对于固体 Li_2S_2 的相关研究，虽然理论计算证明了 S_2^{2-} 的存在，但是在原位

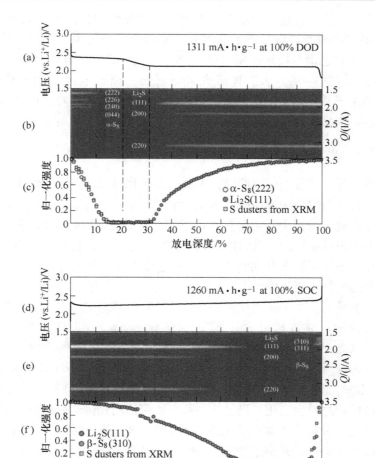

图 1-4 在线 XRD 和 XMS 研究锂硫电池

（a）放电曲线；（b）对应的放电过程中在线 XRD；（c）0.1C 放电下，α-S_0 和 Li_2S 的强度；
（d）充电曲线；（e）对应的充电过程中在线 XRD；（f）0.1C 充电下，Li_2S 和 β-S_0 的强度

或在线 XRD 中都很难检测到 Li_2S_2 的信号，这可能是因为 Li_2S_2 具有比 Li_2S 更高的电化学反应活性和形成能，导致其在锂硫电池体系中热力学不稳定。Walus 利用在线 XRD 技术，重点对放电过程中的物质进行了定量分析，观察到放电过程中 Li_2S 的生成存在两个明显不同的阶段，前期生成速度快，后期生成速度慢。将物质的量和对应放电比容量进行定量分析，发现这是由于有 Li_2S_2 的生成，24% 的 S_4^{2-} 转化为 Li_2S，72% 的 S_4^{2-} 生成 Li_2S_2，因此放电产物是 Li_2S 和 Li_2S_2 的混合物，这也解释了放电过程中比容量比理论值要小的原因。在之后的研究中，Zaghib 课题组利用在线 XRD 技术观察到了 Li_2S_2 的晶体相会在放电末端出现，但

是由于其不稳定，只有在高浓度锂盐电解液中才能检测到。虽然 Li_2S_2 的固体晶体相在 XRD 中很难检测到，但是采用其他光谱学分析技术，例如紫外可见光谱（UV-vis）、液相色谱与质谱联用（LC-MS）、X 射线吸收光谱（XAS）等在实验中检测到了 S_2^{2-} 的存在。从上述研究可以看出，锂硫电池在放电后期会产生 Li_2S_2，但是由于其热力学不稳定性，只能以亚稳态的形式存在，因此在原位测试中很难观察到其晶体结构。

1.3.2.2　中间相材料相关研究

充放电过程中产生的中间产物，主要是多硫化锂（Li_2S_n，$2<n\leqslant8$），对其定性和定量分析，能够为理解锂硫电池充放电过程中发生的氧化还原过程提供更多的信息。在充放电过程中，主要存在以下疑问：（1）各种多硫化锂在哪个阶段产生？哪个阶段开始反应？是否能够稳定存在？（2）$S_3^{·-}$ 自由基是否存在？何时产生？在什么条件下稳定存在？（3）充放电结束后，是否存在多硫化锂？如果存在，主要是何种多硫化锂？

对于以上疑问，由于多硫化锂很容易溶解到电解液中，故主要是对其相应的阴离子进行分析，例如 S_8^{2-}、S_7^{2-}、S_6^{2-}、S_5^{2-}、S_4^{2-}、S_3^{2-}、S_2^{2-}、S_2^{-}、$S_3^{·-}$、$S_2^{·-}$、$S^{·-}$ 等多硫离子及其自由基。根据链的长度，可分为高阶聚硫离子或长链多硫离子（S_n^{2-}，$6\leqslant n\leqslant8$）和中阶聚硫离子或中链多硫离子（S_n^{2-}，$2<n<6$）以及短链硫，主要指 S_2^{2-} 和 S_2^{-}。随着链长的减小，硫原子表现出更低的还原态，因此硫原子周围化学环境也随之发生变化。根据这一特征，可使用光谱学分析技术对多硫离子浓度的变化进行分析，例如核磁共振（NMR）、电子顺磁共振（EPR）、拉曼光谱（Raman）、UV-vis 光谱、质谱（MS）及其联用技术、X 射线光电子能谱（XPS）、XAS 等。随着近年来原位装置和各项技术的发展，有人用各类原位或在线检测技术对锂硫电池充放电过程中多硫离子的变化进行了一系列深入系统的研究，例如 Dominko 课题组基于在线 UV-vis 技术，Nazar 课题组和 Abruna 课题组基于同步辐射原位 XAS 技术。由于常规醚类溶剂（如 1,3-二氧戊烷（DOL）和乙二醇二甲醚（DME））挥发性和腐蚀性较强，以及锂盐（如双三氟甲基磺酰亚胺锂（LiTFSI））对光谱吸收强，产生干扰大，所以常选择砜类或离子液体作为溶剂，选择高氯酸锂（$LiClO_4$）作为锂盐。

考虑到电解液体系对锂硫电池充放电过程的影响，而且多硫化锂在不同电解液体系中，对应的谱峰位置不同，导致机理解释不同，因此为了避免电解液的影响，而且更接近实际电池体系，表 1-1 列举了近年来在常规电解液中（LiTFSI 作为锂盐，DOL/DME 作为溶剂）利用原位或在线检测技术对多硫离子在锂硫电池充放电过程的相关研究。从大量研究可以看出，在放电过程中，首先出现的是高阶和中阶多硫离子，最后才出现 S_2^{2-} 和 Li_2S 对应的峰；第一个高的电压平台主要与长链多硫离子的形成有关；两个电压平台之间的斜率与中链多硫离子的形成有关；第二个低的放电平台与 S_2^{2-} 和 Li_2S 的形成有关；放电结束时主要存在 Li_2S 和 Li_2S_2 和少量中链多硫离子。充电时，S_2^{2-} 和 Li_2S 逐渐减少，中链和长链多硫离子逐渐增加；充电结束时主要存在长链和中链多硫离子。

表 1-1　锂硫充放电过程中对中间相多硫化锂的相关研究

技术	第一个电压平台	电压斜率	第二个电压平台	放电结束	充电过程	充电结束
原位 EPR	S_8^{2-}，S_6^{2-}，$S_3^{·-}$	S_4^{2-}	Li_2S_2 和 Li_2S	LiS_2，Li_2S_2，S_6^{2-}，S_4^{2-}，S_3^{-}	S_4^{2-} 反应，生成 S_8^{2-} 和 S_6^{2-}	存在 S_8
原生 7Li NMR	Li_2S_8，Li_2S_6 和 Li_2S_4		Li_2S	Li_2S	短链硫减少，长链硫增加	存要固体 S_8（52%）
原位 Raman	S_8^{2-}，S_4^{2-}		Li_2S_2 和 Li_2S		S_4^{2-} 和 S_8^{2-} 逐渐增加	存在 S_4^{2-} 和 S_n^{2-}
原位 Raman	S_8，S_8^{2-} 和 S_4^{2-}，同时存在 S_7^{2-}，S_5^{2-}，S_8^{2-}	S_4^{2-}，S_2^{2-}	S_2^{2-}，Li_2S，同时存在 S_3^{2-}，S_6^{2-}，S_4^{2-}，S_2^{2-}	Li_2S，S_8，同时存在 S_3^{2-}，S_6^{2-}，S_2^{2-}	短链硫强度减少，长链硫强度增加	S_8

图 1-5 所示是美国太平洋西北国家实验室利用原位 EPR 技术研究的锂硫电池充放电机理。根据研究结果所示，在放电过程中，S_8 首先开环生成长链 S_8^{2-}，随后快速歧化分解产生 S_6^{2-} 和 $S_3^{·-}$。由于 S_8^{2-} 的生成属于两相电化学反应，而 S_6^{2-} 和 $S_3^{·-}$ 的生成属于化学反应，因此表现出一个电压平台。接着电压平台下降，S_8^{2-}、S_6^{2-} 和 $S_3^{·-}$ 发生电化学还原反应，生成 S_4^{2-}，属于液液转化反应，表现出一条斜率（2.3~2.1V）。随着放电过程进行，S_4^{2-} 进一步发生电化学还原反应，产生 Li_2S_2 和 Li_2S，属于液固转化反应，表现为一个电压平台。在这个过程中伴随化学分解反应。在放电结束时，存在的固体材料有 Li_2S_2 和 Li_2S，同时存在中间相材料 S_6^{2-}、$S_3^{·-}$ 和 S_4^{2-}，并且物质之间存在化学平衡反应。这一结果很好地解释了充电过程只表现出一个高的 2.4V 的电压平台，这是由于在充电过程中，S_4^{2-} 会立即反应，生成长链 S_8^{2-} 和 S_6^{2-}，随后继续反应生成 S_8，从而促进固体 Li_2S 和 Li_2S_2 的转化反应。

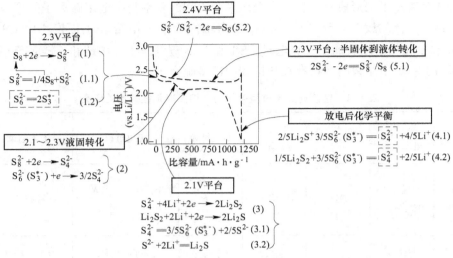

图 1-5　充放电过程中锂硫电池反应机理

对于 $S_3^{\cdot-}$ 自由基的检测，大量研究表明其是否存在与电解液选择有关，一般认为自由基在高极性的电解液中能够稳定存在，如二甲亚砜（DMSO）、二甲基甲酰胺（DMF）、二甲基乙酰胺（DMA）、乙腈等；而在介电常数低的溶剂中不能稳定存在，如四氢呋喃（THF）、DOL 及其衍生物等。对于 $S_3^{\cdot-}$ 自由基，主要存在以下反应：首先来源于 S_6^{2-} 分解，对应反应式（1-12）；随着反应的进行，进一步发生还原反应，对应反应式（1-13）和式（1-14）；除此之外，S_4^{2-} 和 S_3^{2-} 也可能发生化学氧化反应生成 $S_3^{\cdot-}$ 自由基，对应反应式（1-14）~式（1-16）。由于具有高的电化学反应活性，$S_3^{\cdot-}$ 自由基能够促进电化学反应动力学，特别是促进不溶性 Li_2S_2 和 Li_2S 向多硫化锂的转化。

$$S_6^{2-} \rightleftharpoons 2S_3^{\cdot-} \qquad (1-12)$$

$$S_3^{\cdot-} + e \rightleftharpoons S_3^{2-} \qquad (1-13)$$

$$2S_3^{2-} + 2S_3^{\cdot-} \longrightarrow 3S_4^{2-} \qquad (1-14)$$

$$S_4^{2-} + 1/4S_8 \longrightarrow 2S_3^{\cdot-} \qquad (1-15)$$

$$S_3^{2-} + 3/8S_8 \longrightarrow 2S_3^{\cdot-} \qquad (1-16)$$

从上述讨论可以看出，对锂硫电池中产生的固体，主要通过检测其晶体结构的变化对其进行分析，但是在进行机理研究的时候需要考虑硫正极材料及其负载量、电解液选择及其用量、测试条件（如电流密度和温度）等因素的影响。对于中间相多硫化锂，主要检测其对应的阴离子，但是由于中间相多硫化锂在电解液中多相共存，而且稳定性差，导致对其分析和检测存在困难。在进行机理研究时，需要考虑原位电池或在线电池装置设计、电解液的选择和峰的归属等问题。

1.3.3 锂硫电池的应用

锂硫电池由于其活性材料 S 成本低、环境友好、高质量/体积能量密度和较低的工作电压,可大规模用于电动汽车;此外,也可以进一步延长诸如智能电话或笔记本电脑等便携式电子设备中电池的使用时间。目前,智能手机的电池大约可以使用一天,笔记本电脑的使用时间就仅有几个小时。利用锂硫电池技术,便携式电子设备的使用时间可以比锂离子电池至少长 3 倍。锂硫电池也可以设计为在正极侧具有多硫化锂阴极电解液罐的半流动型电池,这个概念最近被证明是可行的。这种氧化还原半液流锂硫电池适用于风能、太阳能、地热、水电等间歇式可再生能源的大规模固定储存。此外,这种半液流式锂硫电池也可以成为智能电网应用的另一个潜在解决方案。

1.3.4 锂硫电池的挑战

一个好的电化学储能体系应当具有以下特点:高的比能量和比容量、长的循环稳定性、良好的倍率性能、宽的工作温度、良好的机械性能和化学稳定性、无自放电、低的成本等。尽管锂硫电池具有高的理论比容量和比能量,而且硫正极具有成本低、对环境友好等优点,但是锂硫电池也面临自身的问题,例如多硫化锂的溶解和穿梭、活性物质导电性差、体积膨胀、自放电及锂负极安全性等一系列问题,导致其面临容量快速衰减、循环稳定性和倍率性能差,锂硫电池商业化应用一直难以实现。锂硫电池正极存在的挑战具体描述如下。

1.3.4.1 多硫化锂中间体的溶解

由上面所述反应机理可知,锂硫电池在放电时正极会产生中间产物多硫化锂,形成的多硫化锂很容易从电极表面扩散,既能溶解于水系电解液,又能溶解于有机系电解液。在有些非质子溶剂中(如 DMSO 和 THF),多硫化锂的溶解度可以超过 10M。溶解的多硫化锂(Li_2S_n,$n>2$)可以自由迁移,与导电添加剂紧密接触,因此多硫化锂的溶解能够促进固体 S_8 和 Li_2S 在电化学过程中的转化,可以有助于活性材料的利用;但是也带来许多缺点。当可溶性多硫化锂迁移出阴极区域时,它们可能不再参与正极的电化学反应,并可进一步与电解质反应,消耗活性材料和溶剂分子,导致循环期间容量衰减;同时,多硫化锂的溶解还会造成"穿梭效应"、自放电和硫化锂电沉积,影响电池性能。具体分析如下。

A 穿梭效应

在锂硫电池中,产生的物质主要依靠电场力和浓度梯度力在电池内部传输。在放电过程中,多硫化锂从正极产生,浓度梯度力和电场力方向相同,促使多硫化锂从正极扩散到电解液中。在充电过程中,电场力和浓度梯度力相反,随着电压的升高，电场力增加，但在正极区产生的长链多硫化锂浓度也增加，当其浓度梯度力大于电场力时，会在浓度梯度力的作用下扩散到锂金属负极区，并和锂金属发生反应，生成中链多硫化锂。由于中链多硫化锂的电荷密度大，受到的电场力比长链多硫化锂更大，因此在电场力的作用下中链多硫化锂回到正极发生氧化反应，生成长链多硫化锂。而产生的长链多硫化锂浓度增加，又会在浓度梯度力的作用下扩散到锂负极，这样循环往复来回运动，从而产生"穿梭效应"。多硫化锂的穿梭效应在高电压充电平台区特别明显。因为长链多硫化锂可以通过隔膜迁移到负极侧，并在锂金属负极被电化学和化学还原（式（1-17）和式（1-18）），然后转化为短链多硫化锂，短链多硫化锂又可以反向扩散到正极侧，并被再次氧化成长链多硫化锂。周而复始，不断进行，有时容量甚至超过了硫正极的理论容量。如果穿过隔膜的多硫化锂与金属锂发生如方程式（1-19）和式（1-20）所示的反应，在负极生成 Li_2S 和 Li_2S_2 钝化层，一方面会消耗正极活性物质，另一方面导致负极的腐蚀及钝化，同时也会降低电池的库伦效率，在充放电曲线中，表现为电压无法升高，出现严重的过充现象。从锂硫电池体系穿梭效应的数理化理论模型可知，锂硫电池的穿梭是和多硫化锂的浓度、锂盐的浓度、电流密度、高平台容量、穿梭常数等因素相关的复杂函数。因此，为了减缓穿梭效应，通常可以采取以下措施：一是对硫正极材料进行改性，减少多硫化锂的溶解，从而减少浓度梯度力；二是从电解液出发，例如增大盐的浓度，从而增大电解液的黏度以达到减缓多硫化锂运动的目的；三是增加电流密度，从而增加电场力。

$$(n-1)Li_2S_n + 2Li^+ + 2e \rightleftharpoons nLi_2S_{n-1} \qquad (1-17)$$

$$(n-1)Li_2S_n + 2Li \rightleftharpoons nLiS_{n-1} \qquad (1-18)$$

$$2Li + Li_2S_n \rightleftharpoons Li_2S \downarrow + Li_2S_{n-1} \qquad (1-19)$$

$$2Li + Li_2S_n \rightleftharpoons Li_2S_2 \downarrow + Li_2S_{n-2} \qquad (1-20)$$

B　自放电

自放电是由多硫化锂溶解造成的另外一个副反应，是锂硫电池固有的缺点之一。自放电，即在锂硫电池静置储存过程中，随着储存时间的增加，正极的活性材料 S 会慢慢地与电解液中的锂离子反应，生成长链的多硫化锂，其慢慢从正极迁移、扩散到电解液中，穿梭到负极与锂金属发生化学反应生成短链的硫化锂，造成电池容量的损失。当自放电发生时，锂硫电池的开路电位下降，约 2.3V 的高电压放电平台变短或者消失。为了避免锂硫电池发生自放电，设计有效的电池构造来阻止充电产物与锂反应，阻止反应产物溶解于有机电解液中是一个较好的办法。例如，在电解液中添加硝酸锂，其可以在锂负极和正极表面形成稳定的SEI 膜，阻止多硫化锂扩散到电解液，抑制扩散到负极区的多硫化锂与锂金属负极反应，使锂硫电池的自放电率明显降低。

C 硫化锂和硫的不均匀沉积

锂硫电池充放电循环是一个固-液-固的三相反应，循环后的最终产物 Li_2S、Li_2S_2 和 S 会在电极表面不均匀沉积。这种不均匀沉积行为可能使正极的导电性变差，部分活性物质与导电相分离而失去活性，导致形成一些"非活性区域"，造成不可逆容量损失，使电池性能恶化；更重要的是，如果 Li_2S、Li_2S_2 和 S 聚集，会形成较厚的绝缘层，阻碍电子和锂离子的传输，而且改变电极/电解液的界面状态，可能会导致电池失效。由于在具有有机电解液体系的锂硫电池中，发生电化学反应期间多硫化锂溶解是不可避免的，因此正极基体中应设计适当的孔分布，以便在孔中捕获可溶性多硫化锂中间体，以此来避免活性物质在电极表面上的不均匀沉积。

1.3.4.2 活性物质导电性差

锂硫电池正极活性材料单质硫具有很低的电子导电性，在20℃时，其电阻率高达 $2 \times 10^{23} \mu\Omega \cdot cm$ 或电导率低至 $5 \times 10^{-30} S/cm$。理论计算表明，锂硫电池中存在的固相材料（α-S_8，β-S_8，Li_2S 和 Li_2S_2）能带间隙大于 2.5eV，都属于电子绝缘体。差的电子导电性引起活性材料不稳定的电子接触，导致活性物质之间转化率低，从而获得的倍率性能差、活性物质利用率低。为了确保电子和锂离子的快速传导，硫正极在制备过程中必须加入大量的导电添加剂，由于导电添加剂是非活性的，不提供容量，因此会导致正极的整体容量降低；同时，大量导电添加剂的加入，也给制备均匀分散的正极活性浆料增加了操作难度。

1.3.4.3 体积膨胀

由反应式（1-1）可以看出，硫正极在充放电循环过程中的最终产物是 S 和 Li_2S。由于单质硫和放电产物 Li_2S 的密度不同，分别为 $2.03g/cm^3$ 和 $1.66g/cm^3$，故导致放电过程硫正极体积膨胀（约80%）。不断的体积膨胀和收缩会引起活性物质从集流体上脱落，从而失去电接触。此外，对于锂负极，在充放电过程中，锂金属会发生剥离和沉积，使电极产生巨大的收缩和膨胀，且随着容量的增加，体积变化更加显著。He 等人对充放电过程中锂硫电池的正负极厚度进行了测试，结果表明，在放电过程中，硫正极体积膨胀，厚度增加约22%，而锂负极剥离溶解，厚度减小，导致隔膜向锂负极方向移动；在充电过程中，硫正极厚度减小，而锂负极沉积厚度增加，导致隔膜向硫正极移动。虽然在充放电过程中，正负极的变化能够保持整个电池的厚度变化不大，但是巨大的体积膨胀和收缩会引起活性物质从电极表面脱落，导致在充放电循环过程中容量不断衰减。整体导电网络的破坏，最终致使电池性能恶化，甚至失效。为了缓冲体积膨胀，可以使用柔性碳材料复合，或者使用部分填充 S 的复合材料和使用韧性比较强的黏结剂等。

1.3.4.4　正极结构破坏

放电中间产物多硫化锂易溶于有机电解液，在充放电循环过程中，会从正极中迁移溶出；而放电终产物 Li_2S_2、Li_2S 不溶于有机电解液，在循环过程中将会发生一系列沉淀/溶解反应，正极活性物质将会在液相和固相间发生相的转移；由于体积效应，正极也会不断膨胀和收缩，这些将导致正极结构逐步破坏，甚至失效。同时，固态放电产物 Li_2S_2 和 Li_2S 在正极上的不均匀沉积和聚集，会形成较厚的绝缘层，阻碍电子和锂离子的传输，部分 Li_2S_2 和 Li_2S 将会与导电相分离，失去活性，从而导致正极容量损失及正极结构的破坏。国防科技大学 Diao 等研究人员认为，由于电解液体系中存在长链多硫化锂，它们与 Li_2S_2 和 Li_2S 发生如式（1–21）和式（1–22）的反应，提高了 Li_2S_2 和 Li_2S 的可逆性，不可逆 Li_2S_2 和 Li_2S 的量在 20 次循环后不超过 10%。但是在放电过程中 Li_2S_2 和 Li_2S 将会与电解液分解产物 LiOR、HCO_2Li 等发生共沉积，这些电解液分解产物没有电化学活性，随着循环的进行，它们在正极上不断累积，使得正极导电性变差，从而导致结构的破坏。

$$Li_2S_2 + Li_2S_n \Longleftrightarrow Li_2S_k + Li_2S_{(n-k+2)} \tag{1-21}$$

$$Li_2S + Li_2S_n \Longleftrightarrow Li_2S_k + Li_2S_{(n-k+1)} \tag{1-22}$$

1.3.4.5　活性物质的不可逆氧化

活性物质的不可逆氧化是导致锂硫电池容量衰减的重要原因之一。然而，由于长链多硫化锂被氧化成 Li_xSO_y 是一个动力学十分缓慢的过程，反应并不明显，在循环伏安测试中，其氧化峰很难与多硫化锂的逐级氧化峰区分开来，因此在通常状态下，没有引起科研人员的注意。但是在穿梭效应十分活跃的情况下，电池的充电过程被延长，使得氧化产物 Li_xSO_y 的生成量显著增加，从而为长链多硫化锂转化为 Li_xSO_y 氧化反应的存在提供了充分的证据。国防科技大学 Diao 等人通过对正极产物的分析，首次发现了 Li_xSO_y 在正极的生成，并且沉积量随着充放电循环次数的增加而增多，这意味着活性物质的损失不可逆。

1.3.4.6　锂负极腐蚀和安全

锂硫电池使用锂金属作为负极，锂负极由于具有比容量高（3860mA·h/g）和电压平台低（-3.04V 相对于标准氢电极）的优势，被认为是获得高比能量储能体系的理想选择。但是，在实际应用过程中锂负极的使用会引发一系列安全问题。由于锂负极具有很高的反应活性，能够与电解液自发的发生反应，故在锂负极和电解液界面会形成固体电解质界面膜（SEI）。虽然 SEI 的形成能够阻止锂金属和电解液的进一步反应，但是锂金属在沉积和剥离过程中产生大量的体积膨胀，导致 SEI 的破裂，引起 Li^+ 不均匀的沉积和溶解，最终诱导产生锂枝晶。锂枝晶的产生不仅消耗大量的锂，还会导致电池内部短路，引发安全问题。在锂硫电池体系中，溶解的多硫化锂会和锂金属发生反应，生成固体 Li_2S 和 Li_2S_2 沉积在锂金属表面（反应式（1-23）和式（1-24）），不仅导致 SEI 的成分更加复杂，还会引起活性物质损失、锂金属表面腐蚀等一系列问题。生成的固体产物会与溶解的硫物质进一步发生反应（如反应式（1-25）和式（1-26）），生成可溶解的中链多硫化锂，从而加剧 SEI 的不稳定性。

$$2Li + Li_2S_x \longrightarrow Li_2S_{x-1} + Li_2S \qquad (1-23)$$

$$2Li + Li_2S_x \longrightarrow Li_2S_{x-2} + Li_2S_2 \qquad (1-24)$$

$$Li_2S + S_x \longrightarrow Li_2S_{x+1} \qquad (1-25)$$

$$Li_2S + Li_2S_x \longrightarrow Li_2S_{x-m} + Li_2S_{m+1} \qquad (1-26)$$

关于锂硫电池中锂负极反应的问题，Zhu 等人采用原位 XRD 和 Raman 技术检测到锂负极表面存在单质硫和溶解的多硫化锂，意味着锂金属不仅与溶解的硫反应，还与多硫化锂反应，最终导致了锂金属的腐蚀和活性物质的损失。此外，Wang 等人利用原位 ^7Li NMR 观察锂硫电池中锂金属负极的变化，发现在首圈放电之后，锂表面强度不断降低，表明锂表面生成非活性的枝晶或苔藓状锂。循环四圈之后，检测到 Li_2S 的信号，这是由多硫化锂的溶解与锂金属反应导致的。

总之，为改善锂硫电池的电化学性能，进一步提高电池的比容量、循环性能、倍率性能和安全等特性，国内外学者在硫正极材料、电解质和锂负极等方面开展了大量的改性研究工作，也取得了许多有意义的研究成果。以下分别从这三个方面就当前的研究现状进行文献评述，重点介绍硫正极区的改性研究。

1.4 锂硫电池正极改性研究

硫正极作为锂硫电池的重要组成部分，是提供高比容量的重要因素，但是由于其自身存在导电性差、体积膨胀和多硫化锂溶解等问题，导致锂硫电池活性物质利用率低和循环稳定性差。2009 年，Nazar 课题组提出利用高度有序的介孔碳材料与硫进行复合（图 1-6），结果表明制备的硫/介孔碳复合材料表现出高的比容量和高的稳定性，这是由于介孔碳材料不仅能够为活性物质硫提供良好的电子接触，还能提供良好的物理吸附作用，从而提高活性物质利用率、抑制多硫化锂的溶解。这项工作为锂硫电池的发展取得了突破性进展，2012~2019 年，锂硫电池方面的研究论文出现井喷现象，其中一半以上的研究都集中在通过硫正极的改性以改善锂硫电池性能。主要包括制备各种硫/碳复合材料、硫/聚合物复合材料、硫/金属化合物复合材料以及硫化锂改性，以下分别作详细介绍。

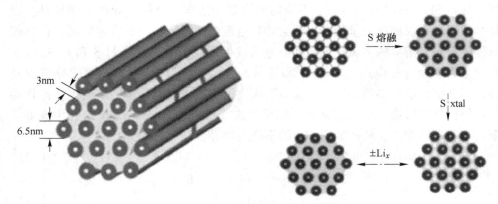

图 1-6 介孔 CMK-3 固硫示意图

1.4.1 硫/碳复合材料

由于锂硫电池本身固有的问题，为了更好地提高硫正极性能，构建各种形貌和结构的硫/碳复合材料是比较常见和有效的方法。碳材料作为改进硫正极的重要功能复合材料，不仅具有良好的电子导电性，同时能够设计丰富的多孔结构，为硫物质提供一定物理吸附和空间限域作用，从而抑制多硫化锂的溶解和穿梭。常用的容纳活性物质 S 的碳基底主要包括炭黑、微孔碳、介孔碳、中空碳球、碳纳米管、碳纳米纤维和石墨烯以及它们的混合物。由于硫单质独特的物理性质，制备硫/碳复合材料时，通常是先制备功能碳材料，再通过物理或化学方法将硫灌注于碳材料中，硫/碳复合材料的制备方法如图 1-7 所示，可分为简单混合、球磨渗透、高温熔融渗透、S 蒸汽渗透、溶解的多硫化物溶液渗透和化学反应沉积等。几项研究表明，活性材料初始阶段的物相、形态和分布可能仅影响前面几圈充放电循环。这是因为固相 S 在充放电循环过程中转化为液相多硫化锂，然后自由迁移到其热力学稳定的碳结构中优选的位置。因此，碳基底的性能是影响硫/碳复合材料硫正极性能的主要因素。下面对主要的几种硫/碳复合材料进行详细介绍。

1.4.1.1 多孔碳基底

S 是一种电子绝缘体，为使 S 得到充分利用，需要将其与导电碳基底结合成一种复合材料，并使 S 与导电碳基底的接触尽可能地接近纳米尺度。不管 S 是渗入（如活性炭材料、空心球）或分散在基底（如石墨烯、碳纳米管）上，都需要巨大的接触面积以使扩散路径和阻力最小化。但是，两个效应是相反的影响。多孔碳材料由于具有可调节的孔结构、比表面积和孔体积等特点，能够有效容纳活性物质硫和空间上限制多硫化锂的溶解和穿梭，而广泛应用于锂硫电池中。根据多孔材料孔径（d）的大小，其孔结构可以分为三种类型：微孔（$d<2nm$）、介孔（$2nm \leqslant d<50nm$）和大孔（$d \geqslant 50nm$）。三种孔结构由于尺寸效应而有不同

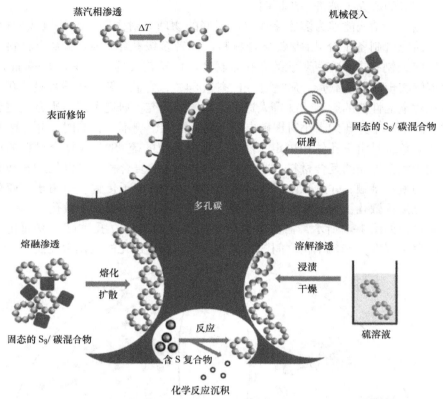

图 1-7　碳/硫复合的不同方法

功能。微孔由于其小尺寸空间纳米限域效应，被证明是容纳可溶性多硫化锂的理想容器；介孔在正极区域可为电解液提供丰富的通道，因而可以促进锂离子运输；大孔可能太大而不能牢固地存储活性物质或电解液。由碳纳米管（CNT）或碳纳米纤维（CNF）构建的一些多孔导电网络结构，由于孔结构之间的错位与堆叠而具有高吸收性，也能够一定程度上抑制多硫化锂迁移。同时，也有研究者通过各种精细的合成方法在 CNT 和 CNF 上引入各种孔结构，将其用作碳基底，以获得硫/碳复合材料循环性能的改善。

大量研究表明，当碳基底的孔结构减少到微孔尺度时，硫在其中的电活性行为明显不同。例如 Zhang 等人将硫封装在微孔碳球中，发现微孔碳/硫复合材料在首次放电过程中第一个高的电压平台放电比容量很少，而在随后的放电过程中只表现出一个低的电压平台；Xin 等人采用理论计算发现，小硫分子 $S_{2\sim4}$ 的一维长度均小于 0.5nm，而大硫分子 $S_{6\sim8}$ 在二维尺度上的分布均大于 0.5nm。根据这一特征，作者推测微孔结构中（<0.5nm）主要以小硫分子的形式存在，避免了长链硫的形成和转化，这也很好解释了观察不到高的放电电压平台的原因，这一

观点在随后的研究中被进一步证明。

　　虽然微孔结构能够为多硫化锂提供很好的物理吸附作用，但是硫载量很低，为此，研究者制备了介孔碳/硫复合材料，或者多级孔结构碳/硫复合材料。例如，Li 等人制备了具有豆荚状的介孔碳材料，由于其大的孔体积（4.69cm^3/g），因此能够实现高的硫载量，质量百分比高达 84%。为了了解介孔碳基底的孔径和孔体积对电池性能的影响，Li 等人进行了系统的研究。研究发现，当介孔完全填充时，碳基底中介孔的大小对锂硫电池的循环性能影响不大；同时，介孔碳基底的最大硫负载量由总孔体积决定。然而，部分填充的硫/介孔碳复合材料的正极性能优于完全填充的复合材料。这是因为部分填充的复合材料可以促进 S 和介孔碳之间的紧密接触，并且孔中留有足够的空间用于锂离子传输。但由于多硫化锂的尺寸更接近微孔，因此介孔捕获可溶性多硫化锂的效率要低于微孔。

　　总之，如图 1-8 所示，需要全面研究和优化碳结构（孔隙度、表面化学性质、石墨化程度）和硫结构之间的相关性，从而获得优化的电化学性能。

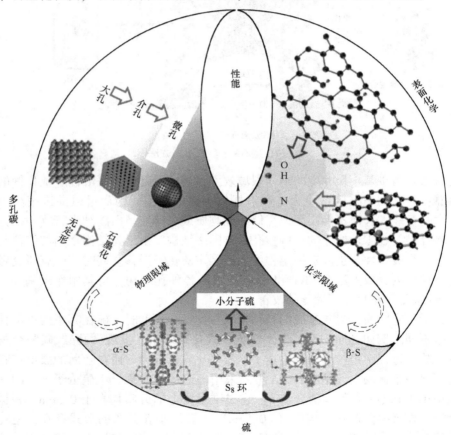

图 1-8　碳结构和硫结构与性能优化之间的相关性

1.4.1.2　CNT 和 CNF

CNT 或 CNF 具有一维的细长结构及高的电子导电性（$10^2 \sim 10^6$S/cm）、大的长径比（高达 1.3×10^8）和良好的机械化学稳定性等优点，能够为硫正极提供良好的电子传导网络，从而提高活性物质利用率。在早期的工作中，Han 等人利用多壁碳纳米管（WMCNTs）直接作为导电剂，取代传统的炭黑，发现相比于零维材料，一维 WMCNTs 能够提供有效的电子导电网络，从而提高锂硫电池的倍率性能和循环性。类似于所有具有高外表面的材料，其可以通过过滤作用固定 S。大多数 S/CNT 或 S/CNF 复合材料都是将 S 包覆在一维 CNT 或 CNF 表面形成核壳结构，由于 CNT 和 CNF 具有良好的导电性和一维缠绕形成的孔结构的过滤作用，相比于一般的简单混合，S/CNT 或 S/CNF 复合材料的初始容量和循环寿命可得到一定的改善，初始容量一般在 1000mA·h/g。虽然 CNTs 能够为活性物质硫提供良好的电子网络结构，但是与硫复合时，大部分硫仍然暴露在碳材料表面，很容易扩散到电解液中，导致活性物质的损失。为此，Wang 等人在制备WMCNTs@S复合材料之后，在其表面再包覆一层聚吡咯（PPy），进一步抑制多硫化锂的溶解。结果表明，得益于 PPy 包覆层对多硫化锂溶解的有效阻挡，设计的 WMCNT@S@PPy 复合材料表现出增强的放电比容量和循环稳定性。此外，作为包覆层，常见的有机聚合物还有聚苯胺、聚乙二醇（PEG）等。为了能更好地限制充放电循环过程中多硫化锂中间体的溶解扩散，研究者们将 S 渗透进 CNT 或 CNF 的管内。例如，Yi Cui 课题组将 S 在 155℃注入有序的中空 CNF 中，制得了 S/CNF 复合材料（图 1-9）。所得的 S/CNF 复合材料在 0.2C 下充放电循环，初始放电容量高达 1400mA·h/g，循环 150 圈后放电比容量还保持在730mA·h/g，表现出较好的循环性能。为了进一步增强 Li$^+$扩散和提高对多硫化锂的吸附作用，Xiao 等人利用温和的一步氧化法制备了多孔 CNTs，使其孔体积和比表面积得到明显提高，结果表明，相比于使用原始 CNTs，制备的硫/多孔 CNTs 复合材料表现出更高的硫载量、比容量、倍率性能和循环稳定性。

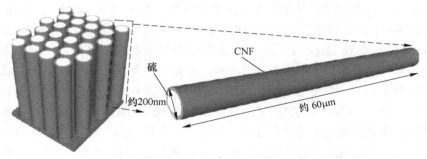

图 1-9　垂直排列的中空碳纳米纤维内部载硫的示意图

此外，传统的电极制备除了使用活性材料外，还需要加入黏结剂和集流体等非活性材料，不可避免地降低了电池整体质量能量密度。由于 CNTs 具有良好的自组装行为，故能够为活性物质硫提供无黏结剂、自支撑的集流体，从而提高电池的整体能量密度。例如，2012 年，Argumugam 课题组使用 WMCNTs 自组装作为硫正极自支撑集流体，良好的电子和离子通道使硫正极取得了优异的倍率性能；随后，张强课题组利用不同链长的 WMCNTs 进一步优化，其中短链 WMCNTs 提供短程导电的作用，长链 WMCNTs 提供长程导电和结构支撑的作用，结果表明这种多级组装的自支撑集流体能够将硫载量提高到 17.3mg/cm^2，相应的面积比容量高达 15.1mA·h/cm^2。

1.4.1.3　石墨烯复合材料

石墨烯（graphene）是一种由碳原子以 sp2 杂化方式形成的蜂窝状平面薄膜，是一种只有一个原子层厚度的准二维材料或二维碳单层，所以又叫做单原子层石墨。石墨烯通过微机械剥离法成功地从石墨中提取和被发现。由于石墨烯拥有十分良好的强度、导电（10^{6}S/cm）、导热、柔韧、光学特性和大的比表面积（2600m^2/g），因此在物理学、计算机、材料学、电子信息、航空航天等领域都得到了长足的运用和发展。作为目前发现的最薄、导电导热性能最强、强度最大的一种新型纳米材料，石墨烯被称为"黑金"，是"新材料之王"，科学家甚至预言石墨烯将"彻底改变 21 世纪"，极有可能掀起一场席卷全球的颠覆性新技术新产业革命。石墨烯由于具有优异的理化性能，能够为活性物质硫提供良好的电子传导和结构支撑作用，而被广泛作为硫正极复合材料，包括石墨烯及其类似物，例如多层石墨烯、多孔石墨烯、氧化石墨烯（GO）、还原氧化石墨烯（rGO）等。复合材料中石墨烯包裹住活性物质 S，在循环过程中，石墨烯可以抑制多硫化锂中间体的溶解，从而减少活性硫物质的损失。同时，石墨烯的高电导率可以提高活性 S 物质的利用率；此外，石墨烯的柔韧性可以缓冲硫正极的体积效应，从而保持硫正极的电极结构完整。因此，石墨烯用于硫正极可以使硫正极的电化学性能得到改善。具体作用形式和机制如图 1-10 所示。例如，Wang 等人将元素硫和石墨烯通过简单机械球磨法和加热之后，能够将放电比容量从 800mA·h/g 提高到 1100mA·h/g。但是简单的球磨和加热处理只能使硫颗粒附着在石墨烯片上且亲和力不强，使其很容易扩散到电解液中。为此，研究者主要采取了两种策略，一是将活性颗粒硫填充到石墨烯层中，二是将硫颗粒包裹在石墨烯片中。例如，Cao 等人制备了三明治结构的硫/石墨烯复合材料，在该结构中纳米颗粒硫镶嵌在功能化的石墨烯片层中，硫的质量百分比能够达到 70%，堆积密度约达 0.92g/cm^3。为了改善活性物质硫和碳基底的亲和力，Wang 等人利用 PEG 作为表面活性剂修饰硫颗粒之后，再与 GO 进行复合，结果表明制备的硫颗粒很好的被包裹在石墨烯片中。在该结构中，PEG 存在于硫颗粒和外层石墨烯之间，不仅能够吸附多硫化锂，还能有效缓冲体积膨胀；外层包裹的石墨烯不仅能够起到物理阻挡的作用，减少多硫化锂的溶解，还能够提供良好的电子导电性，增强活性物质利用率。此外，与 CNTs 类似，石墨烯具有自组装的特点，能够形成具有良好机械性能的自支撑集流体，从而提高电池的能量密度。研究者报道了多种石墨烯自组装的结构，例如多孔泡沫状、海绵状、气凝胶和纸状等。

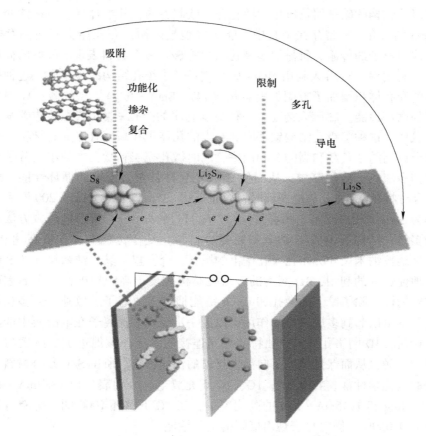

图 1-10　石墨烯基材料在锂硫电池中应用

　　然而，通过非极性多孔碳、CNT 和石墨烯等作固硫基底的方法作用有限，简单的物理（空间）限域不足以防止多硫化锂在长期循环中的扩散和穿梭，这导致活性材料的损失，负极上绝缘层的积聚和容量衰减。为此，人们设计了各种多功能碳基底，大大改善锂硫电池的容量和循环寿命，如设计多级孔结构、对碳基底表面功能化和对碳基底进行杂原子掺杂等。

1.4.1.4　多级孔结构

由上述多孔结构碳基底描述可知，小孔隙可提供高表面积和紧密接触，能更好地抑制多硫离子；介孔和大孔可提供更多的空间储存活性物质和电解液，促进锂离子传输和提高复合材料中 S 的载量。单一的孔结构对于改善硫/碳复合材料的性能作用有限，因此，大量的研究人员利用各种孔结构的优势互补，设计和制备了各种多级孔结构的碳基底。Liang 等人构建了一种多级孔结构 S/C 复合材料。这种多级孔结构的碳是用氢氧化钾活化介孔碳制备的，其中含有 7.3nm 的介孔和小于 3nm 的微孔。S 储存在微孔中，能更好地被限制，介孔能更好地储存电解液，加速锂离子的传输。所得的多级孔结构的 S/C 复合材料表现出较好的循环性能和高 S 利用率。Xi 等人利用 MOFs 碳化制备了多级孔结构的碳基底，这种碳基底中高的介孔体积增加了首圈放电容量（1471.8mA · h/g），高的微孔体积导致了更好的循环性能。Li 等人构建了一种高度有序的介孔-微孔核壳结构碳基底作为 S 的载体。这种多级孔结构碳基底拥有大的孔体积和高度有序的孔结构，介孔核可以允许高的 S 负载和高的 S 利用率，同时微孔壳层和微孔中的小 S 分子能更好地阻挡多硫离子溶解穿梭，从而使 S/C 复合材料获得稳定的循环性能。所得 S/C 复合材料在 0.5C 充放电循环时，容量高达 837mA · h/g，循环 200 圈后容量保持率为 80%（相对于第二圈容量）。近来，Li 等人用一种容易的原位方法制备了一种多级孔结构石墨碳/S 纳米颗粒复合材料。复合材料中 S 含量高达 90%，并能很好地按纳米尺寸分布在大孔壁上的微孔、介孔里。其中纳米尺寸的 S 颗粒能更好地促进 S 的利用，3D 网络的多级孔结构表现出高的导电性、大的表面积和机械柔韧性，除了壁上的微孔和 C—S 键能抑制多硫离子扩散外，许多相互连接的大孔壁可以起到多层壁垒的作用，以进一步缓解多硫离子在电解质中的溶解扩散。最后，3D 网络孔结构中独特的相互连接的多级孔隙促进了电解质与 S 纳米颗粒的接触，从而保持锂离子向活性材料的快速传输。所得 S/C 复合材料表现出极好的电化学性能，在 0.5C、1C、2C 下充放电，分别表现出 1382mA · h/g、1242mA · h/g 和 1115mA · h/g 的高比容量，在 2C 下循环 1000 圈，每圈容量衰减率仅为 0.039%，同时也表现出极好的倍率性能。

1.4.1.5　表面功能化

碳基底中 C—C 键是非极性的，而锂硫电池充放电循环过程产生的中间体多硫化锂是极性的，因此，多硫化锂中间体与碳基底之间的作用力有限。为了加强碳基底与多硫化锂中间体的作用力，比较有效的方法就是对碳基底进行表面功能化。通过在碳基底表面引入一些极性官能团，作为可溶多硫化锂中间体与碳基底表面之间紧密连接的一个媒介，可增强碳基底对多硫化锂中间体的作用力，从而更好地抑制多硫化锂的溶解穿梭，提高活性物质的利用率，改善相应锂硫电池的电化学性能。目前报道的在碳基底表面引入的官能团有羧基、羟基和环氧基等，这些官能团的引入，均对相应复合材料的锂硫电池的循环性能起到了改善作用。如 Ji 等人利用氧化石墨烯作为碳源（图 1-11（a）），其表面含有的环氧基和羟基可以增强碳基底与多硫化锂的作用力，从而在循环过程中抑制多硫化锂溶解扩散，提高活性材料的利用率，改善相应锂硫电池的电化学性能。Lou 课题组进一步设计制备了氨基功能化的氧化还原石墨烯，通过较强的共价键稳定了活性材料 S 和放电产物，所得的 S/C 复合材料表现出极好的电化学性能。在 0.5C 下循环 350 圈，容量保持率为 80%。Ma 等人在含有羟基和羧基的 CNT 上引入氨基，并将其用作固 S 碳基底制备 S/CNT 复合材料。由于氨基化致使碳基底与 S 物种的作用力增强，加之 CNT 提供了很好的导电能力，因此 S/CNT 复合材料表现出极好的电化学性能。在 0.5C 循环 300 圈后容量保持在 750mA·h/g，容量保持率为 79%，库伦效率接近 100%。

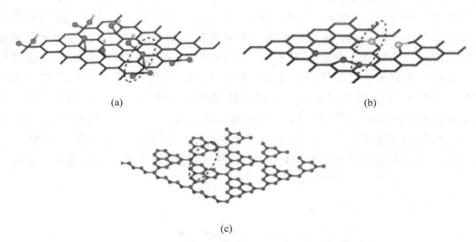

图 1-11 多硫化物与极性硫主体强烈的相互作用
（a）氧化石墨烯；（b）杂原子掺杂的碳；（c）石墨氮化碳

1.4.1.6 杂原子掺杂

碳基底与多硫化锂中间体之间弱的相互作用力会增加电荷转移电阻并降低多硫化锂氧化还原反应的动力学。为了增强碳基底与多硫化锂中间体之间的结合力，很多研究者对碳基底进行了杂原子掺杂改性。杂原子掺杂，主要是基于杂原子给电子能力或受电子能力，与多硫化锂中的 Li^+ 或 S_n^{2-} 相互作用，常见的掺杂杂原子有氮（N）、硼（B）、氧（O）、硫（S）和磷（P）等。大量研究在实验室证明了杂原子的加入能够提高硫/碳复合材料的电化学性能，尤其是电化学循环稳定性和放电比容量（图 1-11（b））。杂原子掺杂中以 N 原子掺杂最为普遍。N 原子掺杂首先在 N 掺杂介孔碳的研究中提出，将电负性 N 原子引入碳晶格，诱导电荷不对称分布，影响碳基底的极性，创造结合多硫化锂的位点。X 射线散射数据的配对分布揭示了多硫化锂接触碳的强烈相互作用为 Li—N。然而，N 掺杂浓度（约 14.5%（原子百分比））的上阈值限制了这些材料的改进。石墨氮化碳（g—C_3N_4）（图 1-11（c））由于其超高的 N 浓度（53%）而显示出对多硫化锂高的吸附性，但是超高的 N 浓度也降低了 g—C_3N_4 的电子电导率。对于掺杂 N 原子的种类，Yin 等人通过理论计算比较了不同种类的 N 原子修饰的碳材料表面对多硫化锂吸附能，结果表明与未修饰的碳表面相比，N 掺杂的碳表面表现出增强的吸附能；而且发现吡啶氮表现出对多硫化锂更大的吸附能，其次是吡咯氮，最后为石墨化的氮掺杂。对于掺杂 N 原子的含量，Sun 等人制备了一系列不同 N 含量的介孔碳材料，研究其对锂硫电池电化学性能的影响，结果发现碱性 N 原子的加入，能够帮助碳基底提高对多硫化锂吸附作用，但是加入的 N 原子应该控制在适当的范围（4%~8%），从而在保证一定的电子导电性的同时，提高对多硫化锂的亲和性。Zhang 和 Li 课题组通过对各种掺杂杂原子的纳米碳材料进行系统的密度泛函理论计算，阐述了其机理，可指导未来硫正极材料的筛选和合理设计，以获得更好的性能。其研究证明了使用 N 或 O 原子化学修饰的碳基底通过偶极-偶极静电相互作用显著增强了碳主体和多硫化锂客体之间的相互作用，从而可有效地防止多硫化锂的穿梭，实现高容量和高库伦效率。相比之下，将 B、F、S、P 和 Cl 等杂原子单独引入碳基底中是令人不满意的。最终获得如图 1-12 所示的火山型曲线来描述结合能对掺杂原子电负性的依赖性。由此可见，单原子

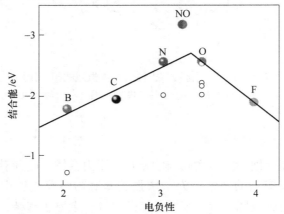

图 1-12　掺杂碳及 Li_2S_4 的 E_b 与 GNRs 掺杂元素（碳为未掺杂的）的电负性关系。（N,O）共掺杂 GNR 及 Li_2S_4 的 E_b 也显示用于比较

（实心圆圈表示掺杂元素 E_b 最高的化学形式的 E_b，

空心圆圈表示掺杂元素的其他化学形式的 E_b）

掺杂只能提供有限的活性位点。为此研究者进一步提出双原子掺杂的策略，共掺杂策略预计可以实现更强的界面相互作用，以捕获多硫化锂。例如 N 和 O、N 和 S、B 和 N 等。双原子掺杂不仅能够增加对多硫化锂的吸附位点，还能够促进电荷分布均匀，从而提高对多硫化锂的化学吸附作用。例如 Pang 等人制备了 N 和 S 共掺杂的纳米多孔碳作为硫宿主材料，结合 XPS 和理论计算共同揭示了 Li—N 和 S_n^{2-}—掺杂 S 的高度协同化学相互作用，能够提高多硫化锂中的 Li^+ 和 S_n^{2-} 与双掺杂碳基底的表面相互作用，从而有效抑制多硫化锂的溶解和穿梭。同时，有研究报道 N/S 双掺杂的石墨烯和纳米多孔碳一样表现出对多硫化锂高的吸附性和长期的循环稳定性。

1.4.2 硫/聚合物复合材料

除了各种碳基材料外，聚合物也经常被众多研究者们用来修饰或改性硫正极。用于改性硫正极的聚合物一般可以分为两类：导电聚合物和非导电聚合物。导电聚合物包括聚吡咯、聚苯胺、聚噻吩和聚乙撑二氧噻吩等。非导电聚合物包括聚丙烯腈、聚乙烯吡咯烷酮、聚乙二醇、聚氧化丙烯和聚环氧乙烷嵌段共聚物。其中导电聚合物是硫正极的一类有前途的封装材料，这是因为：（1）它们本身具有导电性，可以促进电子传导；（2）它们的弹性和柔性性质，可以部分地适应循环过程中 S 的体积变化；（3）丰富多样的功能基团，与多硫化锂物种有很强的亲和力，可以抑制多硫化锂中间体的扩散，从而提高活性物质的利用率。非导电聚合物常被用来抑制由于化学梯度而引起的多硫化锂中间体向电解液的扩散。比如 Li 等人设计了一步法，自下而上地合成得到一种空心 S 纳米球作为硫正极复合材料（图 1-13）。包含疏水嵌段和亲水嵌段的双亲性嵌段共聚物，其疏水一端与 S 相连，亲水一端形成化学梯度。一般情况下，在锂硫电池中，聚合物的作用是抑制多硫离子中间体的扩散穿梭，使其保留在正极区域，减少活性材料的损失，减少容量衰减。然而，为了得到更高的 S 利用率和更好的循环性能，加入一定量的碳导电添加剂或碳基底仍然是比较关键或必须的。

1.4.3 其他复合材料

在现有的大量文献报道中，除了用各种碳材料和聚合物制备各种 S 复合材料外，还可以利用许多无机材料本身表面极性的特点，为多硫化锂提供强的化学键合作用，从而取得长的循环稳定性，对硫正极电化学性能进行改善。如果添加剂只是作为一种吸收剂，则其相对于 Li^+/Li 的氧化还原电位一般在 1.5 ~ 3.0 V 之外，以至于在锂硫电池充放电循环过程中其不参与发生电化学反应且结构不发生改变；同时这些添加剂材料的密度和添加量不宜太大，否则会影响锂硫电池的整体能量密度。除了碳材料和聚合物材料，其他添加剂材料主要包括金属氧化物材

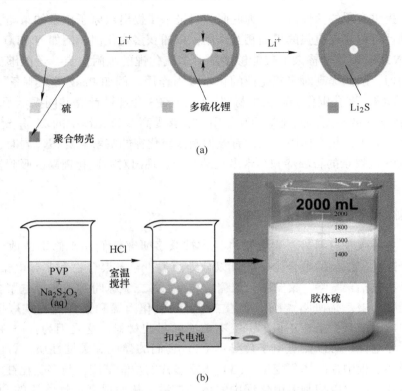

图 1-13　PVP 封装的空心 S 纳米球的结构和制造过程

（a）结构；（b）制备过程

料、插层化合物或金属硫化物等。常用的材料有过渡金属化合物、有机金属化合物、有机聚合物等。

1.4.3.1　金属氧化物复合材料

在过去几年的研究中，已经有各种纳米尺寸的金属氧化物被用作 S 复合材料的添加剂，例如锰镍氧化物、镍铁氧化物、二氧化硅、氧化铝、氧化钛和其他金属氧化物等。这些纳米尺寸的金属氧化物添加剂由于包含氧阴离子，因此其表面具有很强的极性，能够为多硫化锂提供丰富的极性吸附位点，可以更好地吸附多硫离子中间体，进而减少多硫化锂的扩散穿梭并提高锂硫电池的循环稳定性。早期的研究主要是以硫/碳复合材料为主体，将金属氧化物作为添加剂使用，例如直接将纳米尺寸的 $Mg_{0.6}Ni_{0.4}O$ 作为添加剂，或是将 SiO_2 作为多硫化锂稳定剂，添加到硫/介孔碳材料中。Seh 等人设计了一种 S-二氧化钛（S-TiO_2）蛋黄-蛋壳结构复合材料（图 1-14）。蛋黄-蛋壳结构中留有剩余的空隙或孔隙空间，这种设计思想不仅是为了避免活性物质在循环过程中体积膨胀，使 TiO_2 球体壳层破裂，导致多硫化锂严重扩散泄漏，而且还可以保存正极结构中的多硫化锂。这种蛋黄-蛋壳结构复合材料硫正极表现出超长的循环寿命，可循环 1000 次以上，库伦效率仍保持 98.4%，每圈容量衰减率只有 0.033%。这表明金属氧化物可以代替一部分碳以捕获多硫化锂。然而，在考虑实际应用时，这种 S-TiO$_2$ 蛋黄-蛋壳结构复合材料正极的 S 负载量较低，需要进一步增加以实现其实际应用。随后各种纳米结构的 TiO$_2$，如介孔空心 TiO$_2$ 球、TiO$_2$ 纳米棒、TiO$_2$ 纳米颗粒等，证明了 TiO$_2$ 能够有效固定多硫化锂。但是 TiO$_2$ 本质电子导电率很低，为此，Nazar 课题组开发了 Magnéli 相的 Ti$_4$O$_7$，由于表面缺陷，室温下导电率理论可达 2 × 10^{3}S/cm，实际测得为 (3.2±0.1)S/cm。XPS 发现末端硫（S$_T^-$）和桥接处的硫（S$_B^-$）均出现向高能量位移的现象，意味着多硫化锂和 Ti$_4$O$_7$ 表面存在很强的相互作用，导致电子从 S 原子偏移到带正电性的钛或氧空位处。随后 Cui 课题组比较了一系列的 Magnéli 相 Ti$_n$O$_{2n-1}$，证明表面的配位环境会影响材料对多硫化锂的相互作用力。

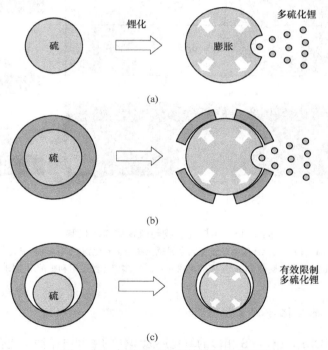

图 1-14 各种硫基纳米结构的锂化过程

对于不同过渡金属氧化物对多硫化锂的作用机制，Nazar 课题组通过分析和比较不同金属氧化物，将其分为三大类。如图 1-15（a）所示，根据氧化还原电势，随着电位增加，依次是不参与氧化还原反应、生成硫代硫酸盐、生成硫酸盐以及硫代硫酸盐的混合物。对于不同金属氧化物的选择，Cui 课题组制备了 16 种常见金属氧化物和硫化物以及氮化物（图 1-15（b）），通过定量分析和比较各种物质对多硫化锂吸附的量，发现 MnO_2 和 V_2O_5 表现出对多硫化锂强的吸附力。进一步地，Cui 课题组通过比较一系列金属氧化物（MgO、Al_2O_3、CeO_2、La_2O_3 和 CaO）的电化学性能，发现虽然强的多硫化锂吸附性有利于抑制多硫化锂的溶解，但是同时会影响表面扩散，导致多硫化锂转化反应受到阻碍，因此，提出应当平衡多硫化锂的吸附和表面扩散两者的关系（图 1-15（c））。从目前报道的文献看，过渡金属氧化物对锂硫电池电化学反应的影响是一个综合因素，在选择时应当考虑以下几点：（1）对多硫化锂吸附能力；（2）电子导电性；（3）电催化能力；（4）表面扩散；（5）比表面积等。

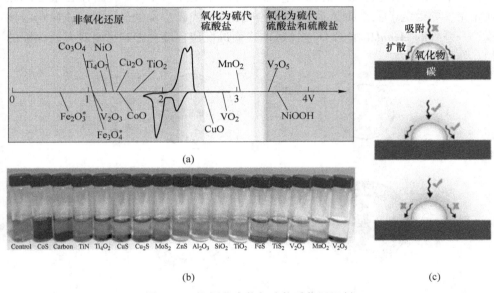

图 1-15　金属化合物与硫物质作用机制

（a）根据氧化还原电位，不同金属氧化物与多硫化锂之间作用机制；
（b）不同材料对 Li_2S_6 溶液吸附照片；（c）多硫化锂吸附和扩散示意图

1.4.3.2　插层化合物复合材料

有研究提出采用具有与 S 相似的氧化还原电位的中间电压插层化合物来为锂硫电池提供额外的容量。由于 S 只能在醚类电解液中工作，因此选用的插层化合物也需要在醚类电解液中具有较好的电化学性能。例如，VO_2—B 在醚基电解液中表现出严重的容量衰减，因此不适合与 S 复合制作硫正极复合材料；相反，TiS_2 就像在碳酸酯基电解液中一样能在乙二醇二甲醚电解液中正常工作。在 S 含量相同时，S—硫化钛（S—TiS_2）复合材料可以提供比 S—C 复合材料更高的容量，且其增加的容量甚至可以高于 TiS_2 自身的容量。原因是 TiS_2 是一种良好的导体，可以提高 S 的利用率，导致更高的整体比容量。此外，微米尺寸的 TiS_2 颗粒在循环期间起着许多固定点的作用，从而可稳定电极的结构完整性。未来的工作可以专注于在合适的插层化合物中产生适当的孔结构，以提高 S 复合材料的性能。

1.4.3.3 金属硫化物复合材料

金属氧化物虽然能一定程度抑制多硫离子的扩散穿梭，改善锂硫电池的循环性能，但是其电子导电性相对较低，减缓了电极动力学过程，不利于活性物种的利用。经过探索研究，研究者们注意到了过渡金属硫化物。因为过渡金属硫化物拥有相对较高的电子导电性，与多硫离子之间的相互作用力较强；同时，金属硫化物还有一定的电催化活性，因此，作为一种多硫离子吸附添加剂和导电相，金属硫化物应该具有高的体相导电性，以至于能促进电荷在界面和电极物种之间的转移；更重要的是拥有一个连续的导电网络改善整个电极导电性。

硫化镍首先被发现对锂硫电池中氧化还原反应有电催化作用。为了进一步提高金属硫化物对多硫化物的转化动力学，多硫化锂阴离子应尽可能被金属硫化物材料的官能团化学包裹并且被结构主体物理限制。最近有关金属硫化物吸收剂的研究发现硫化钴（CoS_2、Co_3S_4 和 Co_9S_8）对 S 物种具有很强的亲和力。尤其是，CoS_2、Co_3S_4 对 S 物种转化具有良好的催化性能。Zhang 等人选择第一行过渡金属硫化物（TMSs）作为模型系统，以获得合理设计硫正极的一般原则。由 TMS 平面中的过渡金属原子与 Li_2S 中的 S 原子之间的电荷转移引起的强 S 结合被证实在 TMS 复合正极中具有重要意义。最后，Zhang 等人提出了类似的周期性定律，这也可以延伸到第一行过渡金属氧化物（图 1-16）。其中，VS 对 Li_2S 具有最强的固定效应，并具有相对较低的锂离子扩散壁垒。结合能和 Li^+ 扩散性质被认为是硫正极合理设计的关键描述。

1.4.4 有机硫化物正极

为了克服硫正极固有的缺点，研究者们做了很多种尝试以改善硫正极的电化学性能，主要集中在上述提及的两种常用的方法：一种是制备 S/C 复合材料或导电聚合物 S 复合材料，以提高 S 的电导率和利用率；另一种是用导电材料或与多硫化锂有强相互作用的材料物理封装 S 颗粒，以抑制多硫离子的扩散。然而，这些方法的作用力有限，在长期循环过程中，多硫离子会慢慢扩散出正极，从而影响硫正极的电化学性能。此外，许多 S 复合材料的 S 含量较低，仅 50% 左右，虽然这些复合材料以 S 的质量计算拥有很高的比容量，但以复合材料总质量计算，则能量密度相对较低。因此，这些复合材料仍存在一些不足和挑战。

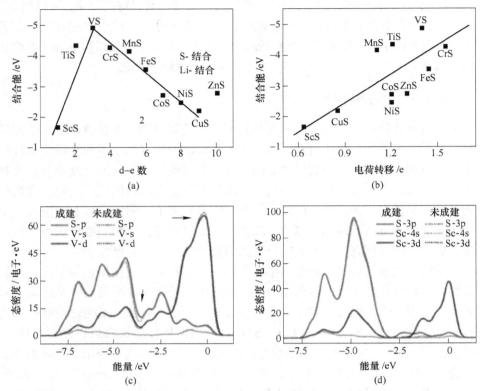

图 1-16　　(a) 结合能的周期性定律；(b) 结合能与电荷转移的线性关系；(c) VS；(d) ScS 的 PDOS 分析（实线和虚线分别表示与 Li$_2$S 结合和不结合的 TMS 的 PDOS）

　　针对这些不足，研究人员通过直接使用元素 S 作为原料来形成化学稳定的共聚物，提出了化学限域固 S 的方法。由于 C—S 共聚物中 S 与碳骨架的强烈化学相互作用，多硫化锂的溶解及其向正极区外的扩散被化学键合有效地抑制。Liu 等人构建了一种三维交联的 S-聚苯胺复合物，该复合物具有相互联系的二硫键。以 0.1C 的倍率充放电时，该复合物初始放电容量为 755mA·h/g，在 1C 下充放电循环 500 圈后，容量保持在 432mA·h/g，库伦效率保持在 90% 以上。最近，Pyun 等人提出了一种由有机自由基反应形成的含 S 量（质量分数）为 90% 的新型富含 S 的聚合物。其在 0.1C 的倍率下充放电循环，初始放电比容量为 1100mA·h/g，循环 100 次以后，容量保持在 823mA·h/g，具有较高的容量保持率。但是在 2C 倍率下容量迅速降低到小于 400mA·h/g。受此工作的启发，Meng 等人使用元素 S 与 1,3-二乙炔基苯共聚制得富含 S 的聚合物材料，其在 0.1C 下充放电循环，初始比容量为 1143mA·h/g，在 1C 下充放电循环，放电比容量为 595mA·h/g。尽管这些 S 共聚物开辟了在锂硫电池中使用化学限域多硫化物的新方法，但是它们的导电性差，妨碍了良好循环和倍率性能的实现。因此，Li 和其合作者基于上述的研究，同时使用物理和化学限域的方法，设计和制备了富 S 聚合物封装于 CNT 的复合材料。此硫基正极不仅提高了硫的利用率，而且可有效地抑制多硫化锂溶解扩散，并且能够适应由于锂化/去锂化引起的显著的体积变化。这种良好的设计结构还具有以下几个优点：

（1）纳米级硫共聚物使活性材料利用率提高；

（2）CNT 空管作为纳米级电化学反应容器，可有效地限制活性物质；

（3）未填充的 CNT 管空间可适应 S 的体积膨胀；

（4）导电的 CNT 可提供电子快速传输的路径；

（5）芳香族 S 共聚物环的 π 电子可加速 Li$^+$ 转移；

（6）硫与碳骨架（C—S 键）的强化学相互作用抑制了"穿梭效应"。

所得的 S-1,3-二异丙烯基苯@ CNT（S-DIB@ CNT）膜正极在 0.1C 下充放电循环，具有 1300mA · h/g 的高比容量，在 2C 下具有 700mA · h/g 的高比容量，在 1C 下具有优异的循环稳定性，循环 100 圈后，容量仍保持在 880mA · h/g 的高比容量，见图 1-17。

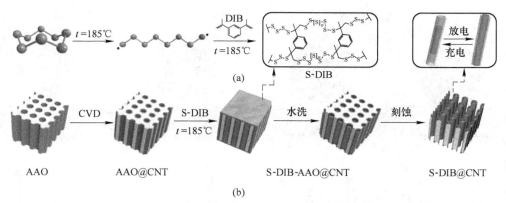

图 1-17 （a）S-DIB 共聚物的合成方案；（b）S-DIB@ CNT 混合物的制造过程

1.4.5 硫化锂作为正极材料

尽管锂硫电池有很多优点，但也存在着很多不足，如使用锂金属负极存在安全问题以及循环过程中硫还原到硫化锂时的体积膨胀等。就这方面而言，一种解决方法是使用 Li$_2$S 作为起始正极材料，其理论容量为 1166mA · h/g，该材料被认为是一种极具潜力的正极材料；而且，当使用 Li$_2$S 取代单质硫作为正极时，因 Li$_2$S 是锂化的，相应的负极可以使用石墨、Si、Sn 或其他合金，从而可避免使用锂负极引起的一系列安全问题。此外，由于 Li$_2$S 具有比单质硫更高的热稳定性（熔点 1372℃），能够在其表面原位包覆碳材料或其他高温材料，从而可避免硫在灌入碳材料过程中残留在材料表面的问题。虽然如此，Li$_2$S 也面临自身问题：（1）与硫正极相同，存在中间产物多硫化锂的溶解和扩散；（2）Li_2S 对空气敏感，导致 Li_2S 正极对制备和储存条件要求苛刻；（3）电子和离子导电性差，导致其电化学活性差，利用率低。

经过一系列研究表明 Li_2S 在电化学反应中是可逆的。早期的工作主要是使用金属和 Li_2S 复合，促使 Li_2S 电活化，但是仍然没有获得可接受的放电比容量和循环性能。2012 年，Yang 等人发现提高首圈充电截止电压，能够有效提高 Li_2S 的放电比容量，这是因为微米尺寸的 Li_2S 在首次充电过程中存在很大的过电位，归因于多硫化锂的成核反应，高的截止电压能够帮助有效克服该位垒，从而促使 Li_2S 电活化（图 1-18）。为了验证这一观点，作者在电解液中加入适量多硫化锂，发现能够降低该过电位。虽然通过简单提高截止电压，能够促使 Li_2S 电活化，但是高电压下易使醚类电解液分解。为此，Zu 等人基于反应 $3Li_2S + P_2S_5 \rightarrow 2Li_3PS_4$，在电解液中加入 P_2S_5，促进 Li_2S 的转化，从而有效降低了首圈过电位，而且发现当 Li_2S 和 P_2S_5 比例为 7：1 时，过电位最小，保证了首圈截止电压为 3V 时，仍然能够取得一定的活性物质利用率。

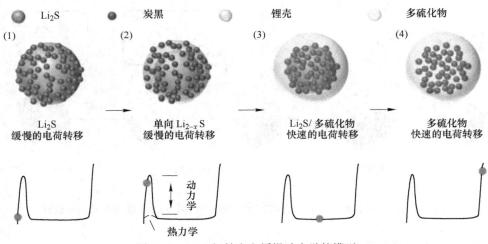

图 1-18　Li_2S 初始充电缓慢动力学的模型

对于多硫化锂溶解的问题，得益于 Li_2S 高的热稳定性，可以在其表面直接进行高温包覆。例如，Guo 等人利用 PAN 与 Li_2S 的反应，直接在 Li_2S 表面进行高温碳包覆，生成 Li_2S-C 复合材料，结果表明活性物质 Li_2S 均匀分布在碳基底中，能够有效抑制多硫化锂的溶解，并取得高的比容量和循环稳定性。此外，Vizintin 等人基于反应 $Li_2SO_4 + 2C \rightarrow Li_2S + 2CO_2$，利用 Li_2SO_4 高温碳化生成原位碳包覆的 Li_2S，并结合在线 UV-Vis 和 XANES 技术发现生成的 Li_2S-C 复合材料在充电过程中直接生成单质硫，而没有观察到中间产物多硫化锂的形成，从而避免了多硫化锂的溶解。Si/Li_2S 和 Sn/Li_2S 电池证明没有任何锂金属负极的全电池是可以实现的。与锂硫电池正极相比，无锂金属负极/Li$_2$S 电池的研究仍然相对有限，需要更多的研究成果来评估这种电池系统的实用性。

1.4.6 硫正极结构设计及改性

1.4.6.1 集流体

在大多数情况下，铝箔被广泛用作所有类型的锂电池的集流体。由于硫正极在循环过程中，多硫化锂中间体能溶解于有机电解液，活性物质的反复溶解和沉淀，硫正极的结构在循环过程中会发生很大的变化。三维（3D）集流体有利于提高 S 负载量并为可溶性多硫化锂提供丰富的吸附点；同时，其三维导电网络可以改善活性物质与集流体之间的接触。有研究者研究了由碳和镍制成的一些泡沫材料作为 3D 集流体，可表现出比 2D 铝箔集流体更好的循环性，但是 3D 集流体会增加电极重量，从而降低电池的整体能量密度，消除或降低使用硫作为正极的优点。

1.4.6.2 黏结剂

电极中的黏结剂量通常较低并且黏结剂通常是电化学非活性的，然而采用先进的黏结剂也可以提高电池循环性能。对于电池中使用的黏结剂的重要要求是在工作电压窗口内电化学稳定和化学稳定，可分散在溶剂中，并且对电解质和活性材料是惰性的。锂电池中通常将聚偏氟乙烯（PVDF）、聚四氟乙烯（PTFE）和聚环氧乙烷（PEO）等添加到电极中以在活性材料、导电添加剂和集流体的界面之间提供足够的黏合力。为了去除有害的 NMP 溶剂，研究者开发了水溶性黏结剂来代替传统的黏结剂。Wang 等人开发了一种羧基-β-环糊精，它具有很强的黏合能力和良好的机械性能，与其他常用黏结剂相比，能有效地抑制活性物质聚集。在用 H$_2$O$_2$ 处理前驱体后引入了水溶性，并且由于 C(2)OH 被氧化而形成游离羟基。由于存在分子间氢键，也获得了高剪切强度和强的黏合能力。Yan 等人也开发了一种新型多功能极性黏结剂，制备了一种 3D 网络柔性结构硫正极，其锂硫电池获得了高能量密度和极好的电化学性能。硫正极的硫面积负载量高达 8mg/cm^2，比容量能达到 987mA·h/g，即 7.9mA·h/cm^2 的面积比容量，循环 600 次，容量保持率为 91.3%，其表现出极高的应用潜力。

1.4.6.3 无黏结剂正极

传统的电极制备是使用浆料涂覆的方法。为了使碳导电添加剂和活性材料能很好地整合到集流体上，传统的涂覆方法需要使用聚合物黏结剂。而聚合物黏结剂是非活性和不导电的，黏结剂的加入会降低电极的整体能量密度和整体导电性；同时，为了溶解和分散黏结剂，操作过程中一般会使用一些有毒溶剂，对环境和人体健康均有害。如上所述，锂硫电池中常用的黏结剂聚偏二氟乙烯

（PVDF），为了将 PVDF 溶解和分散，会使用到溶剂氮 - 甲基 - 2 - 吡咯烷酮（NMP），而 NMP 是有毒的。因此，发展无黏结剂电极不仅可以增加电极的整体能量密度和整体导电性，而且还可以避免有毒溶剂的使用，比如 NMP。

目前，制备无黏结剂电极主要有两种方法：一是利用一维碳纳米管（CNTs）、一维碳纳米纤维（CNFs）或者石墨烯本身卷绕的特性，使用抽滤的方法将其形成一种自支撑、无黏结剂的薄膜电极。在抽滤之前，将硫预沉积在碳基底上。无黏结剂的碳网络正极薄膜能够有效的吸附多硫离子，抑制多硫离子的溶解穿梭。另一种制备无黏结剂电极的方法是使用包含孔结构的刚性碳基片，然后与硫共同加热，使硫熔融进入到碳基底的孔结构中。

1.4.6.4　新型锂硫电池结构

近年来，在不断的研究探索中，有研究人员提出了一些新型的电池结构。主要包括两类：一类是在隔膜和正极之间加入一层碳纸隔层，一类是锂/多硫化锂半液流电池。碳纸隔层必须是多孔的，这样才能允许锂离子在正负极之间迁移和有空间储存多硫化锂。在隔膜和正极之间加入碳纸隔层，可以有效储存和再利用硫正极区溶解扩散出来的多硫化锂，从而提高锂硫电池的电化学性能。在电池结构中，许多由微孔碳、碳纳米管、碳纳米纤维和氧化石墨烯制成的碳插层已经被插入在硫正极和隔膜之间，这可以大大降低电荷转移电阻，并捕获可溶性多硫化锂，从而提高活性物质的利用效率，改善电池的循环性能。如 Manthiram 课题组在高面积 S 负载的纯硫电极和隔膜之间插入一层碳纸作为上集流体，从而获得了高达 $19.2mA \cdot h/g$ 的面积容量和极好的循环性能和倍率性能。

和常规的硫正极相比，为了加强电极的反应动力学，有研究人员提出可以像传统的氧化还原液流电池或者新发展的正极液流锂离子电池一样，采用溶解多硫化锂作为硫正极的活性材料和电解液。早在 1979 年，Rauh 等人将浓度高达 $10mol/L$ 的多硫化锂溶于四氧呋喃（THF）中，制备了可充电的锂/硫溶液电池。但是其首次放电容量和循环性能都较差。随着研究的不断进行，锂/多硫化锂溶液电池的研究不断进步。研究发现，溶解多硫化锂利于促进硫的电化学利用率，液体多硫化锂正极的反应活性要比固体硫正极的高，但是还需要采取措施延长循环寿命和稳定循环放电容量。锂/硫溶液电池最主要的问题就是循环寿命差，这是由于锂负极和正极的钝化造成的。为此，锂负极可以通过一些处理（如降低粗糙度）来改进，而正极则可采用先进的碳电极材料来进行改进，某些具有特定设计的孔隙和结构的碳材料，可以有效改善电子传输并且抑制正极钝化，同时也有利于实际应用。

近来，Zhang 等人采用多孔碳电极作为工作电极，$0.25mol/L$ 的 Li_2S_9 溶液作为正极液组装锂硫液体电池，该电池在比能量和循环容量保持能力方面都优于传统的锂硫电池。研究发现在 Li_2S_9 正极电解液中加入 $LiNO_3$，还能有效促进锂负极的钝化和改善库伦效率。Manthiram 课题组也对锂/多硫化锂溶液电池进行了一定研究，采用 Li_2S_6 溶液作为活性材料和正极电解液，无支撑多壁碳纳米管（MWCNT）作为工作电极，由于溶解的活性物质相对于固相 S 粉可以容易地被充分利用故而可获得高的可逆容量。研究认为，电化学性能的提高主要是因为多孔碳工作电极提供了丰富的内部空间，多硫化锂电解液能充分渗透，从而活性物质多硫化锂能与工作电极充分接触，利于电子快速传输，有利于电极反应；同时，充足的空间能储存和容纳多硫化锂及反应产物。基于上述研究，Manthiram 提出今后锂/多硫化锂溶液电池可以像氧化还原液流电池一样发展成"锂/多硫化物半液流电池"，如图 1-19 所示。即大量多硫化锂正极电解液装在储存罐中，通过泵的作用可以在碳工作电极上循环。在放电过程中，产生的不溶硫化锂会沉积堵塞碳工作电极孔，从而影响电池性能。为了解决这一问题，可以通过控制充放电截止电压，使得循环过程中不产生不溶的硫化锂，这虽然会牺牲一些能量密度，但循环寿命会大大延长。这种"锂/多硫化物半液流电池"将有望应用于未来大规模的能量储存系统。

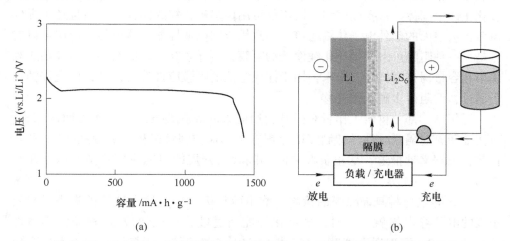

图 1-19　（a）在 1.5~2.8V 和 C/10 倍率下，Li/溶解的多硫化锂电池的放电
电压 vs 比容量的初始曲线；（b）半流模式 Li/溶解的多硫化锂电池体系

1.5　锂硫电池隔膜

目前，硫正极的电子及离子传导效率已得到了极大提高，基本解决了硫正极导电性差、多硫化锂中间体溶解和体积变化导致正极破坏等问题。然而，从目前来看，现有设计制备的各种高性能正极材料广泛存在成本高、产率低的问题，并且提高正极导电材料的含量势必会以降低电池的能量密度为代价，严重影响其商

业化应用。多硫化锂的穿梭作为锂硫电池最关键的挑战，一直都是研究的重点和难点。仅仅通过正极优化来缓解多硫化锂的穿梭难以得到高效、高产、经济的商业化方案。隔膜作为锂离子电池/锂硫电池的关键组件，位于正极和负极之间，能够为锂离子传输提供通道，同时防止正负极间电子传输发生接触短路。在锂硫电池体系中，隔膜的锂离子传输通道同时是可溶性多硫化锂中间体扩散到锂负极区域的必经之路，因此，应从锂硫电池正负极之间的隔膜出发，在保证锂离子通道和电子绝缘性的前提下，赋予隔膜阻挡多硫化锂通过的能力，将溶解的多硫化锂限制在正极区域，达到抑制多硫化锂穿梭效应的目的。研究证明，通过功能化的隔膜层抑制多硫化锂穿梭、保护锂负极从而提高锂硫电池的综合性能是一种行之有效的解决策略。下面对近几年国内外科研工作者在锂硫电池隔膜层部分的研究进行系统阐述。

聚合物隔膜被广泛用作电池中液体电解质的渗透膜，其作用是防止电池正负极短路并允许锂离子通过。然而，普通的商业化聚合物隔膜不能阻止溶解在电解液中的多硫化锂的传输，导致了"穿梭效应"。Su 和 Manthiram 提出了一个构想，在隔膜和正极之间插入一个双功能中间层——多孔碳网络插层，可以有效地捕获多硫化锂中间体。多孔碳网络插层不仅可用作多硫化锂的储存室，而且还可提供覆盖正极表面的额外电子传输通道，导致优异的电池性能。这里的碳插层可以看作是另一种阻隔可溶性多硫化锂渗透的隔膜，可导致穿梭效应减小，活性物质利用率和容量保持率提高。未来，用于锂硫电池的隔膜应被特别设计，以允许锂离子通过，但阻碍多硫化锂迁移。

近年来，部分科研工作者对极具应用前景的隔膜开发进行了多方面的探索。事实证明，对隔膜改性是抑制多硫化锂穿梭、保护锂负极极为有效的研究策略。目前，根据文献报道，从正负极之间的隔膜层开展的研究主要集中在以下几个方面：

（1）导电材料修饰隔膜的策略。溶出硫正极的可溶性多硫化锂失去了与硫正极的电子导电接触；同时，多硫化锂能通过歧化反应形成 S_8 和短链不溶性 Li_2S_2 和 Li_2S，沉积到隔膜上。由于隔膜为电子绝缘体，正极区电解液里的多硫化锂和隔膜上的多硫化锂沉淀不能再继续参与电化学反应，导致电池能量密度下降，因而被称为"死硫"。如上所述的隔膜与正极之间的碳插层一样，在隔膜与正极之间引入导电层，在保证正负极间电子绝缘性的前提下，一方面能够对正极的多硫化锂穿梭起到缓冲作用，减缓电池容量衰减；另一方面，导电层提供了多硫化锂电化学反应的场所，能够活化"死硫"，避免了因活性物质失活而造成的容量损失。此外，导电层抑制了多硫化锂向负极区域的扩散，减少多硫化锂与负极表面的反应及 Li_2S_2/Li_2S 的沉积。例如，早期，美国德克萨斯大学 Manthiram 等人将商业化的低价导电碳材料 Super P 涂覆到隔膜上，提高电池性能，使用硫含量为 60%，载量为 $1.1\sim1.3\text{mg/cm}^2$ 的硫正极和功能化隔膜组装的电池获得高达 $1400\text{mA}\cdot\text{h/g}$ 的初始放电比容量，并在 200 次循环内保持每个循环 0.2% 左右的容量衰减速率。一方面，Super P 导电层与正极表面接触，可有效降低电池的阻抗，并提供活性物质进行电化学反应的场所，提高活性物质的利用率；另一方面，该碳层对多硫化锂的扩散迁移具有一定物理抑制作用。Huang 等人通过设计实验在不改变整个电池碳含量的前提下，减少正极碳含量，将剩余碳用于隔膜的导电修饰层的策略，以研究导电阻挡层对电池性能提高的真正作用。结果显示，在不改变整体碳含量前提下，导电碳修饰隔膜表现出更优异的电化学性能。他们认为这个策略有两个优点：一方面，不改变电池的整体碳含量，非活性炭材料对电池的能量密度影响不发生变化；另一方面，使用碳和明胶黏结剂修饰隔膜，形成的阻挡层对多硫化锂的穿梭有很好的抑制作用，可提高锂硫电池放电比容量和循环性能。

（2）隔膜上引入多硫化锂吸附材料的策略。极性的无机金属氧化物、碳化物、氮化物及硫化物或者杂原子掺杂的碳材料均能够提供多硫化锂吸附位点，在正极和隔膜之间引入吸附材料能够将脱出正极的多硫化锂进行吸附固定，降低电解液中溶解多硫化锂的浓度，从而减缓多硫化锂的穿梭效应。

（3）隔膜上引入促进/催化活性物质相互转化材料的策略。对多硫化锂具有促进活性的材料能够加速不同多硫化锂间转化的动力学过程，提高电化学反应活性。能够有效地对溶出正极的多硫化锂进行活化再利用，提高活性物质的利用效率。

（4）隔膜上引入负电基团的策略。利用同种电荷的静电排斥作用，通过隔膜引入负电基团，对带负电荷的多硫离子进行屏蔽，抑制多硫化锂穿过隔膜，同时提高正电性锂离子的迁移速率，提高隔膜对电解液的浸润性，减小界面电阻，达到提高电池综合性能的目的。

（5）隔膜上构建空间阻挡层的策略。利用多硫化锂与锂离子在动力学直径上的差异，通过孔道设计减小隔膜孔径，增加锂离子传输通道的曲折性，阻碍多硫化锂穿过隔膜，从而实现锂离子的选择性透过。

（6）功能化材料用于构建新型隔膜的策略。商业化隔膜的功能化会增加隔膜层厚度，降低电池的能量密度，通过使用功能化的有机聚合物、有机金属骨架结构（MOF）、有机无机复合材料进行新型隔膜构建，能够缓解锂硫电池严重的穿梭效应以及锂负极的枝晶等问题。

（7）隔膜功能化稳定锂负极的策略。各种策略在抑制多硫化锂穿梭的研究中表现出显著的效果，同时，也减少了溶解多硫化锂对锂负极的腐蚀。通过隔膜的功能化改善负极界面，能够进一步提高锂负极的稳定性，保证电池的电化学稳定性以及安全性。

　　研究人员在隔膜改性的实际研究中，一般是通过多种策略结合进行功能化研究，以表现出更加优异的多硫化锂穿梭抑制效果，使锂硫电池电化学性能进一步提高。下面分别针对不同策略的研究工作进行总结阐述。

1.5.1　改善功能化隔膜的多硫化锂吸附能力

　　在最初开展导电层涂覆抑制多硫化锂穿梭的研究工作时，导电层对多硫化锂的吸附作用便受到了关注，随后，科研工作者在保证修饰层的导电性前提下设计了各种方案提高修饰层对多硫化锂的吸附性能，以实现更好的固硫目的。近年来，研究人员在提高吸附功能的工作上进行了大量研究，现有提高导电层吸附性能的方法主要有三种方式。

　　（1）优化导电碳材料的孔结构。通过丰富的微介孔结构提高其对多硫离子的吸附能力，起到物理固硫的作用。丰富的微/介孔结构能够为多硫离子电化学转化提供更多的场所，提高电化学反应的效率。如 Giebeler 等人使用 12nm 直径的二氧化硅为模板，通过热解间苯二酚和甲醛反应的聚合物制备一种介孔碳材料修饰隔膜，丰富的介孔结构能够储存溶解到电解液中的多硫化锂，限制其继续向负极扩散迁移；介孔碳层作为第二集流体，可提供多硫化锂电化学反应的场所，仍能活化沉积的正极活性材料，减缓电池容量损失。使用硫含量为 70%，载量为 $1.55mg/cm^2$ 的硫正极和功能化隔膜进行电池组装，该电池在 0.2C 下表现出 $1378mA \cdot h/g$ 的初始放电比容量。在 0.5C 下经过 500 次充放电循环后仍有 $723mA \cdot h/g$ 的可逆容量，每次循环的容量衰减率仅为 0.081%。

　　（2）极性无机化合物对多硫化锂具有优异的吸附能力，因此，将极性材料引入导电修饰层能够更有效地吸附溶解的多硫化锂，起到高效固硫的效果。文献报道中，Al_2O_3、SiO_2、MnO_2、V_2O_5、SnO_2、$Mg_{0.6}Ni_{0.4}O$、羟基磷灰石等均被用于增强导电层的吸附固硫性能。通过添加极性无机化合物可以极大地提高修饰层的固硫效果，但是，大部分无机化合物的导电性很差，增加极性材料的掺杂量势必会降低修饰层的导电性，牺牲修饰层的电化学活性，因此，科研工作者尝试对极性材料进行导电功能化或者选用导电性优异的极性吸附材料对隔膜进行修饰，以提高锂硫电池的综合性能。例如，Li 等人使用具有导电性和优异多硫化锂吸附能力的纳米 TiO_2 与商业化的炭黑 C_{65} 混合进行隔膜修饰，制备具有约 $7\mu m$ 厚度的多硫化锂阻挡层的多功能隔膜，使用硫含量为 60%，载量为 $1.2mg/cm^2$ 的硫正极进行性能测试，在 0.5C 倍率下显示出 $1206mA \cdot h/g$ 的初始放电比容量和 0.1% 的容量衰减率，由于纳米 TiO_2 的引入使隔膜表现出优异的多硫化锂吸附能力和耐穿刺性能，保护了锂负极的结构稳定性并缓解了因负极枝晶造成的电池安全问题。

　　（3）对碳材料进行杂原子掺杂，通过改变碳材料表面的电荷分布状态和引入极性，能够提供吸附多硫化锂的极性位点，提高导电阻挡层的固硫性能。文献报道中，使用 B、N、O、P、S 等杂原子对碳材料进行掺杂，对提高锂硫电池的能量密度、循环寿命和倍率性能效果显著。例如，Zhang 等人以多巴胺为碳源，二氧化硅为模板制备一种氮掺杂的中空碳球修饰隔膜（NHC），氮掺杂及丰富的介孔结构提高了对多硫化锂的储存能力，缓解了严重的多硫化锂穿梭效应。使用硫含量为 60%，载量为 $1.6mg/cm^2$ 的硫正极时，电池表现出优异的电化学性能，初始放电比容量高达 $1656mA·h/g$，在 1C 下循环 500 次，仍保持 $542mA·h/g$ 的可逆容量。同时电池表现出优异的倍率性能，5C 下的放电比容量高达 $720mA·h/g$。

1.5.2　赋予功能化隔膜催化/促进功能

大量文献报道的各种吸附材料均能有效地吸附多硫化锂，对电池性能的提高起到至关重要的作用。然而，要保证足够高的能量密度和导电性，必须控制极性吸附材料的添加量，因此，修饰层吸附多硫化锂的量就受到限制。在锂硫电池中，多硫化锂间转化的动力学过程要比不可逆的热力学过程慢，这是导致多硫化锂的富集或溶解穿梭、电池容量衰减的原因之一。因此，加快多硫化锂间转化的动力学进程是抑制多硫化锂的富集或溶解穿梭、提高活性物质利用效率和改善锂硫电池循环性能的关键。在此基础上，能够促进多硫化锂氧化还原反应的催化材料被用于优化导电阻挡层，该类多功能隔膜具有三个优点：（1）提高电池的电子传导率和活性物质的利用率；（2）限制穿梭效应，降低多硫化锂的溶解扩散；（3）加快多硫化锂的反应动力学过程并影响溶剂界面的热力学过程。

使用能够捕获并提高多硫化锂中间体转化效率的催化材料进行隔膜功能化以提高电池的电化学性能是一种极为有效的策略，该方法的研究较晚，目前研究有限，Au、Pt、Ir 等贵金属均表现出一定的电化学催化活性，但是高昂的成本也是限制该类材料实际应用的问题所在。发展具有催化/促进活性的非贵金属材料是未来的研究方向。

1.5.3　具有静电排斥效应的功能化隔膜

利用简单的同种电荷相互排斥的静电排斥原理，使用负电性基团可对多硫阴离子的穿梭进行有效的抑制。此外，带负电基团的隔膜能够选择性地透过 Li^+，可提高锂离子传导率和锂离子迁移数。目前，文献报道的该部分的研究主要分两类。

（1）早期的研究主要是隔膜的负离子功能化，主要以—SO_3^- 和—COO^- 为主。最早的隔膜磺酸化方案是以 Nafion 膜的使用和聚烯烃隔膜的 Nafion 修饰开始的。例如，2012 年，Xie 等人通过将 Nafion 膜锂化后作为隔膜，以 1.0mol/L LiN $(CF_3SO_2)_2$ 的电解液（DOL∶DME = 1∶2）作为液体电解质，尽管其室温锂离子传导率仅为 $1×10^{-5}S/cm$，但由于隔膜上的磺酸根对多硫负离子的静电排斥作用，有效地改善了锂硫电池的循环稳定性。在 $0.3mA/cm^2$ 的电流密度下，50 次充放电循环后，放电比容量为 $815mA \cdot h/g$，而采用普通的 Celgard 2400 隔膜，放电比容量仅为 $522mA \cdot h/g$。2014 年，Wei 等人用 Nafion 溶液对传统锂离子隔膜 Celgard 2400 进行处理，隔膜的孔被带有磺酸根负离子（$—SO_3^-$）的 Nafion 聚合物填充，使得锂离子选择性通过，多硫离子被限制在正极区域，由此隔膜组装的锂硫电池，500 次充放电循环内，比容量单次循环损失率仅为 0.08%，是采用普通隔膜的锂硫电池的一半。

（2）鉴于正极隔膜间的导电涂层表现出优异的性能，科研工作者也尝试将导电策略与静电屏蔽策略相结合：一方面通过静电屏蔽效应减少多硫化锂的穿梭和沉积；另一方面能够提供多硫化锂电化学反应的场所，活化沉积的活性物质。此外，对减小界面电阻也大有帮助。例如，Yang 等人采用化学方法将商业化导电乙炔黑进行磺化，引入磺酸基团，并用以修饰隔膜。该隔膜表现出促进传导锂离子排斥多硫离子的离子选择性功能。磺化乙炔黑能够作为第二集流体促进电子传导，提高活性物质的利用率。使用硫含量为 70%，载量为 $3.0mg/cm^2$ 硫正极和功能化隔膜组装的电池表现出优异的性能。0.1C 下显示出 $1262mA \cdot h/g$ 的初始放电比容量，经过 100 次充放电循环仍保持 $955mA \cdot h/g$ 的可逆容量，并且使用功能化隔膜的电池负极未观察到锂枝晶和 Li_2S_2/Li_2S 的沉积，充分证明该功能化隔膜对负极的保护作用。

1.5.4　具有空间阻挡作用的功能化隔膜

使用各种策略进行穿梭效应的抑制研究表明，不同的策略均表现出对多硫化锂穿梭的有效缓解。利用多硫离子与锂离子在动力学直径上的差异设计只允许锂离子通过的隔膜孔道，在尺寸上阻碍多硫离子穿过隔膜也是一种有效的策略。该策略的研究主要包括：根据二维纳米材料大的面径比特点，通过材料的堆叠减小锂离子通道的直径，降低多硫离子穿梭通量，在锂硫电池中常用的二维纳米材料主要有石墨烯类、Mexene、金属硫化物类（如 WS_2 和 MoS_2 等）。例如，Wen 等人制备了一种磺化的还原氧化石墨烯（SRGO），用于隔膜功能化，一方面石墨烯片在物理上限制多硫离子传导，有利于电子传递；另一方面磺酸基的存在能够限制多硫离子的迁移，同时促进了锂离子的传输。对多硫离子的穿梭进行了双重抑制，并且促进电子和锂离子的传导，有助于提高锂硫电池的电化学活性。使用 56% 的硫正极在 $1.2 \sim 1.5mg/cm^2$ 载量下，电池在 0.5C 表现出 $1300mA \cdot h/g$ 以上的初始放电比容量。经过 250 次循环后仍保持 $802mA \cdot h/g$ 的可逆容量，并且具有优异的倍率性能，通过对循环后使用不同隔膜电池锂负极的截面 SEM 和 EDS 测试发现，SRGO 功能化的隔膜表现出最低的硫信号和最平滑的负极表面，进一步证明穿梭效应得到有效的抑制。

1.5.5　多功能新型隔膜的构建

通过各种手段对电池隔膜进行导电功能化修饰，如吸附性、催化活性、空间位阻等方面的功能化已有大量文献报道，这些功能化策略能够有效缓解多硫化锂的穿梭效应，被认为能够显著提高锂硫电池的电化学性能。然而，商业化隔膜的功能化往往会增加隔膜层厚度，代价是电池能量密度的降低。在保证能量密度的同时能够有效地抑制穿梭效应并提高电化学性能是科研工作者的不懈追求。因此，部分研究人员开始尝试使用功能化的有机聚合物、有机金属骨架结构（MOF）、无机纳米材料等进行新型隔膜的设计和构建，期望能够缓解锂硫电池严重的穿梭效应以及锂负极的枝晶问题，得到更加高效、简单、低成本的电池隔膜。近年来在这方面的工作也出现了少量报道。第一类是使用功能化聚合物为原料制备高性能隔膜。典型的代表是 Helms 等人通过设计分子结构制备一种自有孔聚合物（PIMs）隔膜，通过模拟计算证实孔径仅有约 0.8nm，在动力学直径上能够完全阻止多硫离子的穿梭，而允许锂离子通过，在没有硝酸锂存在时，组装的锂硫电池仍然表现出优异的电化学性能。第二类是使用有机无机复合的方式构建多功能隔膜结构。众所周知，有机高分子材料具有柔韧性和成膜性；无机材料具有刚性，能够提高材料的机械性能，但自身不具有黏结性和成膜性。因此，研究人员尝试使用有机无机材料混合的方式结合各自优势制备高性能隔膜。例如，Zhang 等人使用 PVDF 和还原氧化石墨烯为原料通过静电纺丝法制备了一种不对称结构隔膜：下层为 PVDF 静电纺丝膜，具有电子绝缘性和优异的稳定性，高的吸液性能保证了锂离子传导性；上层为 PVDF + rGO 共混结构，PVDF 保证了两层结构的一体化，rGO 能够抑制多硫化锂穿梭，并且具有导电性，降低活性物质的损失。因此使用该隔膜能够提高电池的循环性能和倍率性能。

1.5.6　隔膜功能化协同保护锂负极策略

锂硫电池中锂负极存在的不均匀腐蚀和枝晶会严重影响电池的稳定性和安全性。金属锂负极的保护工作成为锂电池研究的重点，在众多的研究策略中，从隔膜角度出发，设计功能化隔膜，有效地改善负极结构的快速恶化。一方面，功能化隔膜有效地抑制多硫化锂到达负极表面造成负极的不均匀腐蚀和难溶 Li_2S_2/Li_2S 的沉积；另一方面通过功能化的隔膜层促进锂负极的均匀沉积，减少锂枝晶的生长或者提高隔膜的机械稳定性，抑制枝晶对隔膜结构的破坏。例如，Chen 等人使用多巴胺在隔膜表面原位聚合，进行隔膜的功能化，一方面该多巴胺涂层使隔膜结构更加致密，在一定程度上限制了多硫离子透过隔膜；另一方面，多巴胺与负极接触形成稳定的固体电解质层，促进了锂离子在负极的均匀沉积，抑制了枝晶的生长。Kim 等人报道的聚多巴胺修饰隔膜负极一侧也验证了其对枝晶生长的有效抑制。

尽管多功能隔膜的研究已经取得巨大进展，其进一步研究和商业化应用仍具有广阔的研发空间。从目前的研究成果来看，经济、高效、环保、安全的高性能锂硫电池隔膜仍然是提高锂硫电池性能，推动锂硫电池实际应用的有效手段。从隔膜自身来看，仍需要在获得高效抑制多硫化锂穿梭效果的同时控制功能修饰层的体积和质量载量，减小对能量密度损失的影响；降低因孔径减小造成的锂离子传导率下降，导致电池极化增大以提高锂硫电池的倍率性能。从负极角度出发，隔膜的功能化需要在保证高效抑制多硫化锂穿梭的同时兼具抑制负极锂枝晶的生长，或者提供足够的机械强度防止枝晶穿刺造成的安全问题，该方面的研究还需要积极开展和深入。在隔膜的商业化上，需要权衡功能化隔膜的生产成本与锂硫电池性能之间的关系，需要从低成本、高性能、环境友好、资源丰富等方面综合考虑隔膜的功能化问题。

1.6　锂硫电池电解质

1.6.1　液相电解质

锂硫电池的电解质系统对电池性能也起着至关重要的作用。张胜水课题组已经发表了一篇完整的综述来阐述锂硫电池体系中使用的液体电解质。其中，由于存在高反应活性的多硫离子，并非所有的电解液都适合于锂硫电池。电解液的基本功能是在正负极之间传递锂离子，从而保证电池充放电顺利进行。理想的电解液应当具有以下特点：（1）具有良好的 Li^+ 传导而对电子绝缘；（2）化学稳定性好，在充放电过程中不发生反应；（3）电化学稳定性好，从而提供宽的工作电压窗口；（4）具有低熔点和高沸点，从而提供宽的工作温度；（5）环保安全。通常，电解液是由有机溶剂、锂盐和添加剂三部分组成，下面分别从这三个方面对 Li-S 电池电解液研究进展作相关介绍。

1.6.1.1　有机溶剂

对于有机溶剂的选择，常见的有机溶剂可分为两大类：一是有机碳酸酯类，例如碳酸乙烯酯（EC）、碳酸丙烯酯（PC）、碳酸二甲酯（DMC）、碳酸二乙酯（DEC）、碳酸甲乙酯（EMC）等；二是醚类，例如 1,3-二氧戊环（DOL）、乙二醇二甲醚（DME）、四氢呋喃（THF）、二乙二醇二甲醚（DEGDME）、四乙二醇二甲醚（TEGDME）等。一般醚类溶剂具有黏度低、浸润性好的优点，但是抗氧化性能差，而且易挥发且燃点低，容易引起安全问题。相比而言，碳酸酯类溶剂抗氧化性和工作温度更宽，因此一般锂离子电池常选择碳酸酯类作为有机溶剂。然而，对于锂硫电池体系，只有当把活性物质硫限定在宿主材料中或与聚合物形成共价键时，才能使用碳酸酯类作为溶剂。从已报道的文献中可以看出，其充放电行为与醚类电解液不同，没有锂硫电池典型的两个放电平台，而只表现出一个放电平台，意味着在放电过程中硫直接反应生成 Li_2S/Li_2S_2，没有形成长链多硫化锂。因此，当在锂硫电池体系中使用碳酸酯类作为有机溶剂时，应当避免长链多硫化锂的产生。例如，Guo 和 Wan 课题组制备了小分子 $S_{2\sim4}$ 导电介孔碳复合材料，使其在放电过程中避免长链多硫化锂的产生，从而在酯类电解液中保持稳定的循环性能，0.1C 循环 200 圈之后，仍能够保持 1142mA·h/g 的放电比容量。虽然如此，考虑到酯类会和产生的长链多硫化锂发生亲核反应，导致容量快速衰减，锂硫电池体系常选择醚类作为有机溶剂。

然而单一溶剂很难满足电解液的综合要求，例如黏度、离子电导率、电化学稳定性、化学稳定性、多硫化锂溶解性和安全等。因此，锂硫电池体系中常用混合溶剂，如 DOL/DME、DOL/TEGDME、DOL/聚乙二醇二甲醚（PEGDME）等。其中，DME 具有相对高的介电常数和低的黏度，能够提供更高的锂盐溶解度，有利于提高离子电导率。长链 TEGDME 和 PEGDME 具有更高的沸点和熔点，且抗氧化性更强，有利于提高工作温度和电化学窗口。DOL 能在锂金属表面形成稳定的 SEI，有利于锂负极稳定性。采用多溶剂的协同作用，能够有效提高锂硫电池的电化学性能。

为了改进常规醚类溶剂存在的挥发性强、燃点低等问题，研究者开发了改性溶剂（如氟代醚）、砜类溶剂、离子液体等作为共溶剂，以提高锂硫电池电化学性能。例如，室温离子液体具有低挥发性、低燃点、高热稳定性、电化学窗口宽等优点，被广泛应用于锂离子电池。基于此，2006 年，Yuan 等人制备了室温离子液体——N-甲基-N-丁基吡啶-双三氟甲基磺酰胺，作为锂硫电池溶剂，研究表明离子液体能够有效减缓多硫化锂的溶解。进一步，Park 等人利用 UV-vis 光谱，定量分析了多硫化锂在离子液体中的溶解度，发现离子液体由于具有比一般醚类更低的给电子能力，因此表现出更低的多硫化锂溶解度，从而可减少硫物质在电解液中的溶解，提高锂硫电池的循环稳定性。经过大量研究，N-甲基-N-丁基-哌啶鎓、1-乙基-3-甲基咪唑鎓双（三氟甲磺酰基）酰亚胺、N，N-二乙基-N-甲基-N-（2-甲氧基乙基）铵双（三氟甲烷磺酰基）酰胺和 N-甲基-N-烯丙基吡咯烷鎓双（三氟甲磺酰基）酰亚胺被证明是适用于锂硫电池的几种室温离子液体。另一种离子液体 N-甲基-N-丙基吡咯烷鎓双（三氟甲磺酰基）酰亚胺需要加热到 50℃ 以获得足够低的黏度，才可作为锂硫电池电解质溶剂。

1.6.1.2 锂盐

锂盐作为传导 Li^+ 的载体，是电解液中的重要组成部分。常见的锂盐可分为无机锂盐和有机锂盐：无机锂盐有六氟磷酸锂（$LiPF_6$）、四氟硼酸锂（$LiBF_4$）、高氯酸锂（$LiClO_4$）、六氟合砷酸锂（$LiAsF_6$）等；有机锂盐有双三氟甲基磺酰亚胺锂（LiTFSI）、双氟磺酰亚胺锂（LiFSI）、二草酸硼酸锂（LiBOB）、二氟草酸硼酸锂（LiODFB）等。对于锂离子电池中常用的 $LiPF_6$，由于其在醚类电解液中容易歧化分解产生路易斯酸，导致溶剂分解，因此很少使用。在锂硫电池中，LiTFSI 由于具有良好的离子导电性、电化学稳定性和对溶解的多硫化锂的兼容性等优点，被广泛使用。其次是 LiFSI，它具有与 LiTFSI 相似的结构，但是更短的阴离子，有利于减少电解液的黏度。但是 LiTFSI 和 LiFSI 都面临着与 Al_2O_3 发生反应的问题，该反应导致铝箔表面致密膜破坏，从而引起铝集流体在电解液中溶解和腐蚀。为此，Matsumato 等人采用高浓度锂盐，发现能够在集流体上形成 LiF 膜，从而有效防止铝箔的腐蚀。

此外，锂盐的浓度对锂硫电池的电化学性能也有一定的影响，尤其是对多硫化锂的溶解，一方面，基于溶解平衡原理，增加锂盐的浓度，会影响多硫化锂在电解液的溶解度；另一方面，采用高浓度的锂盐会增加电解液黏度，这两个方面共同作用，能够有效抑制多硫化锂的溶解和穿梭效应。2013 年，陈立泉课题组提出"有机溶剂溶于锂盐"的概念，制备了具有高浓度锂盐的电解液，发现其具有超高浓度的锂盐（高达 7mol/L）和高的 Li^+ 迁移数（0.73）。将该电解液体系应用在锂硫电池中，研究表明，一方面可以减少多硫化锂的溶解，这是由于在高浓度的电解液中，锂盐的浓度接近饱和，多硫化锂变得很难溶解；另一方面能够帮助稳定锂负极，主要由于大量的阴离子与 Li^+ 保持平衡，有利于抑制锂枝晶生长，而且高的 Li^+ 迁移数能够提高均匀的锂沉积和溶解。随后的研究工作也发现高浓度锂盐能够抑制多硫化锂溶解和稳定锂负极，进一步证明采用高浓度锂盐的电解液体系有利于改善锂硫电池电化学性能。

1.6.1.3 电解液添加剂

在电解液体系中，引入少量添加剂，对于改善电化学性能是一种简单有效的方法。根据功能不同，应用于锂硫电池中的添加剂可以分为三种：一是保护锂金属负极，如 $LiNO_3$、AlI_3、InI_3、$SiCl_4$ 等；二是抑制正极多硫化锂的溶解，如多硫化锂、吡咯、噻吩；三是促进 Li_2S 正极的电化学动力学，如 P_2S_5。添加剂的加入能够有效提高锂硫电池的比容量、库伦效率、倍率性能和循环稳定性。

$LiNO_3$ 作为最常见的醚类电解液添加剂，能够在锂金属负极表面形成稳定的 SEI。Aurbach 等人研究了 $LiNO_3$ 对锂金属表面化学组分的影响，发现 $LiNO_3$ 能够在锂表面发生还原反应生成 Li_xNO_y，并且进一步将多硫化锂氧化为 Li_xSO_y，从而使锂负极表面钝化，阻止副反应发生，进而减缓多硫化锂的穿梭效应。关于 $LiNO_3$ 对锂负极的保护作用，在很多研究工作中都得到了进一步证明。此外，虽然 $LiNO_3$ 有利于锂负极形成保护膜，但 Zhang 发现，当电位小于 1.6V 时，$LiNO_3$

会在正极发生不可逆还原反应，生成的产物覆盖在硫正极上，影响锂硫电池放电比容量。为了避免 $LiNO_3$ 在正极的反应，可以适当提高放电截止电压，例如将放电截止电压设置为 1.8V。

由于锂金属在沉积和溶解过程中会产生大量的体积膨胀，导致 SEI 的破裂并产生新的锂金属表面，使电解液中的添加剂不断地消耗，因此，提高电解液添加剂的浓度或者同时加入多种电解液添加剂，有利于提高锂硫电池的循环性能。例如，Adamas 等人发现 $LiNO_3$ 在循环过程中不断消耗，导致锂负极的失效，采取高浓度的 $LiNO_3$（0.5mol/L）有利于在锂负极表面形成更加稳定的 SEI，从而提高库伦效率和循环寿命。除此之外，研究表明多硫化锂也可以作为添加剂，改善锂硫电池的电化学性能，这是由于多硫化锂一方面能够与锂金属发生反应，在其表面生成富含 Li_2S/Li_2S_2 固体的保护层，阻止电解液的进一步消耗；另一方面能够抑制硫正极中间产物多硫化锂的溶解。基于此，Li 等人将多硫化锂和 $LiNO_3$ 共同作为电解液添加剂，通过控制适当的浓度，发现二者具有协同作用，能够有效帮助锂金属负极形成均匀稳定的 SEI，从而抑制锂枝晶生长。

1.6.2 凝胶聚合物/固态电解质

凝胶聚合物和固态电解质也是锂硫电池电解质的潜在候选者。可溶性多硫化锂在高黏度凝胶电解质和固态电解质中难以迁移，可以减少活性物质的损失，抑制穿梭效应。凝胶聚合物和固态电解质在锂硫电池中的应用已有一定的研究。如聚偏氟乙烯-六氟丙烯共聚物和 $PEO_{20}LiCF_3SO_3+10\%ZrO_2$ 电解质已经作为凝胶电解质用于锂硫电池体系，$Li_2S-P_2S_5$ 和 $Li_2S-GeS_2-P_2S_5$ 等多种玻璃陶瓷固体电解质成功用于锂硫电池，但是固体电解质较低的离子电导率致使锂硫电池的倍率性能较差，还需要不断研究改进。

1.7 锂负极的研究进展

在 2016 年以前，与正极和电解质相比，对锂金属负极的改性关注不多。早期的研究通过紫外线固化方法在锂负极上涂覆一层 $10\mu m$ 的涂层，从而使过充电的行为得到抑制；或者是通过 Si 与锂箔直接接触或在 Li-Si 半电池中进行电化学锂化制备锂化硅，改善锂金属负极的性能。在 2016 年后，众多科研工作者意识到，不管是锂硫电池商业化，还是锂金属直接作为负极与其他商业化正极匹配，以提高电池能量密度，锂金属负极的改性都至关重要，所以锂金属负极在最近几年出现了像硫正极一样的研究热潮。

锂金属具有高的反应活性，会自发地与电解液发生反应生成 SEI。如图 1-20（a）所示，可以看到锂金属表面 SEI 是由多种有机、无机组分镶嵌构成的，内部主要为 Li_2O 和 LiF 等低氧化态的无机材料，外层主要为高氧化态的有机聚合物。

由于 SEI 不规则分布，无法适应锂金属在沉积和溶解过程中产生的大量体积膨胀，导致 SEI 破裂、锂枝晶产生，并引发短路等安全问题（图 1-20（b））。对于锂金属负极，理想的 SEI 应该满足以下要求：

（1）良好的电化学和化学稳定性，即在一定工作电流和电压范围内，对锂金属和电解液稳定；

（2）具有一定的机械强度，能够抑制锂枝晶生长；

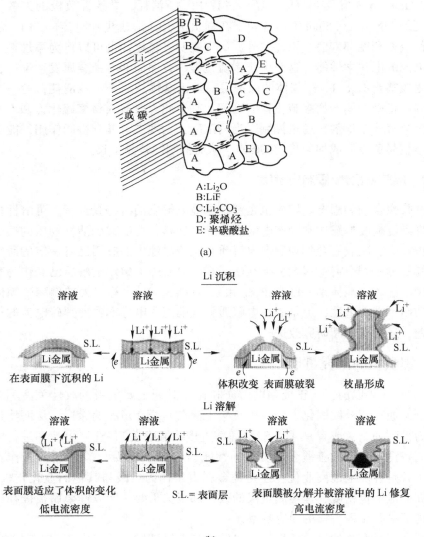

A:Li$_2$O
B:LiF
C:Li$_2$CO$_3$
D: 聚烯烃
E: 半碳酸盐

(a)

Li 沉积

溶液　　　　溶液　　　　　　　　溶液　　　　溶液

在表面膜下沉积的 Li　　　体积改变　表面膜破裂　枝晶形成

Li 溶解

溶液　　　　溶液　　　　　　　　溶液　　　　溶液

表面膜适应了体积的变化　　S.L.=表面层　　表面膜被分解并被溶液中的 Li 修复
低电流密度　　　　　　　　　　　　　　高电流密度

(b)

图 1-20　SEI

（a）Li 或碳负极表面 SEI 成分分布；（b）锂负极在沉积和溶解时的形貌变化

（3）良好的柔韧性，能够适应锂金属在沉积和溶解过程中大量的体积膨胀；

（4）良好的 Li^+ 导体，但为电子绝缘体，能够快速传导 Li^+ 通过；

（5）表面光滑均匀，促进 Li^+ 均匀地扩散。

根据以上要求，以下按照人工 SEI 成分，分别从无机材料、有机材料和无机-有机混合材料三个方面作详细介绍。

1.7.1 无机材料

无机材料作为锂金属 SEI 成分，由于具有良好的机械强度、导离子性、电解液稳定性和易于制备等优点，而得到广泛应用。常用的无机材料有 Al_2O_3、LiF、Li_3N、Li_3PS_4、Li_3PO_4、Li_xAl_yS 等。对于无机材料的选择，Richards 等人对一系列无机材料的电化学稳定性进行研究（图 1-21（a）），发现卤化锂（LiX，X = F、Cl、Br）材料具有更高的电化学稳定性。对于锂枝晶生长问题，Newman 等人利用数学模型模拟锂枝晶生长过程，发现锂枝晶的生长受到表面能的控制，如图 1-21（b）所示，考虑到尖端曲率对锂枝晶生长动力学的影响，作者提出可以通过减低电流密度来减缓锂枝晶生长速度。进一步地，Ozhabes 等人基于第一性原理计算对常见 SEI 组分的表面能和扩散位阻进行了分析和比较，理想的 SEI 组分应当具有高的表面能和低的表面扩散位阻，有利于提供稳定的表面和更快的 Li^+ 传输，从而抑制锂枝晶生长。计算结果如图 1-21（c）所示，可以看出，常见的 Li_2CO_3 具有低的表面能和高的扩散位阻；Li_2O 虽然具有高的表面能，但是扩散位阻很大，不利于 Li^+ 传输；LiOH 虽然扩散位阻小，但是表面能很低，作为 SEI 组分都不是很好的选择。作为对比，LiF 具有高的表面能，有利于提供稳定的表面，同时扩散位阻适当，能够保证一定的 Li^+ 传输，因此常被选择作为 SEI 组分之一。

在实验方面，大量研究表明，LiF 作为 SEI 组分能够稳定锂金属表面。早期的工作主要是在电解液中直接加入含氟添加剂或溶剂，使锂金属表面形成 LiF，但是利用电解液添加剂形成的 SEI 具有组分难以控制的问题。为此，研究者提出优先在锂表面生成人工 SEI，再组装电池进行测试的策略，从而达到 SEI 可控调节的目的。例如，Peng 等人发现 NH_4HF_2 与锂金属的反应吉布斯自由能很低，因此能够优先与锂发生反应生成 LiF，从而能够自发形成内部富含 LiF、外部为有机层的 SEI，研究表明这种有序的组分结构能够有效抑制锂枝晶生长。Yan 等人基于 $CuF_2+2Li{\rightarrow}2LiF+Cu$ 的反应，在锂金属表面生成了均匀的 LiF/Cu 层，测试结果表明，该层具有高的离子导电性、表面能和杨氏模量，从而能够有效抑制锂枝晶生长和缓解体积膨胀。此外，Lin 等人利用锂金属和含氟气体的反应，在锂金属表面生成 LiF 层，相比于液体成分，使用的气体具有无毒、易控制和可提供更加均匀 LiF 层的优点，取得了良好的电化学稳定性和库伦效率。从上述讨论中可以看到，LiF

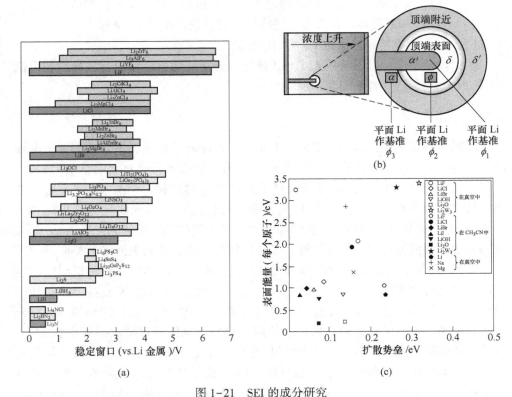

图 1-21 SEI 的成分研究

（a）电化学稳定性；（b）锂枝晶尖端；（c）各种 SEI 物质表面能和表面扩散位阻

作为 SEI 组分是一个很好的选择，能够提高锂负极表面的稳定性。虽然无机材料具有强的机械强度和高的导离子性，能够有效抑制锂枝晶生长，但是同时面临不能很好适应锂金属体积膨胀的问题，在机械柔韧性方面有待进一步提高。

1.7.2 有机聚合物

有机聚合物材料具有良好的弹性和自愈合的特点，作为 SEI 组分能够有效解决锂金属体积膨胀的问题，因此得到广泛应用。研究者探究了各种有机聚合物对锂金属界面的影响，包括聚酰亚胺、聚偏氟乙烯（PVDF）、聚丙烯酸、自合成含氨基聚合物等。例如，Ma 等人将锂金属直接沉积在聚（3,4-亚乙基二氧基噻吩）-聚乙二醇共聚物（PEDOT-co-PEG）溶液中，使其表面形成有机聚合物保护层，结果表明 PEDOT-co-PEG 与锂金属黏附性很强，能够提供稳定的 SEI 层；此外，作为物理阻挡层，能够抑制多硫化锂与锂金属的反应，从而减少锂金属的腐蚀，抑制穿梭效应。Liu 等人利用橡皮泥的主要成分聚二甲基硅氧烷（PDMS）作为锂金属表面保护层，研究表明，PDMS 不仅具有高的机械柔韧性，能够很好地适应锂金属体积变化；而且兼具流动性和坚韧性，能够根据锂枝晶生长速率而发生相应形变。因此，电化学性能测试结果表明，PDMS 作为动态交联聚合物能够为锂金属提供高的库伦效率和低的过电位。

除了在锂金属表面直接涂敷一层有机聚合物之外，还有一种方法是利用锂金属与电解液组分的电化学反应，在其表面原位聚合生成有机聚合物保护层。在锂硫电池中，典型的例子是 DOL 溶剂，其能够在充放电过程中电聚合，形成具有弹性的高聚物，因此不仅能够适应体积膨胀，还能够抑制锂枝晶的生长。基于此，Ma 等人利用强路易斯酸 AlI₃ 作为诱导剂，诱导 DOL 在锂金属表面自聚合形成保护层，从而提高锂金属负极的库伦效率。有机聚合物虽然能够提高良好的机械柔韧性，但是在电解液稳定性和导 Li⁺ 性方面有待进一步提高。

1.7.3 无机-有机复合材料

从上述讨论中可以看到无机和有机材料各有优缺点，结合无机材料的机械强度和有机材料的柔韧性，制备无机和有机复合材料作为 SEI 组分，能够有效抑制锂枝晶生长并且适应锂金属体积变化。例如，Kozen 等人基于 DOL 的自聚合并结合 Al_2O_3 的机械强度，制备了无机-有机混合保护膜。结果表明，该保护膜表现出良好的柔韧性、离子导电性和电子绝缘性，能够提供稳定的锂金属界面，从而有效减少锂枝晶的产生。Zhao 等人利用 $SiCl_4$ 与碳酸丙烯酯的交联反应，在锂金属表面原位生成无机-有机复合膜，形成的 SEI 膜能够提供快速的电荷传递；进一步地，将该锂负极应用于锂硫电池中，使用碳酸酯类电解液，在 2C 电流密度下循环 200 圈，仍然可保持高的比容量和库伦效率。此外，还有将 LiF 和聚偏氟乙烯-聚六氟丙烯共聚物（PVDF-HFP）相结合，SiO_2 和聚甲基丙烯酸甲酯（PMMA）相结合，Li_3N 和聚苯乙烯丁二烯组合等相关研究。

为了制备更加有序的无机和有机组合的保护层，Yan 等人将锂金属直接浸泡在氟代碳酸乙烯酯（FEC）中，由于有机组分在溶剂中具有高的溶解度，故锂金属表面能够自发生成具有无机-有机双层结构的保护膜，其中，下层为无机组分，主要为 Li_2CO_3 和 LiF；上层为有机组分，主要为 $ROCO_2Li$ 和 ROLi。研究表明，无机组分能够提供均匀成核位点并且抑制锂枝晶生成，上层有机成分能够提供良好的机械柔性，从而缓冲体积膨胀。此外，Gu 等人基于 DOL 自聚合，利用电化学抛光技术发现能够在锂金属表面生成可控调节的 SEI 组分，包括无机-无机组合、无机-有机组合、无机-有机-无机组合等。结果表明，有序控制的人工 SEI 能够极大地提高碱金属（Li、Na 和 K）的稳定性。从上述讨论中可以看出，将无机和有机材料相结合，制备有序、可控结构的 SEI，能够为锂金属提供更好的界面保护层。为了进一步推动锂金属的实际应用，对于有机和无机组分的选择、保护膜的制备和调控等问题，需要进一步研究。

1.8 本书内容

本书内容涵盖了锂硫电池的工作原理、研究进展及一些表征、测试方法和面临的挑战，同时还讲述了作者在锂硫电池正极方面的研究，主要围绕改善硫正极存在的固有问题，最关键的挑战在于提高导电性及减少或降低循环过程中多硫化锂的溶解和迁移。本书主要介绍了材料结构和电极结构的设计思想、制备方法、电化学性能及固硫机理，包括碳基材料固硫、有机碳硫聚合物固硫、硫化锂改性及新型电极结构设计与构筑。最后一章对锂硫电池硫正极的研究进展进行总结和展望。该书选材新、内容精，注重科学性、先进性和适用性。

2 制备技术和表征方法及其原理

2.1 材料制备技术方法

2.1.1 喷雾干燥技术

喷雾干燥技术是一种兼具物料干燥和样品制备功能的技术手段。由于具有干燥时间短、效率高、生成能力强、产品质量高和易于自动化等优点，已经被广泛应用于食品、医药、化工、饲料和生物等领域。世界上第一台喷雾干燥设备是美国在 1933 年生产出来的，我国于 20 世纪 50 年代，由吉林燃料厂引进苏联的旋转式喷雾干燥机后开始发展。

目前，实验室中常使用的是小型喷雾干燥仪，其装置示意图如图 2-1 所示，由蠕动泵 1、喷嘴 2、喷缸 3、分离器 4、收集器 5 和尾气处理 6 等部件组成。样品制备过程中，主要包含以下步骤：首先，混合物料经蠕动泵进入喷雾干燥设备中；随后到达喷嘴处，在高温下雾化形成细小的雾滴，由于增加了水分蒸发面积，

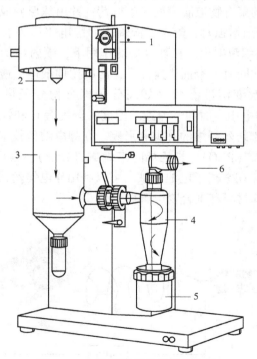

图 2-1　实验室用喷雾干燥仪装置

从而达到了快速蒸发的目的；由于喷缸和分离器特殊的结构设计，剩余的固体物料能够在气流作用下旋转造粒；最后在收集器中可以收集得到干燥的固体粉末。在材料制备方面，通过调节物料组分和浓度、设备的进样速度、进出口温度、雾化压力、干燥介质流量等参数，可以控制样品的形貌。

在锂离子电池领域，喷雾干燥技术被广泛应用于制备各种正负极材料，包括硅/碳负极、金属氧化物、钛酸锂等。例如，Choi 课题组及本人使用喷雾干燥技术大规模制备硅碳负极，其中制备的纳米硅材料包裹在多孔碳颗粒中，能够提高硅负极的导电性，缓解充放电过程中的体积膨胀。

2.1.2 静电纺丝技术

静电纺丝技术是利用高静电力制备纤维的常用技术手段之一。由于制备的纺丝纤维具有均一性好、柔韧性强、孔隙率高、易于调控和便于连续生产等优点，而被广泛应用于化工、传感器、生物医药和能源电子等领域。其装置示意如图2-2 所示，主要由注射器 1、高压电源 2 和接收器 3 三个部件组成。其中，注射器作为高分子聚合物溶液供给装置，在泵的推动作用下，将含有高分子聚合物的溶液送至注射器针尖。高压电源作为高压静电发生器，在针尖和接收器之间产生静电场，使针尖处的聚合物液滴表面产生电荷，并由球形变成圆锥形，即"泰勒锥"。当施加电场逐渐增强时，聚合物液滴表面静电排斥力会克服表面张力，在"泰勒锥"尖端形成细流射出。在静电场的作用下，喷射出的细流以螺旋线的形式飞向接收器，与此同时，溶剂快速挥发，溶质拉伸细化，最终落到接收器上形成纺丝纤维。通过改变溶液参数（如高分子聚合物分子量、种类、溶液黏度等），仪器参数（如电压、时间、流速、温度、湿度等）和针尖（如直径、孔形状等）等，可以控制纺丝纤维的种类和形貌。在静电纺丝技术中，常用的高分子聚合物有聚氧化乙烯（PEO）、聚乙烯吡咯烷酮（PVP）、聚丙烯腈（PAN）、聚乙烯醇（PVA）等。在锂离子电池领域，可以利用静电纺丝技术制备各种纤维状的复合材料、自支撑材料和聚合物电解质等。

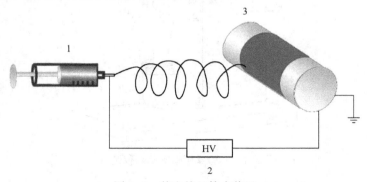

图 2-2 静电纺丝技术装置

2.2 材料表征方法及原理

2.2.1 扫描电子显微（SEM）技术及电子能谱

扫描电子显微（scanning electron microscope，SEM）技术，是观察物质微观结构的重要手段，是近代广泛应用的技术之一。SEM 技术的工作原理如下：在加高压作用下，通过多级电磁透镜将电子枪发射的电子汇集产生高能电子束（约5nm），最终以点的形式照射到测试样品上；当高能电子束在样品表面扫描时，高速运动的电子会和样品的原子核和核外电子相互作用，从而激发产生各种信号。如图 2-3 所示，产生的信号包括二次电子、俄歇电子、背散射电子、特征 X 射线、可见光和荧光、吸收电子、透射电子、弹性散射电子和非弹性散射电子。SEM 通过聚焦电子束在样品表面逐点扫描，收集二次电子或背散射电子用于成像。其中，二次电子是原子核外层电子被激发产生的，具有的能量很低（<50eV），导致样品内部产生的二次电子会被吸收，只有表层（5~10nm）产生的二次电子会逃逸出来。因此，利用二次电子成像能够有效获得样品表面的信息。SEM 获得的图像具有立体感强、放大倍数范围广、分辨率高和操作简单等特点，因而得到了广泛应用。

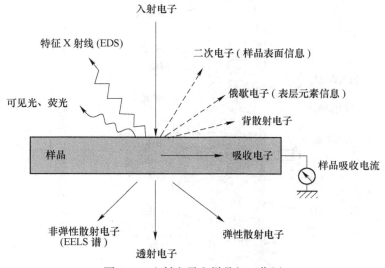

图 2-3　入射电子和样品相互作用

此外，扫描电子显微镜配备的 X 射线能量色散谱（energy dispersive X-ray spectroscopy，EDS）分析仪，可以对试样被激发产生的特征 X 射线进行分析，从而对分析试样扫描区域所含化学元素作定性和定量分析。可以分析几个微米的微小区域的成分，且不用标样，分析速度快。对质量分数大于 0.5%以上的元素，测量结果比较准确；对主要元素测量的相对误差约为 5%。

　　本书中采用联用 X 射线能量散射分析仪的日本日立公司的 Hitachi S-4800 型场发射扫描电子显微镜，对样品材料进行颗粒形貌的观察和元素的定性定量分析。对于不同样品采取不同方法制备 SEM 样：对于粉末样，需要将其分散到乙醇中，滴加到硅片上，进行观察；对于纤维状样品，无需分散，进行观察；对于对空气敏感的样品，需要在手套箱中将样品贴在特制转移台上，并进行送样观察。为了获得清晰的电镜图，在对样品进行 SEM 观察前一般都会进行喷铂处理。

2.2.2　透射电子显微镜（TEM）技术

　　透射电子显微镜（transmission electron microscope，TEM）也是一种利用电子成像的技术，是观察物质内部微观结构的重要手段，是近代广泛应用的技术之一。其基本构型如图 2-4 所示，主要是由电子源、照明系统、放大和成像系统，以及观察拍照系统四部分组成。TEM 技术的工作原理与 SEM 类似：在高压下，电子枪中射出的电子束经过系统聚焦后照射在稀薄的试样上（厚度小于0.1μm），利用不同位置上电子束的透过率不同最终获得试样的截面图像。只是与 SEM 不同，TEM 是通过收集透射电子和散射电子信号用于成像，且由于电子德布罗意

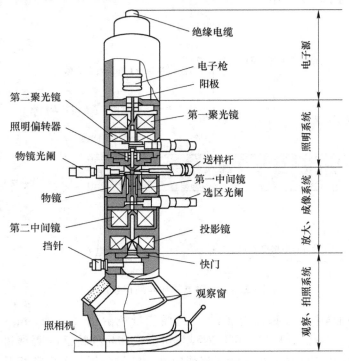

图 2-4　TEM 的结构和机理

波长很短，TEM 的分辨率比 SEM 的高，可达到 0.1 ~ 0.2nm。这是根据 $d = 0.61$ λ / N_A，其中 $N_A = n\sin\alpha$，在 TEM 中物镜的孔径角度接近 90°，由于 TEM 在 100kV 加速电压下，得到的电子德布罗意波长理论值为 0.0037nm，所以理论上 d 可达 0.002nm。目前 TEM 最小分辨率可达 0.1nm。因此，TEM 放大倍数可达几万到几百万倍，可用于观察样品的精细结构。TEM 主要具有透射像观察、选区电子衍射（SAED）结构分析及纳米区域成分分析（利用 EDS 附件）等功能。

　　本书使用 JEM-2100 型 TEM（日本 JEOL 公司）对样品的外观形貌等进行测试表征。制样方法如下：用无水乙醇对样品材料进行超声分散后，滴加在铜网碳支持膜上，待无水乙醇挥发后送入样品室进行观察。

2.2.3　X 射线光电子能谱分析（XPS）

　　X 射线光电子能谱（X-ray photoelectron spectroscopy，XPS）技术是一种表面分析技术，其使用 X 射线作为激发光源，基于光电离作用，对样品表层的元素组成、化学价态和分子进行分析。其基本原理如下：用 X 射线辐照样品，使材料中各元素原子的价电子或者内层电子受激发射，逃离原子束缚，成为光电子被收集（图 2-5）。利用能量分析仪可以测得光电子的动能，以光电子的动能/束缚能为横坐标，相对强度（脉冲/秒）为纵坐标可做出光电子能谱图（图 2-6），分为 XPS 全谱和 XPS 高分辨谱，从而获得试样有关信息。根据爱因斯坦光电发射定律，光电离的过程中，入射光电子的能量分为三部分，即：$h\nu = E_b + \Phi_s + E_k$，其中，$h\nu$ 表示入射光电子的能量，E_b 表示电子结合能，Φ_s 表示克服功函数所作的功，E_k 表示电子逸出表面时具有的动能。由于原子和分子不同轨道的电子结合能是一定的，对于特定 X 射线激发源和特定原子轨道，其光电子的能量也是特定的，所以 XPS 可以用于鉴定各个原子或分子中的元素种类。当原子或分子中的原子所处化学环境发生变化时，其内层电子结合能也会发生相应的变化，导致获得的 XPS 谱峰发生相应的化学位移。一般发生氧化作用时失去电子，使内层电子结合能上升；发生还原作用时得到电子，使内层电子结合能下降。利用这一特征，XPS 可以用于分析原子的化学状态或键合状态。

　　XPS 技术可以检测固体材料表面元素组成、价态及分布，也可以先对表面一定纵深方向进行刻蚀，检测体相材料的元素化学价态和分布情况。根据 XPS 能谱图中特征峰的轨道结合能位置可对其中含有的各种元素做出定性分析；根据元素光电子轨道结合能位置偏移情况可对材料中元素的化学价态或键合状态做推测分析；根据能谱图中光电子能谱特征峰的相对强度（即峰面积相对大小）可对材料中的各种元素做出定量分析。

　　XPS 谱图一般包括光电子谱线、卫星峰（伴峰）、俄歇电子谱线、自旋-轨道分裂（SOS）等。

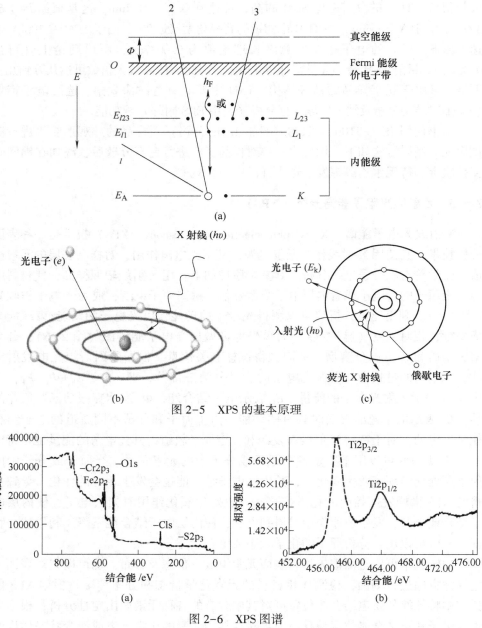

图 2-5 XPS 的基本原理

图 2-6 XPS 图谱

(a) XPS 全谱；(b) XPS 高分辨谱

（1）光电子谱线。每一种元素都有自己特征的光电子线，它是元素定性分析的主要依据。谱图中强度最大、峰宽最小、对称性最好的谱峰称为 XPS 的主谱线。在图 2-7 中，对于 In 元素而言，In 3d 强度最大、峰宽最小，对称性最好，是 In 元素的主谱线。而除了主谱线 In 3d 之外，其实还有 In 4d、In 3p 等其他谱线，这是因为 In 元素有多种内层电子，因而可以产生多种 In XPS 信号。

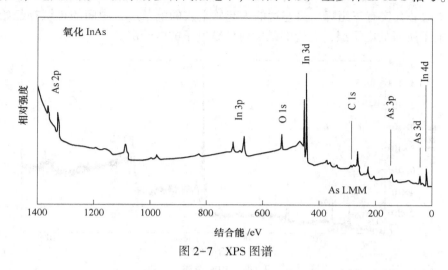

图 2-7 XPS 图谱

（2）卫星峰（伴峰）。常规 X 射线源（Al/Mg $K\alpha_{1,2}$）并非是单色的，还存在一些能量略高的小伴线（$K\alpha_{3,4,5}$ 和 $K\beta$ 等），所以导致 XPS 中除 $K\alpha_{1,2}$ 激发的主谱外，还有一些小的伴峰。图 2-8 所示为 Mg 阳极 X 射线激发的 C1s 主峰（$\alpha_{1,2}$）及伴峰（$\alpha_{3,4,5}$ 和 β）。从图中可以看出，主峰的强度比伴峰要强很多。

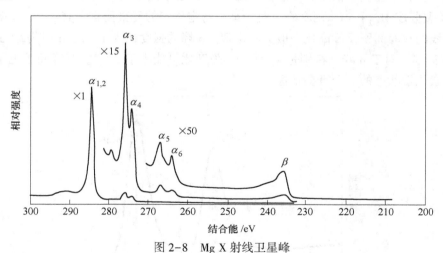

图 2-8 Mg X 射线卫星峰

（3）俄歇电子谱线。电子电离后，芯能级出现空位，弛豫过程中若使另一电子激发成为自由电子，该电子即为俄歇电子。俄歇电子谱线总是伴随着 XPS，但具有比 XPS 更宽更复杂的结构，多以谱线群的方式出现。特征：其动能与入射光 $h\nu$ 无关。图 2-9 中 OKLL、CKLL 即为 O 和 C 的俄歇电子谱线，从图中可以看到 OKLL 其实有三组峰，最左边的为起始空穴的电子层，中间的是填补起始空穴的电子所属的电子层，右边的是发射俄歇电子的电子层。

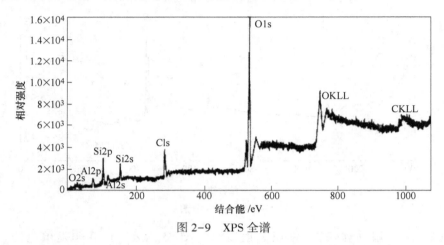

图 2-9　XPS 全谱

（4）自旋-轨道分裂（SOS）。由于电子的轨道运动和自旋运动发生耦合后使轨道能级发生分裂。对于 $l>0$ 的内壳层来说，用内量子数 j（$j=|1\pm ms|$）表示自旋轨道分裂。即若 $l=0$ 则 $j=1/2$；若 $l=1$ 则 $j=1/2$ 或 $3/2$。除 s 亚壳层不发生分裂外，其余亚壳层都将分裂成两个峰。图 2-10 所示为 PbO 的 XPS 谱图，图中 Pb 4f 裂分成 $4f_{5/2}$ 和 $4f_{7/2}$ 两个峰。对于某一特定价态的元素而言，其 p、d、f 等双峰谱线的双峰间距及峰高比一般为一定值。p 峰的强度比为 1:2；d 线为 2:3；f 线为 3:4。对于 p 峰，特别是 4p 线，其强度比可能小于 1:2。双峰间距也是判断元素化学状态的一个重要指标。

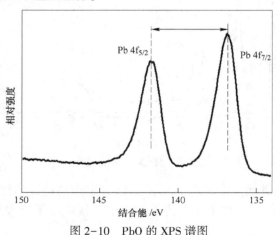

图 2-10　PbO 的 XPS 谱图

（5）鬼峰。有时，由于 X 射线源的阳极可能不纯或被污染，产生的 X 射线不纯，因此由非阳极材料 X 射线所激发出的光电子谱线被称为"鬼峰"。

全谱分析一般用来说明样品中是否存在某种元素。比较极端的，对于某一化学成分完全未知的样品，可以通过 XPS 全谱分析确定样品中含有哪些元素（H 和 He 除外）。更多情况下，人们采用已知成分的原料来合成样品，然后通过 XPS 全谱确定样品中到底含有哪些元素；或者对某一已知成分的样品进行某种处理（掺杂或者脱除），然后通过 XPS 全谱分析确定元素组成，最终证实这种处理手段的有效性。如图 2-11 所示，通过 XPS 全谱分析来对比 AlN 和 AlN：Er，证实磁控溅射处理后，Er 成功掺杂到 AlN 薄膜中。全谱分析得到的信号比较粗糙，只是对元素进行粗略的扫描，确定元素有无以及大致位置。对于含量较低的元素信噪比很差，不能得到非常精细的谱图。通常，全谱分析只能得到表面组成信息，得不到准确的元素化学态和分子结构信息等。XPS 与电镜的 EDS 的相同点：两者均可以用于元素的定性和定量检测。而不同点如下：（1）基本原理不一样。简单来说，XPS 是用 X 射线打出电子，检测的是电子；EDS 则是用电子打出 X 射线，检测的是 X 射线。（2）EDS 只能检测元素的组成与含量，不能测定元素的价态，且 EDS 的检测限较高（含量大于 0.5%），即其灵敏度较低。而 XPS 既可以测定表面元素和含量，又可以测定价态。XPS 的灵敏度更高，最低检测浓度大于 0.1%。（3）用法不一样。EDS 常与 SEM、TEM 联用，可以对样品进行点扫、线扫、面扫等，能够比较方便地知道样品的表面（和 SEM 联用）或者体相（和 TEM 联用）的元素分布情况；而 XPS 则一般独立使用，对样品表面信息进行检测，可以判定元素的组成、化学态、分子结构信息等。

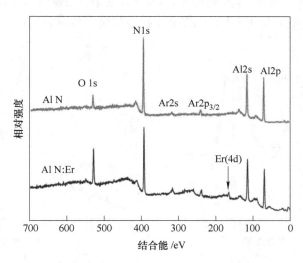

图 2-11 AlN 掺 Er 的 XPS 全谱图

当用 XPS 测量绝缘体或者半导体时，由于光电子的连续发射而得不到电子补充，使得样品表面出现电子亏损，这种现象称为"荷电效应"。荷电效应将使样品表面出现一稳定的电势 V_s，对电子的逃离有一定束缚作用。因此荷电效应将引起能量的位移，使得测量的结合能偏离真实值，造成测试结果的偏差。在用 XPS 测量绝缘体或者半导体时，需要对荷电效应引起的偏差进行校正（荷电校正的目的），称为"荷电校正"。人们一般采用外来污染碳的 C 1s 作为基准峰来进行校准。以测量值和参考值（284.8eV）之差作为荷电校正值（Δ）矫正谱中其他元素的结合能。具体操作：（1）求取荷电校正值：C 单质的标准峰位(一般采用 284.8eV)−实际测得的 C 单质峰位＝荷电校正值 Δ；（2）采用荷电校正值对其他谱图进行校正：将要分析元素的 XPS 图谱的结合能加上 Δ，即得到校正后的峰位（整个过程中 XPS 谱图强度不变）。将校正后的峰位和强度作图得到的就是校正后的 XPS 谱图。

高分辨谱定性分析元素的价态主要看两个点：（1）可以对照标准谱图值（NIST 数据库或者文献值）来确定谱线的化合态；（2）对于 p、d、f 等具有双峰谱线的（自旋裂分），双峰间距也是判断元素化学状态的一个重要指标。实际上，多数情况下，人们关心的不仅仅是表面某个元素呈几价，更多的是对比处理前后样品表面元素的化学位移变化，通过这种位移的变化说明样品的表面化学状态或者是样品表面元素之间的电子相互作用。通常某种元素失去电子，其结合能会向高场方向偏移；某种元素得到电子，其结合能会向低场方向偏移；对于给定价壳层结构的原子，所有内层电子结合能的位移几乎相同。这种电子的偏移偏向可以给出元素之间电子相互作用的关系。如图 2−12 所示，其是 PtPd 形成合金后其表面电子结构的变化，从图中可以看出，形成 $PtPd_3$ 之后，Pd 3d 向低场偏移，Pt 4f 向高场偏移，说明 Pd 得到电子，Pt 失去电子，也就是说形成合金后，Pt 上的电子部分转移给 Pd。PtPd 的这种电子转移也是其形成合金的一个证据。

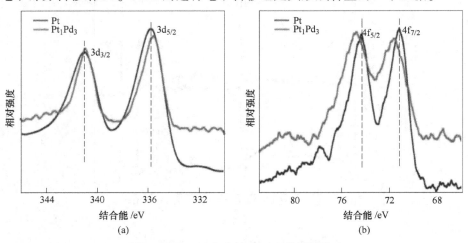

图 2−12　PtPd 合金的 XPS 高分辨图谱
(a) Pd3d；(b) Pd4f

如图 2-13 所示，X 射线光电子能谱仪主要由 X 射线源、能量分析器、探测器、数据显示和真空密封-磁屏蔽几部分组成。本书采用美国 PHI 公司的 X-ray 扫描微探针电子能谱仪（Quantum-2000）测试不同样品中元素的组成及化学价态。以单色化 Al Kα（能量 1486.6eV）为 X 射线激发源，信息深度为 0.5～7.5nm，扫描束斑为 10～200μm，能量分辨率优于 0.5eV（Ag）。对于空气敏感的样品，在手套箱中制备样品，并采用定制的转移台送至测样。采用 XPS peak fit 软件对同一元素不同化合态的谱峰进行拟合。

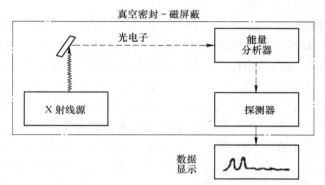

图 2-13 X 射线光电子能谱仪的基本组成部分

2.2.4 X 射线衍射分析（XRD）

X 射线衍射（X-ray diffraction，XRD）是采用 X 射线作为激发光源，基于 X 射线衍射对物质的晶体结构进行分析的技术手段。基本原理如下：在 XRD 中，利用电子束轰击金属靶材，使其产生特征 X 射线，照射到测试样品上。由于 X 射线波长很短（0.06～20nm），对物质的穿透性很强，因而会与晶体内部原子相互作用，使原子内层电子发生振动，产生散射波。而晶体结构中原子结构的周期性，产生的散射波会相互干涉，从而产生衍射现象。对产生的衍射花样进行分析，即可以获得晶体内部原子的分布信息。理论依据主要基于 Bragg 方程：$2d\sin\theta = n\lambda$，其中 n 是整数，代表衍射级数；λ 是入射波波长；θ 是入射波和散射波平面夹角；d 代表原子晶格内的平面间距。只有当入射角度满足 Bragg 方程时，才能产生强的衍射条纹。其 XRD 谱图与每一种晶体的结构之间都是一一对应的关系，物质中的每种晶体结构有自己独特的"指纹"特征，且不会因与其他物质的混合而变化，该特征 XRD 图谱实质上是该晶体精细微观结构的一种复杂的变换表达。

利用 XRD 可以精确测定物质的晶体结构，对物相做精确的定性定量分析。具体说来 XRD 具有以下应用：（1）判断物质是否为晶体，是何种晶体物质，晶型是什么；（2）定量计算混合物中各种晶体材料的比例；（3）计算物质的晶胞参数等。具体操作如下：

（1）物相鉴定。这是 XRD 最基本的作用，通过对比标准库中标准物质的峰位及峰强度，可以对自己的材料进行初步的定性，以确定自己所做材料的名称、化学式等信息。

（2）多相材料定量分析。对于一个材料科研人来说，做出来的材料往往含有两种或两种以上的物相，对于这种多相材料，在进行物相的鉴定之后，往往还需要知道其中每种物相的含量，通过 XRD 精修就可以准确地计算出每种物相在整个材料中所占的质量分数。

（3）晶胞参数和晶系。已知晶体是由许多质点（包括原子、离子或原子团）在三维空间呈周期性排列形成的固体（长程有序）（图 2-14），组成晶体的最小重复单元是单胞，也就是俗称的晶胞，因此对材料进行研究其本质就是研究晶体的晶胞。晶胞中的几何参数 a、b、c、α、β、γ 称为晶胞参数，由这些晶胞参数可以得到晶胞体积。这些信息是 XRD 精修得到的最常用的信息。比如向分子筛骨架中引入杂原子，掺杂前后晶胞参数和晶胞体积是否发生改变，是杂原子是否成功进入分子筛骨架的有力判据。空间点阵研究表明，晶体结构中晶体结构周期性与对称性，以及原子排列的规律分属七大晶系，每个晶系与晶胞参数是密切相关的。很多材料在不同条件下处理晶系会发生改变，比如二氧化锆就存在立方、四方、单斜三种晶系。通过 XRD 精修确定晶系，可以判断材料是否在某一条件下以某种晶系稳定存在，这对于晶系稳定条件的探索十分重要。

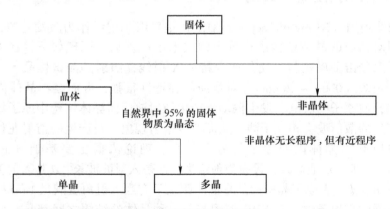

图 2-14　固体材料晶型分类

（4）晶体晶粒尺寸、结晶度分析。对于纳米材料研究工作者来说，材料的晶粒尺寸往往是决定材料性能的关键因素，通过 XRD 精修，可以准确得到材料的晶粒尺寸，为材料的性能优化指引方向。结晶度体现了晶体生长的完美程度，对于晶体而言，高结晶度往往意味着拥有优越的性能，而无论在学术界还是工业界，结晶度往往作为材料是否成功制备的一项重要指标，因此，结晶度的计算就显得尤为重要。与过去手动计算相比，XRD 精修可以既快又准地计算出材料的结晶度，十分的快捷方便，为科研省下宝贵的时间。

（5）键长、键角、原子的占位情况与占有率等。晶体结构中各个原子之间的键长、键角，以及原子的占位情况，影响着晶体的结构，通过 XRD 精修得到这些数据，就可以画出想要的晶体结构三维图，这样材料就可以更加直观地展示在我们的面前。而精确的结构信息、精美的三维结构图，都是发表高水平论文所不可缺少的。

本书研究中采用日本理学（Rigaku）公司 X 射线衍射仪（Miniflex600）对样品进行测试表征。制备样品过程：将粉末样品研磨之后，压片测试。测试参数如下：X 射线为 Cu 的 Kα（$\lambda \approx 1.5418$Å），工作电流为 15mA，工作电压为 40kV，扫描速度为 5.0°/min 或 2°/min，扫描范围为 10°~90°之间。采用 High Score 软件对得到的原始数据进行分析处理。

2.2.5 元素分析

元素分析是研究有机化合物中元素组成的化学分析方法，分为定性、定量两种。前者用于鉴定有机化合物中的元素种类；后者用于测定有机化合物中这些元素的百分含量。例如，被测样品在特殊仪器中燃烧后，可定量地测定呈二氧化碳形态的碳、呈水形态的氢、呈单体形态或氮氧化物形态的氮和呈二氧化硫形态的硫等。

元素分析仪，是指同时或单独实现样品中几种元素的分析的仪器。各类元素分析仪虽结构和性能不同，但均基于色谱原理设计。其工作原理是在复合催化剂的作用下，样品经高温氧化燃烧生成氮气、氮的氧化物、二氧化碳、二氧化硫和水，并在载气的推动下，进入分离检测单元。在吸附柱将非氮元素的化合物吸附保留后，氮的氧化物经还原成氮气后被检测器测定。其他元素的氧化物再经吸附 -脱附柱的吸附解析作用，按照 C、H、S 的顺序被分离测定。样品中氟、磷酸盐或大的重金属物质的存在会对分析结果产生负效应，而强酸、碱或能产生爆炸性气体的物质禁止使用元素分析仪进行测定。由于土壤样品矿物质成分、晶型结构比较复杂，为保证测定结果的准确性和稳定性，在使用元素分析仪时样品颗粒必须充分均匀。元素分析仪作为一种实验室常规仪器，可同时对有机的固体、高挥发性和敏感性物质中 C、H、O、N 或 C、H、S、N 等元素的含量进行定量分析测定，在研究有机化合物及有机材料的元素组成等方面具有重要作用。可广泛应用于化学和药物学产品，如精细化工产品、药物、肥料、石油化工产品碳、氢、氧、氮元素含量，从而揭示化合物性质变化，得到有用信息，是科学研究的有效手段。

其反应原理为动态闪烧-色谱分离法，通俗的叫法是杜马斯燃烧法。样品经过粉碎研磨后，通过锡囊或银囊包裹，经自动进样器进入燃烧反应管中，向系统中通入少量的纯氧以帮助有机或无机样品燃烧，燃烧后的样品经过进一步催化氧化还原过程，其中的有机元素 C、H、N、S 和 O 全部转化为各种可检测气体。混合气体经过分离色谱柱进一步分离，最后通过 TCD 热导检测器完成检测过程。整个过程根据样品性质的不同和检测元素种类的不同通常可以在 5～10min 内完成。根据样品类型和用户的应用领域，又可以分为多种模式。分析模式可以根据实际应用分为如下几类：CHNS/O、CHNS、CHN/O、CHN、N/Protein、NC、NSC。也可以扩展连接同位素比质谱仪使用，确定 OH 和 NC 同位素组成。

本书中使用德国 Elementar 公司的元素分析仪（Vario EL Ⅲ）对样品进行分析。

2.2.6　热重分析（TG）

热重分析（thermogravimetric analysis，TG 或 TGA）是指在程序控制温度下，测量物质质量与温度变化关系的一种热分析技术，是用来研究材料的热稳定性和组分的一种常用手段。同时，TG 在研发和质量控制方面都是比较常用的检测手段。当被测物质在加热过程中有汽化、升华、失去结晶水或分解出气体时，被测物质的质量就会发生变化。这时热重曲线就不是直线而是有所下降。通过分析热重曲线，可以知道被测物质在多少度时产生变化，并且根据失重量可以计算失去了多少物质。TG 具有操作简单、准确度高、灵敏快速以及试样微量化等优点。

热重分析仪主要由三部分组成：温度控制系统。检测系统和记录系统。热重分析仪的基本原理是将待测物置于一耐高温的容器中，此容器被置于一具有可程式控制温度的高温炉中，而此待测物被悬挂在一个具有高灵敏度及精确度的天平上，如图 2-15 所示，在加热或冷却的过程中，待测物会因为反应导致重量的变化，这个因温度变化造成的重量变化可以由以上提及的天平测量获得，一组热电偶被置于靠近待测物旁但不接触，以测量待测物附近的温度，以此测量待测物的温度并控制高温炉的温度曲线。热重分析主要用于金属合金、地质、高分子材料研究、药物研究等方面。在锂硫电池正极材料研究领域，热重分析主要用于测定固硫载体前驱体的分解温度，从而确定固硫载体的最佳煅烧温度；同时，最重要的是应用热重分析确定复合材料中活性硫的质量百分含量。

热重分析测定的结果与实验条件有关，为了得到准确性和重复性好的热重曲线，有必要对各种影响因素进行仔细分析。影响热重测试结果的因素基本上可以分为三类：仪器因素、实验条件因素和样品因素。仪器因素包括气体浮力和对流、坩埚、挥发物冷凝、天平灵敏度、样品支架和热电偶等。对于给定的热重仪

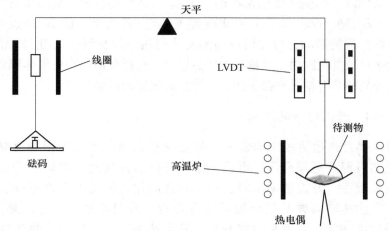

图 2-15　热重分析仪内部结构

器，天平灵敏度、样品支架和热电偶的影响是固定不变的，可以通过质量校正和温度校正减少或消除这些系统误差。其他几个影响因素如下。

2.2.6.1　气体浮力和对流的影响

（1）气体浮力的影响。气体的密度与温度有关，随温度升高，样品周围的气体密度发生变化，从而气体的浮力也发生变化。所以，尽管样品本身没有质量变化，但由于温度的改变造成气体浮力的变化，使得样品呈现随温度升高而质量增加，这种现象称为表观增重。表观增重量可用公式进行计算。

（2）对流的影响。它的产生，是常温下试样周围的气体受热变轻形成向上的热气流，作用在热天平上，引起试样的表观质量损失。

（3）措施。为了减少气体浮力和对流的影响，试样可以选择在真空条件下进行测定，或选用卧式结构的热重分析仪进行测定。

2.2.6.2　坩埚的影响

（1）大小和形状。坩埚的大小与试样量有关，直接影响试样的热传导和热扩散；坩埚的形状影响试样的挥发速率。因此，通常选用轻巧、浅底的坩埚，可使试样在埚底摊成均匀的薄层，有利于热传导、热扩散和挥发。

（2）坩埚的材质。通常应该选择对试样、中间产物、最终产物和气氛没有反应活性和催化活性的惰性材料，如 Pt、Al_2O_3 等。

2.2.6.3　挥发物冷凝的影响

样品受热分解、升华、逸出的挥发性物质，往往会在仪器的低温部分冷凝。

这不仅污染仪器，而且使测定结果出现偏差。若挥发物冷凝在样品支架上，则影响更严重，随温度升高，冷凝物可能再次挥发产生假失重，使 TG 曲线变形。为减少挥发物冷凝的影响，可在坩埚周围安装耐热屏蔽套管；采用水平结构的天平；在天平灵敏度范围内，尽量减少样品用量；选择合适的净化气体流量。实验前，应对样品的分解情况有初步估计，防止对仪器的污染。

2.2.6.4　升温速率的影响

升温速率对热重曲线影响较大，升温速率越高，产生的影响就越大。因为样品受热升温是通过介质—坩埚—样品进行热传递的，在炉子和样品坩埚之间可形成温差。升温速率不同，炉子和样品坩埚间的温差就不同，导致测量误差。升温速率对样品的分解温度有影响。升温速率快，造成热滞后大，分解起始温度和终止温度都相应升高。升温速率不同，可导致热重曲线形状改变。升温速率快，往往不利于中间产物的检出，使热重曲线的拐点不明显；升温速率慢，可以显示热重曲线的全过程。慢速升温可以研究样品的分解过程，但不能武断地认为快速升温总是有害的，要看具体的实验条件和目的。当样品量很小时，快速升温能检查出分解过程中形成的中间产物，而慢速升温则不能达到此目的。升温速率可影响热重曲线的形状和试样的分解温度，但不影响失重量。一般来说，升温速率为 5℃/min 和 10℃/min 时，对热重曲线的影响不太明显。

2.2.6.5　气氛的影响

气氛对热重实验结果也有影响，它可以影响反应性质、方向、速率和反应温度，也能影响热重称量的结果。气体流速越大，表观增重越大。所以送样品做热重分析时，需注明气氛条件。热重实验可在动态或静态气氛条件下进行。所谓静态是指气体稳定不流动，动态就是气体以稳定流速流动。在静态气氛中，产物的分压对 TG 曲线有明显的影响，使反应向高温移动；而在动态气氛中，产物的分压影响较小。因此，测试中都使用动态气氛，气体流量为 20mL/min。气氛有如下几类：惰性气氛、氧化性气氛、还原性气氛，还有其他，如 CO_2、Cl_2、F_2 等。具体选择何种气氛，根据样品性质和测试目的的选择。

2.2.6.6　样品量的影响

样品量多少对热传导、热扩散、挥发物逸出都有影响。样品量用多时，热效应和温度梯度都大，对热传导和气体逸出不利，导致温度偏差。样品量越大，这种偏差越大。样品用量应在热天平灵敏度允许的范围内尽量减少，以得到良好的检测效果。而在实际热重分析中样品量只需要约 5mg。

2.2.6.7 样品粒度、形状的影响

样品粒度及形状同样对热传导和气体的扩散有影响。粒度不同会引起气体产物扩散的变化，导致反应速度和热重曲线形状的改变。粒度越小，反应速度越快，热重曲线上的起始分解温度和终止分解温度降低，反应区间变窄，而且分解反应进行得完全。所以，粒度影响在热重分析中是个不可忽略的因素。

本书使用 SDT Q600 热重分析仪对样品进行热重测试，测试条件如下：测试的温度范围为室温至 800℃；样品量在 3~5mg；测试的气氛为氮气/空气，气体流量为 20mL/min；升温速率为 10℃/min。

2.2.7 氮气等温吸脱附分析

氮气等温吸脱附分析是表征多孔材料比表面积、孔结构的重要手段。首先，测量材料在不同氮气分压下多层吸附的量，获得氮气等温吸脱附特性曲线。比表面积测量建立在多层吸附的理论基础之上，以 P/P_0 为横轴（取点在 0.05~0.35 范围内），$P/V(P_0-P)$ 为纵轴，根据 Brunauer-Emmett-Teller（BET）方程：

$$\frac{P}{V(P_0-P)} = \frac{1}{V_m \times C} + \frac{C-1}{V_m \times C} \times \frac{P}{P_0}$$

作图（其中，P 为不同吸附量时液氮的饱和蒸汽压；P_0 为总气压；V 为加入液氮的体积；C 为仪器常数），根据直线斜率和截距求得 V_m 值，最后根据氮气分子的大小计算得到被测样品比表面积。同时，可以通过氮气等温吸脱附曲线，应用 BJH 孔径计算模型计算得到孔径、孔体积等相关数据。

在锂硫电池正极材料研究中，针对硫正极本身固有的问题，常采用一些多孔材料作固硫基底。而对于判断硫物种是否进入多孔材料的孔道中，进入了多少，除了使用上面介绍的形貌表征技术（SEM、TEM）直接观察，或者通过 XRD 中硫峰的强弱间接判断外，还可以利用氮气等温吸脱附曲线获得的 BET 表面积和 BJH 孔径与孔体积判断。具体如下：首先测试多孔材料复硫前的氮气等温吸脱附曲线，获得原始的 BET 表面积和 BJH 孔径与孔体积；然后将多孔材料与硫通过热熔的方法复合，再次测试复合材料的等温吸脱附曲线，获得复合后 BET 表面积和 BJH 孔径与孔体积；通过 BET 表面积和 BJH 孔径与孔体积的变化，判断硫是否进入孔道中，结合硫的密度判断有多少硫进入孔道中。

本书检测使用 ASAP2020HD88+C 型全自动物理和化学吸附仪（美国麦克仪器公司）进行分析测试。

2.2.8 拉曼光谱分析（Raman spectrum）

拉曼光谱是一种散射光谱，它的产生基于光与分子的非弹性碰撞。拉曼光谱

分析法是基于印度科学家 C. V. 拉曼（Raman）发现的拉曼散射效应，对与入射光频率不同的散射光谱进行分析以得到分子振动、转动方面信息，并应用于分子结构研究的一种分析方法。当一束单色光照射到物质上时，物质的分子和光子相互作用，可能产生非弹性碰撞和弹性碰撞。其中，弹性碰撞只改变光子的传播方向，不存在能量交换，对应于瑞利线；而非弹性碰撞与入射光之间则存在 $h\nu$ 的能量差，即 Stokes 线与反 Stokes 线，拉曼光谱主要考察的是 Stokes 线。瑞利散射线的强度只有入射光强度的 10^{-3}，拉曼光谱强度大约只有瑞利线的 10^{-3}。小拉曼光谱与分子的转动能级有关，大拉曼光谱与分子振动–转动能级有关。拉曼光谱的理论解释是，入射光子与分子发生非弹性散射，分子吸收频率为 ν_0 的光子，发射 $\nu_0-\nu_1$ 的光子，同时分子从低能态跃迁到高能态（斯托克斯线）；分子吸收频率为 ν_0 的光子，发射 $\nu_0+\nu_1$ 的光子，同时分子从高能态跃迁到低能态（反斯托克斯线）。当分子能级的跃迁仅涉及转动能级，发射的是小拉曼光谱；涉及到振动–转动能级，发射的是大拉曼光谱。与分子红外光谱不同，极性分子和非极性分子都能产生拉曼光谱。激光器的问世提供了优质高强度单色光，有力地推动了拉曼散射的研究及其应用。拉曼光谱的应用范围遍及化学、物理学、生物学和医学等各个领域，对于纯定性分析、高度定量分析和测定分子结构都有很大价值。

拉曼效应起源于分子振动（和点阵振动）与转动，因此从拉曼光谱中可以得到分子振动能级（点阵振动能级）与转动能级结构的知识。用虚的上能级概念可以说明拉曼效应：设散射物分子原来处于声子基态，振动能级如图 2-16 所示。当受到入射光照射时，激发光与此分子的作用引起的极化可以看作为虚的吸收，表述为声子跃迁到虚态（virtual state），虚能级上的声子立即跃迁到下能级而发光，即为散射光。假设仍回到初始的声子态，则有如图 2-16 所示的三种情况。因而散射光中既有与入射光频率相同的谱线，也有与入射光频率不同的谱线，前者称为瑞利线，后者称为拉曼线。在拉曼线中，又把频率小于入射光频率的谱线称为斯托克斯线，而把频率大于入射光频率的谱线称为反斯托克斯线。

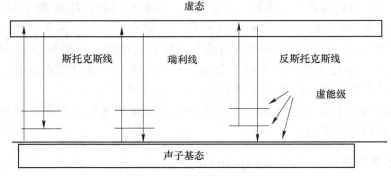

图 2-16　拉曼效应原理

拉曼光谱主要用于研究非极性基团与骨架的对称振动。拉曼光谱与红外光谱是相互补充的，分子结构中电荷分布中心对称的化学键，如 C—C、S—S、N═N 键等，它们的红外吸收很弱，而拉曼散射却很强，因此，一些使用红外光谱仪无法检测的信息通过拉曼光谱能很好地表现出来。拉曼光谱的强度与单位面积内照射到的有效分子数有关，因此材料拉曼特征峰的强度的变化可以在一定程度上反映其结构。

本书拉曼检测使用 LabRam I 型共聚焦显微拉曼光谱仪（Dilor 公司）进行测试。测试条件如下：激光的波长为 532nm，激光的强度为 1%（1μW）。

2.2.9　红外光谱分析（IR）

红外光谱（Infared Spectroscope，IR）是基于分子内部原子间的相对振动或分子转动，确定物质分子结构信息的一种分析方法。基本原理如下：一束具有连续波长的红外光照射到样品上，当某些特定波长的电磁波能量与分子振动或转动能量刚好相同时，会被分子吸收并引起分子从低能级向高能级跃迁。测量不同波长的辐射强度就可得到红外吸收光谱。在红外光谱中，使用波长或波数作为横坐标，表示吸收峰的位置；使用透光率或吸光度作为纵坐标，表示吸收峰强度。利用红外光谱能够对物质分子进行定性和定量分析：（1）定性分析。由于不同分子中的各种基团（C—H、C—O、C—N、O—H 等）的运动都有其固定的振动频率，反映在红外光谱中即为不同的吸收峰位置，从而可对物质进行定性分析，获得官能团等的信息。（2）定量分析。主要基于朗伯-比尔定量 $A = \varepsilon bc$，其中 A 代表吸光度；b 是溶液层厚度；c 代表吸收物质的浓度；ε 代表吸光摩尔系数，与入射光的波长、物质性质和环境温度等相关的常数。

红外光谱仪的种类：（1）棱镜和光栅光谱仪。属于色散型，它的单色器为棱镜或光栅，属单通道测量。（2）傅里叶变换红外光谱仪。它是非色散型的，其核心部分是一台双光束干涉仪。当仪器中的动镜移动时，经过干涉仪的两束相干光间的光程差改变，探测器测得的光强也随之变化，从而得到干涉图。经过傅里叶变换的数学运算后，就可得到入射光的光谱。这种仪器的优点：（1）多通道测量，使信噪比提高；（2）光通量高，提高了仪器的灵敏度；（3）波数值的精确度可达 $0.01\mathrm{cm}^{-1}$；（4）增加动镜移动距离，可使分辨本领提高；（5）工作波段可从可见区延伸到毫米区，可以实现远红外光谱的测定。

红外光谱分析可用于研究分子的结构和化学键，也可以作为表征和鉴别化学物种的方法。红外光谱具有高度特征性，可以采用与标准化合物的红外光谱对比的方法进行分析鉴定。已有几种汇集成册的标准红外光谱集出版，可将这些图谱储存在计算机中，用以对比和检索，进行分析鉴定。可利用化学键的特征波数鉴别化合物的类型，并可用于定量测定。由于分子中邻近基团的相互作用，使同一基团在不同分子中的特征波数有一定变化范围。此外，在高聚物的构型、构象、力学性质的研究，以及物理、天文、气象、遥感、生物、医学等领域，也广泛应用红外光谱。在锂硫电池正极材料研究领域，红外光谱主要用来判断一些固硫基底上的官能团及固硫基底是否与硫物种形成 C—S 键等。

本书红外检测使用傅里叶变换红外光谱仪进行测试。制样：首先将待测样品与干燥的溴化钾粉末按质量比 1∶100 混合，在紫外灯照射下充分研磨；然后，用相应的模具压制成片进行测试。测试过程中注意测试环境的干燥，减少水的影响。

2.2.10　紫外可见光谱分析（UV-vis）

紫外可见光谱（ultraviolet and visible spectrophotometry，UV-vis），是基于物质分子或离子对紫外和可见光的选择性吸收，而使外层价电子跃迁产生的。在 UV-vis 光谱中，横坐标是波长，纵坐标是吸光度或透射率。在有机化合物分子中有形成单键的 σ 电子、有形成双键的 π 电子、有未成键的孤对 n 电子。当分子吸收一定能量的辐射时，这些电子就会跃迁到较高的能级，此时电子所占的轨道称为反键轨道，而这种电子跃迁同内部的结构有密切的关系。在紫外可见光范围内（190～850nm），可能产生的跃迁有 $\sigma \rightarrow \sigma^*$、$\pi \rightarrow \pi^*$、$n \rightarrow \sigma^*$、$n \rightarrow \pi^*$ 以及电荷迁移。各种跃迁类型需要的能量依下列次序减小：$\sigma \rightarrow \sigma^* > n \rightarrow \sigma^* > \pi \rightarrow \pi^* > n \rightarrow \pi^*$。由于一般紫外可见分光光度计只能提供 190～850nm 范围的单色光，因此，只能测量 $n \rightarrow \sigma^*$ 的跃迁、$n \rightarrow \pi^*$ 跃迁和部分 $\pi \rightarrow \pi^*$ 跃迁的吸收，而对只能产生 200nm 以下吸收的 $\sigma \rightarrow \sigma^*$ 的跃迁无法测量。由于不同分子价电子跃迁的类型不同，所需要的能量不同，导致对不同波长光具有不同吸光度，因此，根据 UV-vis 光谱形状等特征可以对物质的分子结构进行定性分析。此外，与 IR 吸收光谱一样，基于朗伯-比尔定量 $A = \varepsilon bc$，可以对测试溶液的浓度进行定量分析。UV-vis 光谱具有灵敏度高、适用范围广、操作简单等优点，因而得到广泛应用。

物质的紫外吸收光谱基本上是其分子中生色团及助色团的特征，而不是整个分子的特征。如果物质组成的变化不影响生色团和助色团，就不会显著影响其吸收光谱，如甲苯和乙苯具有相同的紫外吸收光谱。另外，外界因素如溶剂的改变也会影响吸收光谱，在极性溶剂中某些化合物吸收光谱的精细结构会消失，成为一个宽带。所以，只根据紫外光谱不能完全确定物质的分子结构，还必须与红外吸收光谱、核磁共振波谱、质谱以及其他化学、物理方法共同配合才能得出可靠的结论。

在锂硫电池正极材料研究领域，紫外可见光谱主要用来判断固硫基底对多硫化锂的吸附能力，即在颜色实验时，用来检测多硫化锂溶液在加入固硫基底前后的紫外可见光谱变化，如峰位置或峰强度的变化，从而判断固硫基底的固硫能力。

2.3 电池组装及电化学性能测试

2.3.1 电极制备

制备所得的复合材料除了按如上所述进行基本的物理化学性质表征外，作为一种电极活性材料，还需要对其进行电化学性能表征。首先，需将复合材料制作成电极，其制备过程如下：将复合材料、导电添加剂按照一定的质量比研磨混合均匀，然后加入一定含量的黏结剂溶液，再滴加一定量的溶剂，混合搅拌一定时间，分散均匀，制备成有一定黏度的粉体浆料；上述粉体浆料用涂覆机或手涂的方法涂布在厚度 $10\mu m$ 的铝箔集流体上或者涂覆在不锈钢网集流体上，涂覆后的电极极片在 60℃的真空烘箱中干燥过夜去除溶剂；最后将极片冲压成 $\phi12mm$ 的圆片，称重，用于后续组装电池进行电化学性能测定。

本书研究过程中涉及的电极活性物质组分、准确质量及电极材料各部分之间的比例将在后面的实验和讨论过程中具体给出。

2.3.2 电池组装及拆解

本书中使用的电池是 2016-型或 2032-型扣式电池。电池的组装方法如图 2-17 所示：自下而上，把制备所得的工作电极片、多孔隔膜依次叠加组合；然后注入一定量的电解液，正对工作电极放置金属锂片，扣上上盖；最后用液压封口机对扣式电池进行封口。整个组装过程在充满了氩气的手套箱中完成。扣式电池组装完成后静置过夜，以待进一步电化学测试分析。如果不加特别说明，本书使用的电解液为 1mol/L 全氟甲基磺酰亚胺锂-1,3-二氧戊烷：乙二醇二甲醚（1mol/L LiTFSI-DOL：DME）（1/1，V/V），含 1%（质量分数）$LiNO_3$；同时，本书中使用的隔膜为 Celgard2400 隔膜。

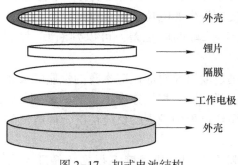

外壳

锂片

隔膜

工作电极

外壳

图 2-17 扣式电池结构

为了研究充放电后电极的形貌及成分，通常需将电池在手套箱中拆解，拆解过程应注意勿使正负极短路。将拆解下来的电极浸泡在 DME 中一定时间，去除表面吸附的电解质等杂质，自然晾干，由手套箱内取出测试。

2.3.3   电池充放电性能测试

本书中测试的电池由 2.3.2 节所述方法组装获得，测试条件均为恒流充放电测试。在恒流充放电测试中，通过在一定充放电电压区间，进行恒定的充放电电流交替循环，获得循环计时曲线，即充放电曲线。利用比容量=电流×时间/活性材料质量，可以计算得到材料分别在充放电过程中的比容量和比容量变化，了解材料在一定条件下的充放电能力、循环性能；此外，可以设置多个充放电电流，进行一定圈数的循环测试，得到循环圈数−比容量图，分析材料的倍率性能；最后，综合评价材料的电化学性能。

本书采用的电池充放电测试系统为新威充放电测试仪。通过对组装的扣式电池进行恒流充放电循环测试，确定不同电极材料的充放电电压特征曲线、比容量以及倍率特性等电化学性能参数。根据不同实验的具体需要设定电池的充放电电流密度大小、充放电电压上下限等条件。所有电池充放电测试均在室温下进行。

2.3.4   循环伏安测试（CV）

循环伏安法（Cyclic Voltammetry，CV）是电化学研究中的重要手段，对于电池领域，CV 是研究电池活性材料发生电化学反应及其机理的最常用测试手段之一。CV 一般采用三电极体系，即工作电极、参比电极和对电极（电池中参比电极和对电极为同一电极），通过仪器在工作电极上施加三角波电位，以固定的扫描速度进行先氧化后还原或先还原后氧化的往复循环，记录工作电极的极化电流随电极电位变化的曲线，即 CV 图。根据 CV 图中的氧化还原峰的电流强度和电位位置分析研究电极材料在该电位范围内发生的电化学反应的反应机理，进而判断电极材料的循环可逆性。根据 CV 图能获得以下信息：

（1）对应电化学反应发生的电位，即峰电位；

（2）对应的氧化/还原峰的电位差，可以判断其对应的氧化还原反应的可逆性；

（3）峰电流与扫描速度以及对应反应本身的性质的关系；

（4）通过对电极材料在同一扫描速度下得到的多圈 CV 数据分析可知峰电位的变化，判断材料在循环过程中发生的反应情况，峰电流的变化则可以表征材料的循环稳定性；

（5）利用电极材料在不同扫描速度下得到的循环伏安曲线，根据 Randles−Sercik 方程可以计算电极材料中锂离子扩散系数。

此外，CV 测试时，扫描速度过快，电位变化快，溶液电阻欧姆极化大，双电层充电电流较大，信噪比下降；扫描速度过慢，由于电流降低，检测灵敏度下降，因此 CV 测试应控制合适的电位扫描速度。锂硫电池体系中动力学反应速度较慢，电流响应时间较长，一般采用较慢的扫描速度。

如没有特别指出，本书中 CV 测试采用扣式电池体系，扫描区间为 1.5 ~ 3.0V，扫描速度为 0.1mV/s，对电极和参比电极均为金属锂片，工作电极视具体实验不同而不同。CV 测试使用的仪器为上海辰华仪器公司的 CHI660 系列电化学工作站。

此外，为了研究锂离子扩散系数，进行不同扫速 CV 实验测试，扫速（v）分别为 0.1mV/s、0.2mV/s、0.3mV/s、0.4mV/s 和 0.5mV/s。然后将峰电流对 $v^{1/2}$ 作图，拟合得直线斜率。由 Randles-Sevcik 方程：

$$i_p = 0.4463nFAC(nFvD/RT)^{1/2}$$

可知锂离子扩散系数 D 与斜率成正比，因此可以通过比较直线斜率的大小来说明两种材料锂离子扩散系数的大小。

2.3.5 电化学交流阻抗测试（EIS）

电极和溶液相接形成的界面是发生电荷转移反应的场所。测定电流通过界面时得到的有关电方面的信息，可以帮助我们了解界面的物理性质以及反应进行的情况。用电化学方法最容易测定的是电压和电流，而电压和电流相关联的是阻抗。阻抗包括电阻、电容、电感等。电化学交流阻抗谱（electrochemical impedance spectroscopy，简称 EIS）又称交流阻抗，是一种频域测试方法，可测量得到频率范围很宽的阻抗谱，研究电极体系，相比其他常规的电化学测量方法，可获得更多的动力学或界面信息。EIS 测量时以小幅度交流电压或电流信号扰动体系，避免对体系产生大的影响，是一种暂态电化学技术，具有测量速度快、对研究对象表面状态干扰小等优点。这是由于在小幅度正弦交流阻抗实验中，电极电位的正弦变化部分的幅度在 10mV 以下，更严格时在 5mV 以下。在这个限制条件下，有些比较复杂的关系（例如 $\varphi-i$、$\varphi-c$ 的对数关系）都可以简化为线性关系，而因电极 Faraday（法拉第）阻抗的非线性出现的干扰，如整流效应和高次谐波的产生，可以基本避免，因此达到交流平稳状态以后，各种参数（如 φ、i、c 等）都按正弦规律变化。EIS 阻抗谱含 Nyquist 图和 Bode 图，Nyquist 图中高频区出现的是速度快的过程，低频区出现的是速度慢的过程，研究分析不同频率区的子过程，可以得到有关电极过程动力学方面的信息。采用合理的等效电路，可以分析电极体系的界面、扩散阻抗、电荷传递等信息。

在电池中，电解液和电极组成的电化学体系的阻抗包含有电解液的阻抗 R_s，界面区间电荷产生的双电层的电容 C_{dl}，以及发生氧化还原时因电荷迁移和物质的扩散产生的法拉第阻抗 R_f。进行交流极化时，还必须考虑由于界面浓度周期性的变化而产生的包含着新的电阻和电容成分的阻抗 Z_W（Warburg阻抗）。电极反应由界面的电荷迁移过程和物质的扩散等过程组成。体系的法拉第阻抗随电极反应的界面迁移速度的大小而变化。因此，通过界面的阻抗测定，从求出的 R_f 可以知道电极反应的方式（如电极反应的控制步骤是电荷迁移还是物质扩散，或是化学反应）、扩散系数 D、交换电流密度 i_0 以及电子数 n 等有关反应的参数。

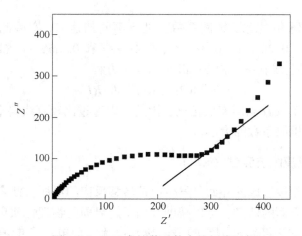

图 2-18　EIS 求扩散系数中的切线示例

利用 EIS 的 Nyquist 图中低频区的直线求扩散系数 D 的步骤如下：

（1）将测得的阻抗数据导入 origin 中，作出 Nyquist 图；

（2）将横纵坐标范围设置为相等，添加上部和右部坐标，用直线工具沿对角线画一条直线，并拖到与 Warburg 阻抗相切的部位，如图 2-18 所示；

（3）利用放大工具局部放大，用 Data Reader 读取数据点，取其中最满足线性的 5 个点；

（4）返回数据表，记录第（3）步中选取的 5 个点的数据，按照 ω（角频率）$= 2\pi f$（频率），将频率 f 换算为角频率 ω；

（5）将 $\omega^{-1/2}$ 作为 X 轴，阻抗实部作为 Y 轴，画点线图，然后线性拟合，得到相应直线的斜率；

（6）根据 $Z'-\omega^{-1/2}$ 直线的斜率 σ，将其带入公式 $D = R^2 T^2 / 2n^2 A^2 F^4 C^4 \sigma^2$，即可求出扩散系数 D。其中，R 是气体常数；T 是绝对温度；A 是电极表面积；n 是每分子中转移的电子数；F 是法拉第常数；σ 是 Warburg 因数（此因数是以 $\omega^{-1/2}-Z'$ 作图后的斜率）；C 是固相中锂离子的浓度（单位 mol/cm^3）（一般从晶胞体积就能计算出来）。

EIS 测试在输力强多功能电化学工作站上进行，活性材料电极为工作电极，锂电极为参比和对电极，交流激励信号为 10mV，频率范围为 $10^{-2} \sim 10^{5}$ Hz。

2.3.6 恒电流间歇滴定法（GITT）

锂电池因其相对较高的能量和高功率性能成为研究最多的储能设备之一。在锂电池的充电和放电期间，锂离子从一个电极通过电解质传输到另一个电极，在此，锂离子扩散到块状材料中。在这方面，了解电极材料的化学扩散系数至关重要。此外，电极材料的热力学性质可以更好地帮助理解其电化学行为。恒电流间歇滴定技术（GITT）是一种用于获取热力学和动力学参数的程序，被广泛应用于锂电池领域。GITT 法最早由 Weppner 和 Huggins 提出。GITT 法就是在一定的时间间隔对体系施加一恒定电流 I，在电流脉冲期间，测定工作电极和参比电极之间的电位随时间的变化。

在典型的 GITT 测量中，使用由金属锂（对电极和参比电极）、电解质和正（工作）极组成的电池。这样，可以获得与正极中存在的活性物质的热力学有关的信息以及扩散系数。GITT 程序由一系列电流脉冲组成，每个电流脉冲后接一个弛豫时间，弛豫时没有电流流过电池。充电时电流为正，放电时电流为负。

如 GITT 图（图 2-19）所示，在正电流脉冲期间，电池电势迅速增加到与 iR 降成比例的值，其中 R 是未补偿电阻 R_{un} 和电荷转移电阻 R_{ct} 的总和。然后，由于恒电流充电脉冲，电势缓慢增加，以保持恒定的浓度梯度。当电流脉冲被中断时，即在弛豫时间内，电极中的成分倾向于通过锂离子扩散而变得均匀。因此，电势首先突然下降到与 iR 降成比例的值，然后缓慢下降，直到电极再次处于平衡状态（即当 dE/dt 趋于 0 时）并且达到电池的开路电势（V_{oc}）。然后，再次施

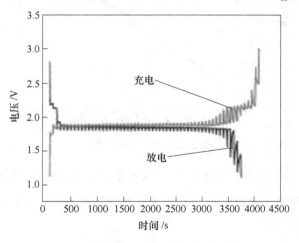

图 2-19 完整的 GITT 电位-时间曲线

加恒电流脉冲，随后中断电流。重复此充电脉冲序列和松弛时间，直到电池充满电为止。在负电流脉冲期间，相反的情况成立。电池电势迅速降低到与 iR 成正比的值。然后，由于恒电流放电脉冲，电势缓慢降低。在弛豫时间内，电势突然增加一个与 iR 成正比的值，然后缓慢增加，直到电极再次处于平衡状态（即当 dE/dt 趋于 0 时）并达到电池的 V_{oc}。然后，施加下一次恒电流脉冲，随后中断电流。重复此放电脉冲序列和松弛时间，直到电池完全放电为止。

可以使用以下公式在每个步骤中计算化学扩散系数：

$$D = \frac{4}{\pi}\left(\frac{iV_m}{Z_A FS}\right)^2 \left(\frac{\dfrac{dE}{d\delta}}{\dfrac{dE}{d\sqrt{t}}}\right)^2 \tag{2-1}$$

式中，i 是电流，A；V_m 是电极材料的摩尔体积，cm^3/mol；Z_A 是电荷数；F 是法拉第常数（96485C/mol）；S 是电极/电解质接触面积，cm^2；δ 为锂离子的嵌入量；$dE/d\delta$ 是电量滴定曲线的斜率，通过绘制每个库仑滴定步骤之后测得的稳态电压 $E(V)$ 得出；$dE/d\sqrt{t}$ 是持续时间 $t(s)$ 的电流脉冲期间电势 $E(V)$ 的线性化图的斜率。在图 2-20 中，显示了第一个正电流脉冲的电势与时间的平方根的关系。使用 NOVA 中提供的线性回归工具，可以从恒电流脉冲相对于时间平方根的斜率获得有关 ΔE_t 的信息。

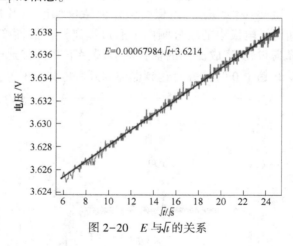

图 2-20　E 与 $\sqrt{t}$ 的关系

如果在较短的时间间隔内施加足够的小电流，则在该步骤涉及的组成范围内，$dE/d\sqrt{t}$ 可以被认为是线性的，并且库仑滴定曲线也可以被认为是线性的，公式（2-1）可以简化为：

$$D = \frac{4}{\pi\tau}\left(\frac{n_m V_m}{S}\right)^2 \left(\frac{\Delta E_s}{\Delta E_t}\right)^2 \tag{2-2}$$

式中，τ 是电流脉冲的持续时间；n_m 是摩尔数，mol；V_m 是电极材料的摩尔体积，cm^3/mol；S 是电极/电解质接触面积，cm^2；ΔE_s 是由于电流脉冲引起的稳态电压变化；ΔE_t 是在恒定电流脉冲期间的电压变化，从而消除了 iR 降。

图 2-21 所示为完整的 GITT 电位-时间曲线。该过程开始于 V_{OC}（3.62V）。每个阶段之后都有一个松弛期。在这里，可以注意到脉冲和弛豫时间之间的电势降，并且总电势一直增加到 4.2V。充电后，由于恒电流放电脉冲，电势下降，每个脉冲都跟随弛豫时间，直到电势达到 2.8V。

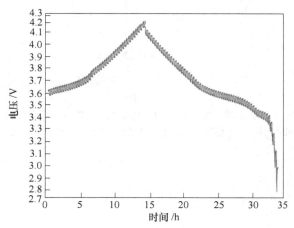

图 2-21　恒电流间歇滴定曲线与时间的关系
（充电和放电脉冲的持续时间基于 C/10 电流倍率进行计算）

为了使 GITT 步骤更加清晰，如图 2-22 所示，只显示前两个充电脉冲，对其进行详细分析处理。在此，假设电流非常小，以至于 $dE/d\delta$ 和 $dE/d\sqrt{t}$ 成立，可以采用式（2-2）。可以注意到，电势在 3.625～3.638V 之间增加，可以计算出 ΔE_t 值；之后，经过 10min 的松弛步骤，可以注意到由于 iR 降导致电势先突然下降，然后是电势缓慢降低；在弛豫时间之后，电势突然增加。再次是由于电池的 iR 降之后再施加 10min 的恒电流电位步骤。在这里，可以更好地注意到从 3.64～3.645V 的线性区域。在 iR 降之后，最后经历了松弛步骤，并且可以计算 ΔE_s 值；最后，根据公式（2-2）可以计算出锂离子扩散系数。

需要注意的是，如果使用商用锂离子电池，将无法区分正极和负极对整体化学扩散的贡献。此外，为了完成方程式（2-1）和式（2-2）的计算，缺少了诸如摩尔体积 V_m 和表面积 S 等数值。GITT 程序通常在活性材料电极制成电池的研究中使用，该材料将成为正极，金属锂作为负极，加上电解质构成测试电池。在实验条件允许的情况下，最好使用三电极结构，并用小的金属锂屑作为参比电极。在确定研究材料成分和工作电极表面积的情况下，可以计算出每个电位步长 dE 和/或每个库仑滴定步骤 $d\delta$ 的化学扩散系数。

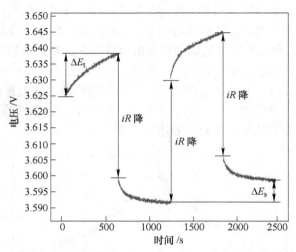

图 2-22　前两个充电步骤：每个步骤由 10min 的 C/10 恒电流充电和之后的 10min
　　　　弛豫时间组成（显示了 iR 降以及 ΔE_t 和 ΔE_s，参见式（2-2））

3　碳基材料固硫

　　针对硫正极存在导电性差、多硫中间体溶解及体积膨胀问题，碳材料是一种极好的固硫基底选择。碳基底具有优异的导电性，可以改善硫正极导电性差的问题。通过合理设计可以在碳基底上获得一些孔结构、极性官能团或者杂原子掺杂，通过物理限域作用或者化学限域作用增强碳基底与多硫化锂中间体的作用力，能一定程度上缓解多硫化锂中间体的溶解；同时，可以缓解硫正极体积膨胀问题。本章主要围绕增强碳基底与多硫化锂中间体的作用力，通过对碳基底设计、改性，从物理限域到化学限域，逐渐增强对多硫化锂中间体溶解及扩散的抑制，最终实现锂硫电池电化学性能的改善。

　　主要研究思路如下：首先，针对硫正极导电性差，利用导电性好的 CNT 构建近球形导电框架，并利用 PEG 和 NNH 抑制多硫化锂的扩散；其次，针对非极性碳基底对极性多硫化锂物理限域的作用力有限，分别利用部分还原的氧化石墨烯和氮氧双掺杂的碳材料，通过化学限域作用增强基底对多硫化锂的作用力。具体分为以下 3 个部分：

　　（1）通过简单球磨和溶液包覆的方法制备近球形 S-CNT 复合材料（S-CNT-PEG-NNH），以提高活性物质的利用率和容量保持率。此复合材料利用 CNT 形成的多孔导电网络确保连续的 e/Li^+ 传输路径、适应大的体积效应，最重要的是 CNT 缠绕形成的孔结构、PEG 和层状的镍基氢氧化物（NNH）中极性基团能很好地抑制多硫化锂的溶出。

　　（2）利用一种简单的方法制备单分散纳米 S-部分还原氧化石墨烯（prGO）-聚多巴胺（PDA）（S-prGO-PDA）复合材料，以利用部分还原的氧化石墨烯固硫，通过物理限域和化学吸附作用，改善其锂硫电池的电化学性能；同时，研究氧化石墨烯还原程度对硫正极电化学性能的影响。

　　（3）基于物理限域和化学吸附作用，构筑双掺杂空心碳材料，作为硫宿主材料，以减少多硫化锂的溶解和扩散。主要是以邻苯二酚和二乙烯三胺作为新型碳源前驱体，制备双掺杂空心碳材料，测试其对锂硫电池的电化学性能影响。在研究过程中，一方面，利用 XPS 分析材料结构特性对电化学反应机制的影响；另一方面，结合理论计算，系统分析和比较不同种类碳表面对各种硫分子（S_8、Li_2S_8、Li_2S_6、Li_2S_4）的吸附能大小，从而揭示一般双掺杂碳材料固硫机制。

　　下面分别对利用不同碳基底固硫的 3 种策略进行详细介绍。

3.1　球形 S/CNT 复合材料固硫

3.1.1　设计思想

　　锂硫电池由于其高比容量、低成本等优势而受到广泛的关注和研究。但是锂硫电池正极固有的硫物种导电性差、充放电中间体多硫化锂的溶解和体积效应等问题阻碍了其商业化应用。长循环寿命、高能量密度和高硫负载是锂硫电池商业化的先决条件。要实现以上几个目标，需要解决以下几个方面的问题。首先，提高硫正极的导电性，确保高活性材料利用率；其次，控制放电产物 Li$_2$S 的沉积，即防止 Li$_2$S 在放电过程中团聚失去导电性，成为死活性材料，降低活性材料的利用率；最后，控制多硫化锂的溶解穿梭，提高电池的库伦效率和循环性能等。针对以上几个方面的挑战，科学家们已经进行了大量的研究，并取得了一定的进展，比如利用各种多孔碳材料的物理"空间限域"抑制多硫化锂的溶解穿梭，改善锂硫电池的库伦效率和循环性能，具体见第 1 章。

　　碳纳米管（CNT）由于其独特的物理化学性质（极高的拉伸强度、高导电性、高延展性和相对化学惰性）而被广泛应用于硫正极材料（见第 1 章 CNT 部分）。如将 S 通过热处理简单包覆在 CNT 表面，界面改性、多孔结构设计和 N 杂原子掺杂等 CNT 用于硫正极改性。CNT 用于硫正极能提高正极的导电性、缓解体积效应并一定程度上利用物理限域作用抑制多硫化锂的溶解。此外，Yu 等人使用薄层镍基氢氧化物（NNH）作为 S 物种的有效封装材料，其可以与锂发生不可逆的反应，产生结合了良好锂离子渗透性和丰富的功能极性/亲水基团的保护层，显著改善了硫正极电化学性能。同时，据 Nazar 小组和 Wei 小组报道，聚乙二醇（PEG）阻挡层可以有效抑制多硫化物的溶解穿梭。

　　球磨是一种易于操作并可获得均匀复合材料的方法，具有简单、经济和重现性好等优点，易于实现大规模生产。球磨技术已被广泛用于工业生产中的各种材料的大规模混合。此外，作者前期使用球磨技术已成功制备了球形 Si/CNT/C 复合材料。

　　因此，从复合材料整体构建出发，按照图 3-1 中的设计图，首先用球磨的方法制备类球形 SCNT-PEG 复合材料，然后用溶液反应的方法在球形 SCNT-PEG 复合材料表面包覆一层镍基氢氧化物（NNH），得到在整体结构上有所控制的类球形 SCNT-PEG-NNH 复合材料。此复合材料具有以下几个优点：CNT 构建了导电框架，有利于复合材料导电性的提高；CNT 在球磨过程中形成很多羧基，加热

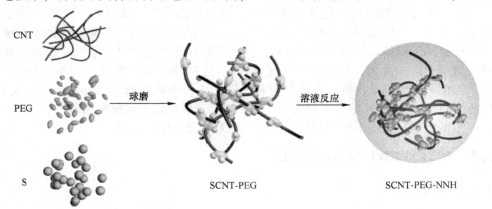

图 3-1　类球形 SCNT-PEG-NNH 复合材料的制备过程

时与 PEG 中的羟基反应，形成酯键，从而使 PEG 不溶于有机电解液中，且 PEG 可以一定程度上抑制多硫化锂的溶解穿梭；NNH 作为层状氢氧化物，可以作为物理阻挡层抑制多硫化锂，更重要的是，NNH 中的极性基团可以很好地抑制多硫化锂的溶出；同时，NNH 在充放电过程中会形成 Li、Ni 混合氢氧化物及形成一些孔，可以提高电解液的浸润和加速锂离子的传输。

3.1.2 SCNT-PEG 复合材料表征

碳纳米管（CNT）因其独特的物理化学特性，成为当今研究热点之一。本节讲述所采用的多壁碳纳米管（CNT）是由化学气相沉积法制备的，其比表面积约 $120 \mathrm{m}^2/\mathrm{g}$，灰度 0.9%。所用 CNT 的 SEM 图如图 3-2 所示。由图 3-2 可以直观地看到，所用 CNT 是一维线状结构，其外径在几十纳米左右，管长在几微米（$\mu\mathrm{m}$）到几十微米，表明所用的 CNT 的长径比较大，管与管之间易缠绕，能很好地形成导电网络。因此，本部分工作中采用 CNT 作原材料制备类球形的 SCNT 复合材料，在复合材料中构建良好的导电网络。

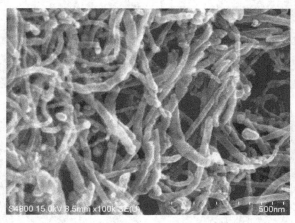

图 3-2　CNT 的 SEM

如图 3-1 所示，首先需要确定制备类球形 SCNT-PEG 复合材料的比例。按照相同的条件，改变 S 和 CNT 的质量比（从 1:1 到 5:1），得到一系列复合材料，按照 S 和 CNT 的质量比分别标记（具体合成条件请查看相关文献）。对所得的 SCNT-PEG 复合材料进行电镜表征，其 SEM 图如图 3-3 所示。从图 3-3 可以看出，当 S 与 CNT 的质量比为 1:1 和 2:1 时，CNT 较多是单独分散存在，类球形结构较少；当质量比为 3:1、4:1、5:1 时，能得到较为均一的微米级的近似球形复合材料。图 3-3(f) 是单个类球形复合材料颗粒的放大 SEM 图，从图中可以看出这种球形复合材料由一维 CNT 缠绕形成导电骨架，有利于复合材料导电性的提高，从而提高活性材料的利用率；同时，由于 CNT 的缠绕，类球形颗粒表面形成了很多孔，有利于电解液的浸润。

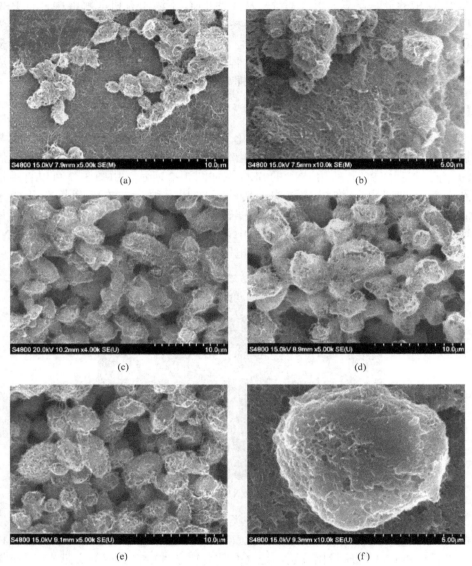

图 3-3　SCNT-PEG 复合材料的 SEM 图

（a）SCNT（1∶1）-PEG；（b）SCNT（2∶1）-PEG；（c）SCNT（3∶1）-PEG；（d）SCNT（4∶1）
-PEG；（e）SCNT（5∶1）-PEG；（f）SCNT（5∶1）-PEG 的放大图

3.1.3　SCNT-PEG-NNH 复合材料理化性质表征

选形貌比较均一的 SCNT（3∶1）-PEG、SCNT（4∶1）-PEG 和 SCNT
（5∶1）-PEG 三种类球形复合材料作为原料，用溶液反应的方法在其表面包覆
一层镍基氢氧化物，分别得到三种 SCNT-PEG-NNH 复合材料。为了直观观察其

处理后的形貌，对三种 SCNT-PEG-NNH 复合材料进行 SEM 表征，其结果如图
3-4所示。从图中可以看出，复合材料的整体形貌变化不大，在类球形颗粒外表
面包覆上了一些镍基氢氧化物。为了更直观地观察表面包覆了一层镍基氢氧化
物，选取 SCNT（5∶1）-PEG-NNH 复合材料进行 TEM 表征，其结果如图 3-5
所示。从图中可以看出近球形结构由一维 CNT 缠绕形成了导电骨架；同时，由
于 CNT 的缠绕，类球形颗粒表面形成了很多孔，且表面形成了薄层镍基氢氧化
物，与 SEM 结果一致。

图 3-4　SCNT-PEG-NNH 复合材料的 SEM 图
（a）SCNT（3∶1）-PEG-NNH；（b）SCNT（4∶1）-PEG-NNH；（c）SCNT（5∶1）-PEG-NNH

　　为了表征复合材料的晶型结构，对三种 SCNT-PEG-NNH 复合材料分别
进行了 XRD 分析，其结果如图 3-6 所示。从图中可以看出复合材料的 XRD
图谱与纯 S 的峰位置一致，这说明 S 在制备过程中晶型没有发生改变。然
而，在复合材料中并没有观察到 CNT 和 NNH 的 XRD 峰，对于 CNT 的峰没
有观察到可能是因为 S 和 PEG 包覆在 CNT 表面，减弱了其 XRD 峰强度，同
时 CNT 的 XRD 与 S 的峰有所重叠，所以 CNT 的 XRD 峰没有观察到；而没有
观察到 NNH 的 XRD 峰可能是因为其峰强度相对于 S 的太弱，从而没有显示

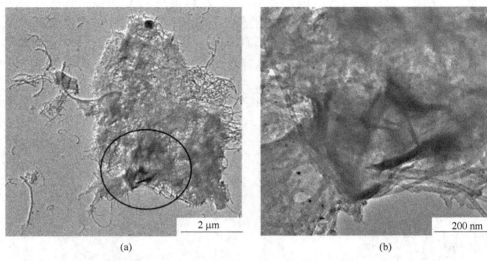

图 3-5　SCNT（5∶1）-PEG-NNH 复合材料的 TEM 图

（a）低倍图；（b）圆圈部分的高倍图

出来。为了验证所用合成方法能合成 NNH，在不加复合材料时，采用相同的合成方法制备了 NNH，然后对其进行 XRD 分析，其结果如图 3-7 所示。图中的 XRD 峰与镍基氢氧化物的标准卡片（JCPDS No. 00-022-0752）相对应，说明所采用的合成方法能够合成出 NNH。为了进一步确认复合材料中 S 的含量，对复合材料进行了 TG 分析，其结果如图 3-8 所示。从 TG 结果可以得出 SCNT（3∶1）-PEG-NNH、SCNT（4∶1）-PEG-NNH 和 SCNT（5∶1）-PEG-NNH 三种复合材料中 S 的含量分别为 66.7%、75.3% 和 78.0%。

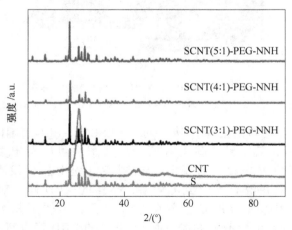

图 3-6　SCNT-PEG-NNH 复合材料的 XRD 图

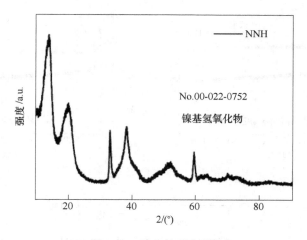

图 3-7　NNH 的 XRD 图

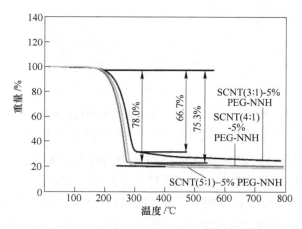

图 3-8　SCNT-PEG-NNH 复合材料的 TG 图

3.1.4　SCNT-PEG-NNH 复合材料的电化学性能分析

将三种 SCNT-PEG-NNH 复合材料制成电极，作正极，与锂金属负极组装成电池，在 200mA/g 的电流密度下充放电测试，其循环图如图 3-9 所示。从图中可以看出 SCNT（5:1）-PEG-NNH 复合材料的循环性能和容量在三个复合材料中较好。所以，接下来选取 SCNT（5:1）-PEG-NNH（简称 SCNT-PEGPNNH）复合材料具体研究其电化学性能和简单讨论其作用机理。

图 3-10（a）所示为 SCNT-PEG-NNH 复合材料在 200mA/g 电流密度下恒流充放电的前两圈充放电曲线。从图中可以看出，放电曲线显示出两个放电平台，与常规锂硫电池放电曲线一致。第二圈充放电曲线电压平台之间的电压差相对于

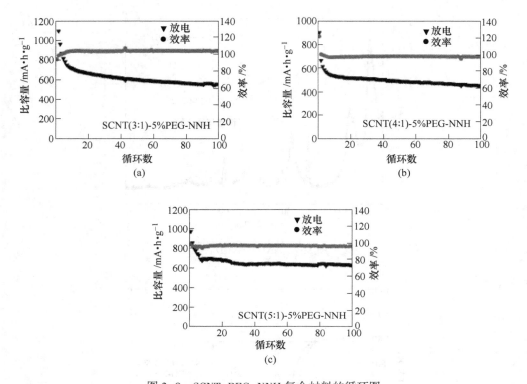

图 3-9　SCNT-PEG-NNH 复合材料的循环图
(a) SCNT (3∶1) -PEG-NNH；(b) SCNT (4∶1) -PEG-NNH；(c) SCNT (5∶1) -PEG-NNH

第一圈变小，这是由于 NNH 在充放电循环中与锂反应形成 Li、Ni 混合氢氧化物，LiOH 能与 Li⁺ 发生交换反应，促进复合材料中 Li⁺ 的传输；同时，NNH 薄层不可逆电化学反应形成的孔有利于电解液的浸润。CV 曲线如图 3-10 (b) 所示。首圈 CV 曲线除了和常规的锂硫电池一样，有两个阴极还原峰外，在 1.5~1.8V 之间有一个弱的宽峰，但在随后的 CV 循环中慢慢减弱消失，这归属于 NNH 与锂的不可逆电化学反应形成 Li、Ni 混合氢氧化物。从图 3-10 (c) 可以看出，SCNT-PEG-NNH 复合材料在 200mA/g 电流密度下恒流充放电，首圈放电容量为 974mA·h/g，但在后面的几圈快速衰减并稳定在 640mA·h/g，循环 200 圈后容量仍保持在 575mA·h/g，有较好的循环性能；而没有进行 NNH 包覆的 SCNT-PEG 复合材料容量快速衰减到 300mA·h/g，这说明 NNH 包覆能缓解多硫化物的扩散穿梭。SCNT-PEG-NNH 复合材料的电化学阻抗也相应地减小 (图 3-10 (d))，这是由于 SCNT-PEG-NNH 复合材料中 CNT 构建了球形的导电框架，提高了复合材料的导电能力；同时 NNH 与锂不可逆反应形成了 Li、Ni 混合氢氧化物，有利于 Li⁺ 的传输。

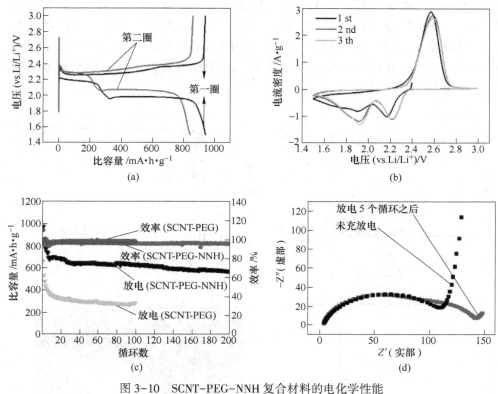

图 3-10 SCNT-PEG-NNH 复合材料的电化学性能

(a) 充放电曲线; (b) CV 曲线; (c) 循环性能; (d) EIS

3.1.5 固硫机理研究

从上面的电化学研究可以看出 SCNT-PEG-NNH 复合材料的电化学性能有所改善。下面对其相应的机理进行简单研究分析。首先证明 PEG 能很好地固定在 CNT 上，即证明 CNT 在球磨过程中表面能形成羧基等含氧官能团。因此，在不加 PEG 时，将 S 和 CNT 在相同的条件下球磨处理，对所得的 SCNT 复合材料进行 XPS 表征，结果如图 3-11 (a) 所示。从图中可以看出，在球磨过程中，CNT 表面形成了羧基等含氧官能团；在 95℃ 溶液反应包覆 NNH 时，PEG 中的羟基和 CNT 表面的羧基发生酯化反应形成酯键，从而使 PEG 被固定在 CNT 上，不会溶解于醚类电解液中，能稳定存在。为了验证 NNH 的作用，将 NNH、乙炔黑、PVDF 按 6∶3∶1 制作成浆料，涂覆在铝箔上制成电极。用锂金属箔作对电极组装成电池，在 1.5~3.0V 电压范围内，以 0.1mV/s 的扫速进行循环伏安法测试，并将循环伏安测试后的电池拆开，用 NNH 极片进行 XRD 和 SEM 表征，结果如图 3-11 (b)~(d) 所示。从图 3-11 (b)(c) 中可以看出，NNH 在前几圈与锂发生不可逆的电化学反应，生成 Li、Ni 混合氢氧化物。LiOH 能与 Li⁺ 发生交换反应，促进复合材料中 Li⁺ 的传输，且混合氢氧化物中存在大量的极性基团，能很好地抑制多硫化锂的溶出。从 SEM 图可以看出，NNH 在发生不可逆反应的同时，在层状结构表面会生成少量的孔结构，这有利于电解液的浸润，提高 Li⁺ 的传输。

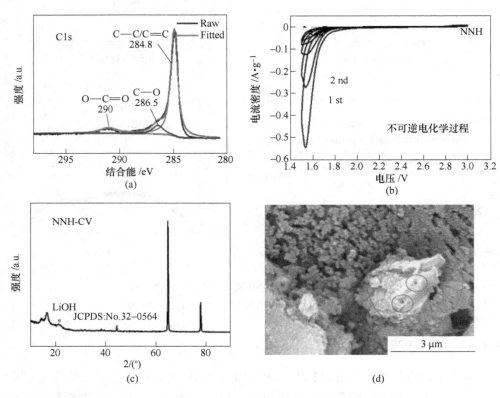

图 3-11　（a）SCNT 复合材料的 XPS 图；（b）NNH 的 CV 曲线；
（c）（d）NNH CV 测试后的 XRD 和 SEM 图

　　综上，给出一个 SCNT-PEG-NNH 复合材料的机理模型图，如图 3-12 所示。在充放电过程中，SCNT-PEG-NNH 复合材料中的 CNT 构建了导电框架，有利于复合材料导电性的提高；CNT 在球磨过程中形成很多羧基，加热时与 PEG 中的羟基反应，形成酯键，从而使 PEG 不至于溶于有机电解液中，同时 PEG 可以一定程度上抑制多硫化锂的溶解穿梭；NNH 作为层状氢氧化物，可以作为物理阻挡层抑制多硫化锂，更重要的是，NNH 中的极性基团，与多硫化锂相互作用，可以很好地抑制多硫化锂的溶出，且 NNH 在充放电过程中会形成 Li、Ni 混合氢氧化物，同时形成一些孔，提高电解液的浸润和加速锂离子的传输。

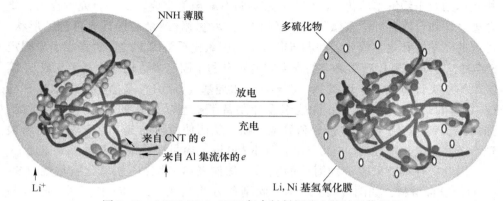

图 3-12　SCNT-PEG-NNH 复合材料锂硫电池的工作机理

3.1.6　小结

本节从复合材料整体构建出发，用球磨和溶液反应的方法制备了在整体结构上有所控制的近球形 SCNT-PEG-NNH 复合材料。此复合材料的电池有较好的循环性能。在 200mA/g 的电流密度下充放电时，首次放电比容量为 974mA·h/g，200 次循环后的比容量为 575mA·h/g，容量保持率为 59.0%。这是由于此类球形复合材料中，CNT 构建了良好的导电框架，提高了材料的电子导电能力；CNT 在球磨过程中形成很多羧基，在加热时与 PEG 中的羟基反应，形成酯键，从而使 PEG 不至于溶于有机电解液中，且 PEG 可以一定程度上抑制多硫化锂的溶解穿梭；NNH 作为层状氢氧化物，可以作为物理阻挡层抑制多硫离子，更重要的是，NNH 在充放电过程中会形成 Li、Ni 混合氢氧化物，其中有很多极性基团，可以很好地抑制多硫离子的溶出，同时，LiOH 能与 Li$^+$ 发生交换反应，促进复合材料中 Li$^+$ 的传输，且反应在 NNH 表面形成一些孔，可以提高电解液的浸润，从而提高 Li$^+$ 导电性。

3.2　氧化石墨烯固硫

3.2.1　设计思想

碳材料能够有效提高硫正极的电子电导率和物理抑制多硫化锂的扩散穿梭，使硫正极的电化学性能取得了长足的改善。但非极性碳与极性多硫化锂中间体之间的相互作用较弱，在长循环过程中，由于电解液中的电场驱动和浓差效应，多硫化锂中间体还是会慢慢扩散穿梭出正极区。此外，微弱的相互作用可能导致完全放电产物硫化锂（Li$_2$S$_x$，$1<x<2$）从碳基体中分离，这将引起电接触的脱离和不可逆的活性物质损失。因此，提高 S 及其放电产物与碳基底之间的物理或化学

相互作用对于缓解多硫化锂溶解穿梭和容量衰减至关重要。Li 等研究者提出，要合理设计和合成各种中空微米/纳米结构，这些微米/纳米结构具有可控的形状、可调的壳结构和化学成分。许多研究人员利用氧化石墨烯上的含氧官能团来固定 S 物种，并证明氧化石墨烯上的含氧官能团有利于固定多硫化锂。基于 S 或 S_3 簇吸附的从头计算表明，环氧基（C ＝O）和羟基（—OH）基团都可以增强 S 与 C—C 键的结合。此外，Lou 课题组设计制备了氨基功能化的氧化还原石墨烯，强的共价键稳定了活性材料 S 和放电产物，从而使所得的 S/石墨烯复合材料表现出极好的电化学性能。在 0.5C 下循环 350 圈，容量保持率为 80%。

　　因此，在本节采取一种简单的喷雾方法制备 S-部分还原氧化石墨烯（S-prGO）复合材料，如图 3-13 所示。此制备方法是在还原 GO 的同时，把 S 与 prGO 复合。由于温和的还原条件，prGO 的还原程度并不完全，这将在以下讨论。将 GO 分散液在一定温度下通过喷雾法加入到含有 S 和抗坏血酸（VC）的乙二醇溶液中，通过控制反应条件，如温度和 VC 量，可制备不同还原程度的 S-prGO 复合材料；然后通过多巴胺（DA）在 S-prGO 复合材料表面聚合包覆，得到 S-prGO-PDA 复合材料（具体制备方法详见相应文献）。此方法制得的 S 以纳米颗粒的形式均匀分散在 prGO 上，纳米 S 颗粒较大的比表面积将导致较小的有效电流密度和较快的放电动力学，将使 S 利用率得到提高。已有文献报道证明，超小 S 纳米颗粒可以实现高比容量和高倍率性能。此外，prGO 上的含氧官能团和 PDA 的氨基有利于固定多硫化锂。通过调节 GO 还原的程度，可以调节硫正极的导电能力和固硫能力，研究 GO 的还原程度对硫正极电化学性能的影响。prGO 协同 PDA 可以稳定 S 及其放电产物并提供相应的电子导电性，从而使所得的 S-prGO-PDA 复合材料获得较好的电化学性能。

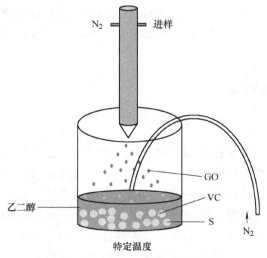

图 3-13　S-prGO 复合材料的制备

3.2.2 复合材料形貌和结构表征

S-prGO 复合材料的表观照片如图 3-14（a）所示。不难看出，GO、S-prGO-160、S-prGO-VC-160 和 S-prGO-VC-180 几种材料的颜色逐渐加深（具体见相应文献），这意味着在制备过程中添加 VC 和提高反应温度可使 GO 的还原程度逐渐增加，同时，S 与 prGO 混合更加均匀。为了更直观地分析复合材料和 S 的形貌以及 S 在 prGO 表面上的分布情况，对复合材料进行了 SEM 和 TEM 表征，结果如图 3-14 和图 3-15 所示。从 SEM 图中很容易看出，S-prGO 复合材料较为均匀，从图 3-14（b）~图 3-14（d）可以看出，S-prGO 复合材料由表面均匀包覆 S 的皱纹片状组成，且没有观察到单独分散的 S 颗粒。如图 3-14（e）~图 3-14（g）所示，当与 PDA 结合时，复合材料的形态没有发生明显变化，同样是由皱纹片状组成。

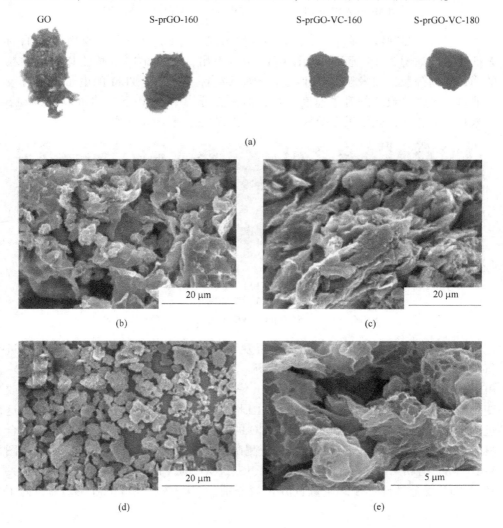

(f)　　　　　　　　　　　　　　　(g)

图 3-14　（a）表观照片；SEM 图（b）S-prGO-160 SEM 图；（c）S-prGO-VC-160 SEM 图；
（d）S-prGO-VC-180 SEM 图；（e）S-prGO-160-PDA SEM 图；（f）S-prGO-VC-
160-PDA SEM 图；（g）S-prGO-VC-180-PDA SEM 图

　　为了进一步观察 S 在 prGO 表面的分散情况，对 S-prGO 复合材料进行 TEM 表征，结果如图 3-15 所示。从图 3-15 可以看出，S 在 prGO 表面上以纳米颗粒的形式均匀分散，纳米粒子尺寸在几十纳米左右。高分辨 TEM 的电子束具有较高能量，这将导致 S 的升华速度加快，但在高分辨率 TEM 下仍然可以观察到 S 纳米颗粒的存在，此结果表明 S 和 prGO 之间存在强烈的相互作用。

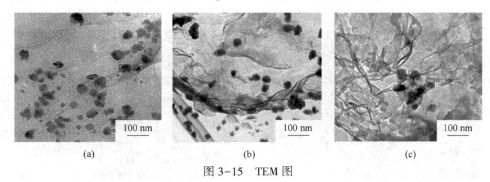

(a)　　　　　　　　　　　(b)　　　　　　　　　　　(c)

图 3-15　TEM 图
（a）S-prGO-160；（b）S-prGO-VC-160；（c）S-prGO-VC-180

　　为了分析复合材料中 S 的晶型是否发生变化，对 S-prGO-PDA 复合材料进行 XRD 表征，结果如图 3-16（a）所示。从图 3-16（a）可以看出，S-prGO-PDA 复合材料的所有 XRD 特征峰都与升华 S 一致，这表明 S 的晶体结构没有改变。而在 S-prGO-PDA 复合材料的 XRD 图谱中没有观察到 prGO 的特征峰，这进一步表明 S 与 PDA 均匀地覆盖在 prGO 的表面上。为了分析 S-prGO-PDA 复合材料中 S 的含量，对其进行了热重分析测试，其结果如图 3-16（b）所示。由图 3-16（b）分析可得 S-prGO-160-PDA、S-prGO-VC-160-PDA 和 S-prGO-VC-180-PDA 复合材料中 S 的质量百分含量分别为 79.3%、58.1% 和 69.1%。为了进一步更好地确认 S-prGO-PDA 复合材料中 S 的百分含量，与 TG 结果相互印证，对复合材料进行了元素分析测试，其结果见表 3-1。从表 3-1 可以看出，S-prGO-160-PDA、S-prGO-VC-160-PDA 和 S-prGO-VC-180-PDA 复合材料中 S 的质量分数分别为 71.3%、59.8% 和 66.7%，元素分析结果所得的 S 百分含量比 TG 所得的百分含量略低，但偏差不大。

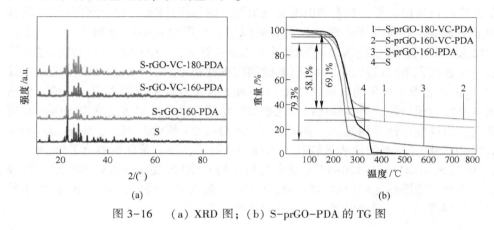

图 3-16　（a）XRD 图；（b）S-prGO-PDA 的 TG 图

表 3-1　元素分析结果（质量分数）

复合材料	$S/\%$
S-rGO-VC-180-PDA	66.7
S-rGO-VC-160-PDA	59.8
S-rGO-160-PDA	71.3

3.2.3　复合材料电化学性能分析

为了表征 S-prGO-PDA 复合材料的电化学性能，将其制作成硫正极组装成 2016 型扣式电池进行恒流充放电测试，其结果如图 3-17 和图 3-18 所示。S-prGO-PDA 复合材料电池在 200mA/g 电流密度下充放电，其充放电曲线如图 3-17（a）所示。从图中可以看出，S-prGO-160-PDA、S-prGO-VC-160-PDA 和 S-prGO-VC-180-PDA 复合材料的放电曲线都由约 2.3V 的高放电平台、约 2.1V 的低放电平台和尾部斜线区三部分组成，与硫正极的固—液—固三相转化机理一致。S-prGO-160-PDA、S-prGO-VC-160-PDA 和 S-prGO-VC-180-PDA 复合材料的首圈放电比容量分别为 548.4mA·h/g、974mA·h/g 和 1049.1mA·h/g，S-prGO-VC-180-PDA 复合材料的首圈放电比容量最高，说明 S-prGO-VC-180-PDA 复合材料中 S 的利用率最高。同时，与另外两种 S-prGO-PDA 复合材料相比，充电平台与放电平台之间的电压差也是 S-prGO-VC-180-PDA 复合材料的较小。为了更好地观察放电曲线两个放电平台之间的关系，将放电曲线整体当成百分百考虑，分析放电平台分别占比多少，其结果如图 3-17（b）所示。从图中可以看出，按 S-prGO-160-PDA、S-prGO-VC-160-PDA 和 S-prGO-VC-180-PDA 复合材料的顺序，高电压放电平台的比例减小，即低电压放电平台的比例增加，这表明 S-prGO-VC-180-PDA 复合材料中多硫化锂既能较强地被抑制，又能更好地被利用。图 3-18 所示为 S-prGO-PDA 复合材料的电池循环性能图。从图中可以看出，复合材料的电池表现出较好的循环性能，仅在循环开始几圈容量衰减较快，后面循环过程中容量衰减缓慢，且库伦效率约为 98%。S-prGO-PDA 复合材料循环性能的改善归因以下几点：首先，prGO 和 S 纳米颗粒之间的特定接触面积增加以及石墨烯基材料的高比表面积导致强多硫化锂吸附效应；其次，prGO 表面上残余的含氧官能团也有助于硫或多硫化锂的固定；此外，PDA 的氨基也能很好地固定多硫化锂。几种效应协同有助于缓解多硫化锂的溶解穿梭效应，提高电池循环稳定性。在三种 S-prGO-PDA 复合材料中，S-prGO-VC-180-PDA 复合材料的比容量较高，循环 100 圈后，比容量还保持在 650mA·h/g，说明 S-prGO-VC-180-PDA 复合材料中的 prGO 的还原程度较为合适，其表面的含氧官能团既能较好地抑制多硫化锂的扩散穿梭；同时，对 prGO 的电子导电性影响较小，还能提供相对较好的电子导电性。

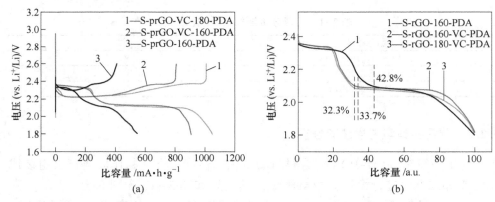

图 3-17　S-prGO-PDA 复合材料电池在 200mA/g 电流密度下的充放电曲线
（a）未处理；（b）平台百分比

　　此外，如图 3-19 所示，对未充放电循环的 S-prGO-PDA 复合材料的电池进行了 EIS 测试。从图中可以看出，EIS 的 Nyquist 图由一个高频区的压缩半圆和低频区的斜线组成，高频区半圆半径大小代表电荷转移电阻（R_{ct}），低频区斜线代表传质阻抗。从高频区半圆的大小可以表明，S-prGO-PDA 复合材料的 R_{ct} 值按 S-prGO-160-PDA、S-prGO-VC-160-PDA 和 S-prGO-VC-180-PDA 的顺序单调递减，这表明 S-prGO-VC-180-PDA 复合材料的动力学更快。电池的 R_{ct} 主要反映了电极/电解质界面的阻抗，所以随着 prGO 还原程度的增加，R_{ct} 的降低可以归因于 prGO 与小的 S 纳米颗粒之间的电接触得以改善。

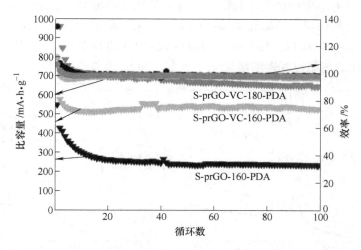

图 3-18　S-prGO-PDA 复合材料电池在 200mA/g 电流密度下的循环性能

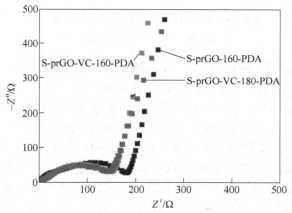

图 3-19　S-prGO-PDA 复合材料电池的 EIS 图

3.2.4　prGO 还原程度对固硫作用的影响分析

为了探索 prGO 还原程度对硫正极电化学性能的影响，首先分析复合材料中 prGO 的还原程度，对 S-prGO 复合材料进行激光拉曼光谱分析，其结果如图 3-20 所示。从 S-prGO 复合材料的拉曼光谱图（图 3-20（a））可以看出，S-prGO-160、S-prGO-VC-160 和 S-prGO-VC-180 复合材料的光谱都具有 S 的特征峰，其结果与 XRD 一致，说明 S 结构没有发生改变。S-prGO 复合材料的每条拉曼光谱曲线在约 1350cm^{-1} 和约 1600cm^{-1} 处有两个主要的特征峰，在约 1600cm^{-1} 处的 G 带属于二维六方晶格中 sp2 碳原子的振动，在约 1350cm^{-1} 处的 D

带对应于六方石墨层中的无序和缺陷。将每条光谱曲线中的 D 峰强度除以相应的 G 峰强度，重新作图，结果如图 3-20（b）所示。从图中可以看出，按 GO、S-prGO-160、S-prGO-VC-160 和 S-prGO-VC-180 的顺序，I_D/I_G 比值逐渐增加，这证明 prGO 的还原程度逐渐增加。

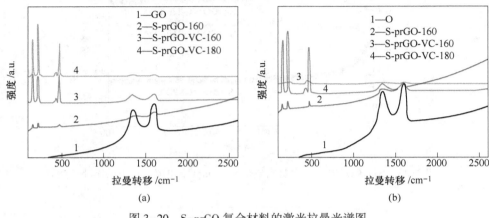

图 3-20　S-prGO 复合材料的激光拉曼光谱图
(a) 未处理；(b) 按 G 峰的强度归一化

为了进一步分析复合材料中 prGO 的还原程度和是否含有含氧官能团，对 S-prGO 复合材料进行 XPS 分析测试，其结果如图 3-21 所示。从图中可以看出，对 XPS 图谱分峰处理后，每个 XPS 图谱均含有 3 个分峰，分别是 287.2eV、286.5eV 和 284.6eV。在 284.6eV 处的峰属于碳 sp2 杂化，即 C—C 或 C＝C，在 286.5eV 和 287.2eV 处的峰分别是 C—O 和 C＝O 的特征峰。按 GO、S-prGO-160、S-prGO-VC-160 和 S-prGO-VC-180 的顺序，在 286.5eV 和 287.2eV 处的峰的相对强度依次降低，这与拉曼测试结果一致，说明 prGO 还原度增加。但即使是还原程度较高的 S-prGO-VC-160 和 S-prGO-VC-180 复合材料，286.5eV 和 287.2eV 处的峰也依然存在，这说明 S-prGO 复合材料中仍具有一定的含氧官能团，GO 的还原只是部分的。同时，对于 S-prGO-VC-160 和 S-prGO-VC-180 复合材料，XPS 谱图中存在 285.2eV 的特征峰，归属于 C—S 键，表明 S-prGO 复合材料中 S 和 prGO 之间存在一定的化学键。

综合复合材料电化学性能的表征和 prGO 还原程度的表征可以得出，GO 上的含氧官能团可以一定程度地抑制多硫化锂的扩散穿梭；同时，也表明可以通过控制 GO 的还原程度，调节 GO 的固 S 能力和导电性，从而使硫正极的电化学性能最优。总之，prGO 的还原程度决定 S-prGO 复合材料硫正极的电化学性能。

3.2.5　S-prGO-VC-180-PDA 复合材料性能的表征

综合上面的性能表征，S-prGO-VC-180-PDA 复合材料表现的电化学性能较

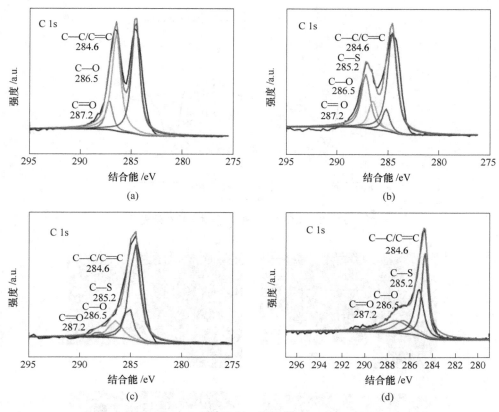

图 3-21 XPS 图

(a) GO；(b) S-prGO-160；(c) S-prGO-VC-160；(d) S-prGO-VC-180

好。因此，接下来对 S-prGO-VC-180-PDA 复合材料进行一系列表征分析。

首先，为了进一步分析 S-prGO-VC-180-PDA 复合材料中 prGO 上的官能团，对 S-prGO-VC-180 进行红外光谱分析，其结果如图 3-22 所示。可以看出，红外图谱中 C=O、—OH、羧基 C—O 和环氧 C—O 的伸缩振动峰仍然存在，表明 GO 只是部分被还原，这与 Raman 和 XPS 结果一致。而在 $2924cm^{-1}$ 和 $2851cm^{-1}$ 处为 CH_2 基团的伸缩振动，在 $1569cm^{-1}$ 和 $1650cm^{-1}$ 为芳环的 C=C 伸缩振动。

为了进一步分析 S-prGO-VC-180-PDA 复合材料中 S 元素的分布情况，对原始和充放电循环 10 圈后的 S-prGO-VC-180 复合材料进行了能量色散 X 射线光谱（EDX）元素 mapping 分析，结果如图 3-23 和图 3-24 所示。如图 3-23 所示，在原始状态下，S 和 O 元素均匀分布在 prGO 表面。当充放电循环 10 圈后，从图 3-24 可以看出，S 和 O 元素仍然均匀地分布在 prGO 表面，但是有少量的 S 元素脱离了 prGO 表面而单独存在，这表明一小部分 S 在充放电过程中溶解扩散出了正极区，这就解释了充放电过程中比容量的衰减。

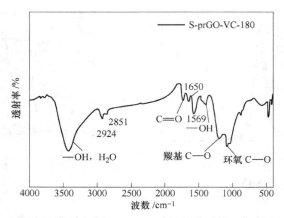

图 3-22　S-prGO-VC-180 复合材料的红外光谱

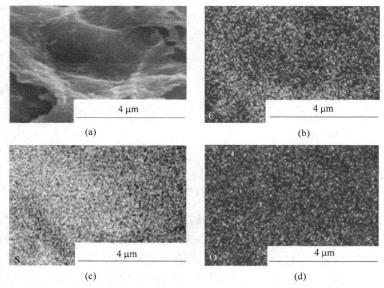

图 3-23　S-prGO-VC-180 复合材料的元素 mapping 图

　　为了分析 S-prGO-VC-180-PDA 复合材料电池的自放电，对其进行了初始状态和循环 10 圈后的充电态的开路电压随时间的变化的测试，其结果如图 3-25 所示。从图 3-25（a）可以看出，在初始态时，电池开路电压保持在 3V 左右，随时间的变化较小，比较稳定，表明 S-prGO-VC-180-PDA 复合材料电池中硫物种能比较稳定的保存在正极区域。同时，当充放电循环 10 圈后，如图 3-25（b）所示，电池的开路电位一直保持在 2.2V 左右，随时间的变化较小，比较稳定，但开路电压较低，这是由于硫正极在充电时没有完全回到单质 S 而造成的。

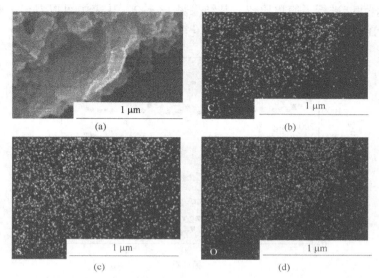

图 3-24 S-prGO-VC-180-PDA 循环 10 圈后（充电态）的 EDX mapping 图

总之，不管是初始态还是充放电循环后，S-prGO-VC-180-PDA 复合材料电池的开路电压随时间变化较小，几乎稳定，这表明复合材料能较好地固定 S 物种，抑制其扩散穿梭。

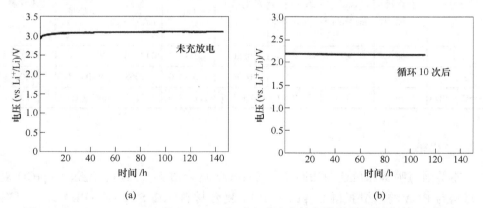

图 3-25 （a）S-prGO-VC-180-PDA 扣式电池未充放电的开路电位随时间变化图；
（b）S-prGO-VC-180-PDA 扣式电池循环 10 圈后（充电态）的开路电位随时间变化图

图 3-26 所示为 S-prGO-VC-180-PDA 复合材料电池的倍率性能图。从图 3-26 中可以看出，当充放电电流增大时，S-prGO-VC-180-PDA 复合材料电池的容量下降较快，其倍率性能较差。从上面的分析中可知，这是因为在复合材料中 prGO 的表面还含有一定的含氧官能团，其是部分还原的，电子导电性相对较差。同时，也将 S-prGO-VC-180-PDA 复合材料的电化学性能与相应的 rGO 基硫正

极的电化学性能进行了简单比较，其结果见表 3-2。从表中可以看出，S-prGO-VC-180-PDA 复合材料表现出较好的电化学性能。

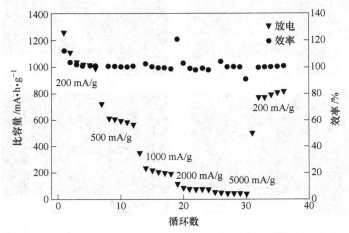

图 3-26　S-prGO-VC-180-PDA 复合材料电池的倍率性能

表 3-2　S-prGO-VC-180-PDA 复合材料与 rGO 基硫正极的电化学性能的对比

复合材料	质量百分含量/%	面积负载/mg·cm⁻²	复合材料：添加剂：粘结剂	放电倍率	电压范围（相对于 Li⁺/Li）/V	初始放电容量/mA·h·g⁻¹	循环一定圈数的放电容量/mA·h·g⁻¹	参考文献
G/S	68	—	7:2:1	0.5C	1.5~3.0	1047 (5th)	700 (70)	[391]
PGS-1000	66	—		0.5C	1.5~3.0	1068	约400 (80)	[120]
S-prGO-PDA	69	1	7:2:1	200mA/g	1.8~2.6	1122	647 (100)	本工作

3.2.6　小结

本节通过喷雾原位还原法制备了 S-prGO 复合材料。然后，通过 S-prGO 复合材料与 PDA 的重组获得 S-prGO-PDA 复合材料。在 S-prGO-PDA 复合材料中，S 以纳米粒子的形式均匀分布在 prGO 的表面而没有聚集。S-prGO-PDA 复合材料表现出较好的循环性能和库伦效率。当以 200mA/g 的电流密度进行充放电时，S-prGO-PDA 复合材料循环 100 圈后，比容量仍保持在 650mA·h/g 左右，和库伦效率保持在 98%。同时，本节叙述证明了 GO 上的含氧官能团可以一定程度地抑制多硫化锂的扩散穿梭；同时，也证明了可以通过控制 GO 的还原程度，调节 GO 的固 S 能力和导电性，从而使硫正极的电化学性能最优。总之，prGO 的还原程度决定 S-prGO 复合材料硫正极的电化学性能。

3.3 氮氧双掺杂空心碳球固硫

3.3.1 设计思想

上节研究工作表明，在非极性的碳基底中引入极性有益于抑制多硫化锂的溶解。而对非极性碳基底的极性改性，除了引入极性官能团外，还可以通过杂原子掺杂的方法引入极性。杂原子掺杂是一种有效的方法，不仅能够保持原有碳材料独特的性质，包括导电性和多孔性，还能够改变碳基底表面极性，以提供强的化学作用力。基于这个思路，各种杂原子（如氮（N）、氧（O）、硼（B）等）被用于对碳基底进行掺杂改性，这类杂原子可以通过与带正电荷的 Li^+（如 N–Li_2S_n）或者带负电荷的多硫化锂（如 Li_2S_n–B）相互作用，从而提高碳基底对多硫化锂的吸附性能。

但是，单一原子的掺杂量是有限的，不能提供丰富的活性吸附位点，因此提出了双原子掺杂的策略。研究工作表明双掺杂的碳材料能够为多硫化锂提供强的化学吸附作用。为了获得不同原子掺杂的碳材料，一种方法是采用含不同目标原子的原材料，例如为了获得 N/O 双掺杂的碳材料，典型的步骤是先在空气氛围下氧化，随后再经过浓硝酸氮化处理。这种方法虽然简单，但是得到的碳材料存在不同原子分布不均匀的问题。另一种方法是采用有机分子作为碳源前驱体，首先原位聚合，再经过高温碳化从而获得双掺杂碳材料。这种方法简单，且能够使不同掺杂原子分布均匀，但是一般对制备条件要求苛刻，例如需要使用表面活性剂或者高温水热等。因此，寻求一种简单、有效的碳源前驱体至关重要。上一个研究工作中使用的多巴胺分子由于可以在任意表面自聚合沉积，因而被认为是一种有效的碳源前驱体。但是多巴胺价格昂贵限制了其进一步发展，因此，需要开发一种成本低廉、适用性广泛的碳源前驱体。

本节的主要内容是开发一种新型碳源前驱体，合成双掺杂空心碳球作为硫宿主材料，为活性物质硫构筑空间限域和化学吸附，从而抑制多硫化锂的溶解和穿梭。设计思路如图 3-27 所示（具体制备流程详见相应研究工作文献）。制备空心球的方法主要有两种：硬模板法和软模板法。考虑到硬模板具有方法简单、容易控制的优点，因此，在本节采用硬模板法制备空心碳球。首先，采用改进的 Stöber 方法制备 SiO_2 球作为模板；接着，加入邻苯二酚/二乙烯三胺（CPA），使其在 SiO_2 模板上原位聚合生成一层有机聚合物，经过加热和刻蚀之后，有机聚合物层转化为氮氧双掺杂空心碳（DHCSs）；最后，采用熔融扩散法将活性物质硫灌注到空心碳球中，得到硫/氮氧双掺杂空心碳球（S/DHCSs）复合材料。设计的该复合材料具有以下优点：（1）构筑的空心纳米结构将硫在空间上限制在其中，可起到物理限域作用；（2）碳骨架中 N 和 O 杂原子可为多硫化锂提供丰富的吸附位点，起到化学限域的作用，物理空间限域和化学吸附作用共同抑制多硫化锂的溶解和穿梭。

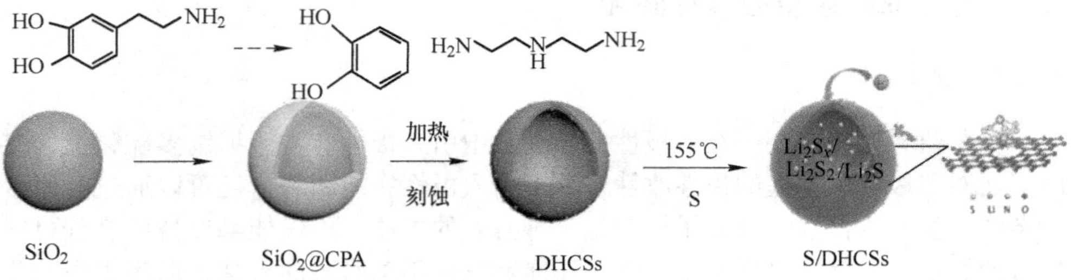

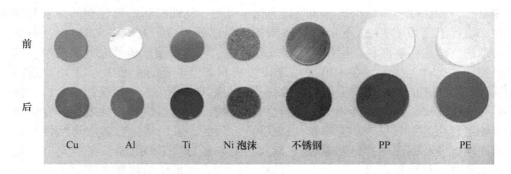

图 3-27　制备 S/DHCSs 复合材料实验设计思路图

　　本节之所以选择价格更加低廉的邻苯二酚和二乙烯三胺分子组合（CPA）作为碳源前驱体，得益于将多巴胺分子结构进行拆分的启发。从阿拉丁试剂官网中，对比盐酸多巴胺的价格（644 元/100g），CPA（95 元/100g），可见后者能够明显降低成本。

3.3.2　CPA 普适性验证

　　为了验证 CPA 与多巴胺具有同样的普适性，即在任意表面均匀沉积聚合，选取不同种类的表面进行实验，如图 3-28 所示，实验的金属表面有铜箔（Cu）、铝箔（Al）、钛箔（Ti）、泡沫镍（Ni）和不锈钢（steel），有机表面有聚丙烯隔膜（PP）和聚乙烯隔膜（PE）。将试验样品放入 CPA 溶液中（邻苯二酚：二乙烯三胺：乙醇：去离子水 = 0.3g/285μL/75mL/75mL），室温静置 12h 之后，可以明显看到表面沉积了一层物质。可见 CPA 在不同表面上都展现出沉积自聚合的性质，这一特性可能与多巴胺类似，得益于氨基（—NH₂）对基底良好的相亲性。

前

后

Cu　　　Al　　　Ti　　Ni 泡沫　　不锈钢　　　　PP　　　　　PE

图 3-28　CPA 在各类表面上的聚合沉积性质

　　为了进一步观察 CPA 沉积聚合层是否均匀，选取了两种不同种类的常规模板苯乙烯（PS）和气相生长碳纤维（VGCF）作为沉积对象。从沉积前后的 TEM 图（图 3-29）可以明显看到，PS 和 VGCF 上生成了一层均匀的涂覆层。从而可见，CPA 在不同表面具有均匀自聚合沉积的性质，作为碳源前驱体，具有一定普适性。这一特性也可拓展到各类表面修饰，使其应用范围更广。

图 3-29　TEM 图
(a) PS；(b) CPA@ PS；(c) VGCF；(d) CPA@ VGCF

为了进一步验证 CPA 是否适合作为碳源前驱体，对 CPA 自聚合的产物进行了 TGA 测试。从图 3-30 中可以看到，在氮气氛围下加热到 800℃，CPA 自聚合后的物质能够保持 52.9%的质量，从而证明 CPA 适合作为碳源前驱体。

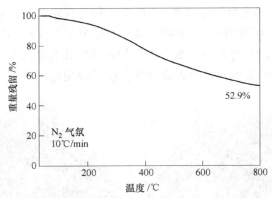

图 3-30 CPA 自聚合后的 TGA 图

3.3.3 氮/氧双掺杂空心碳球的表征

对制备过程中产物的形貌采用 SEM 和 TEM 进行观察，结果如图 3-31 所示。从图 3-31（a）可以看出，制备的 SiO₂ 球粒度相对均一，约为 290nm。对比沉积前后，可以看到沉积 CPA 之后表面明显变得粗糙（图 3-31（b））。TEM 图进一步揭示了 CPA 自聚合层的存在，包覆层厚度均一性良好，约为 30nm（图 3-31（e）），

图 3-31 SEM 和 TEM 图

(a)(d) SiO₂；(b)(e) CPA@SiO₂；(c)(f) DHCSs800

((c) 中插图是 DHCSs800 分散到水溶液)

这一结果与图 3-29 测试结果一致，再次证明 CPA 适合作为碳源前驱体，修饰基底表面。经过加热、刻蚀处理之后，DHCSs 仍然保持完整的球状形貌（图 3-31（c）），且从 TEM 图中可以明显观察到中空结构（图 3-31（f）），说明成功制得空心纳米球。动态光散射技术可以用于研究材料在水溶液中的分散性，从图 3-31（c）插图中可以看到典型的丁达尔效应，说明制备的 DHCSs 在水中具有良好的分散性。这一特性得益于 DHCSs 上具有丰富的掺杂原子，使碳基底表面极性增强。作为硫宿主材料可增强与多硫化锂的作用力，从而减少多硫化锂的溶解和穿梭效应。

为了探究在热聚合碳化过程中碳材料的形貌和结构的变化，制备了不同碳化温度的碳材料，即分别在 700℃、800℃和 900℃下进行热处理，获得的双掺杂空心碳球分别命名为 DHCSs700、DHCSs800 和 DHCSs900。从图 3-32 可以看出，DHCSs700 和 DHCSs900 与 DHCSs800 形貌类似，均呈现空心球状。仔细对比 TEM（图 3-32（c）（d）），可以看到随着碳化温度的升高，碳材料表面上的孔结构更加明显，这可能是由于高温下高分子聚合物分解导致的。

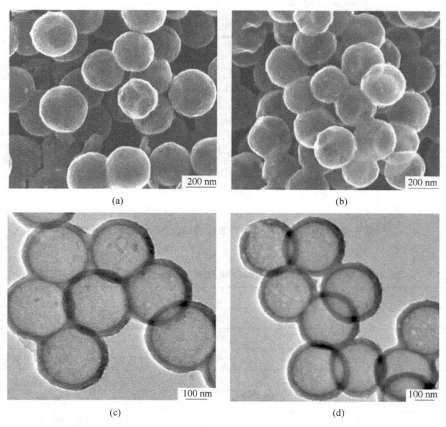

图 3-32 SEM 和 TEM 图

（a）（c）DHCSs700；（b）（d）DHCSs900

　　进一步根据傅里叶红外光谱（FT-IR）测试结果（图 3-33 和表 3-3）可以看到，随着碳化温度升高，有机官能团（C—H，C≡N，N=C=N）对应的峰位置逐渐减弱，说明高分子聚合物逐渐分解。从元素分析结果也可以看出（表3-4），随着碳化温度升高，DHCSs700、DHCSs800 和 DHCSs900 中的 N 原子含量逐渐减小，分别为 9.74%、7.05% 和 4.46%；C 原子含量逐渐增加，分别为75.66%、77.34% 和 78.39%，反映了杂原子含量逐渐减少。从元素分析结果中，计算得到相应的 O 原子含量分别约为 12.75%、13.98% 和 15.54%。四探针测试表明（表3-4），随着碳化温度增加，DHCSs700、DHCSs800 和 DHCSs900 电阻率逐渐减小，从 $9.45\Omega \cdot cm$ 到 $0.49\Omega \cdot cm$、$0.17\Omega \cdot cm$，说明碳化温度的提高有利于提高材料的电子导电性，特别是当温度从 700℃ 提高到 800℃ 时，而DHCSs800 和 DHCSs900 之间差别不大。

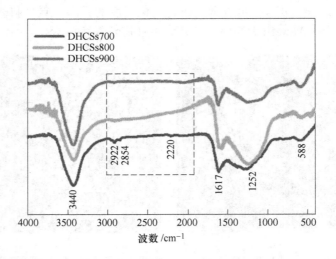

图 3-33　DHCSs700、DHCSs800 和 DHCSs900 的红外谱图

表 3-3　DHCSs700、DHCSs800 和 DHCSs900 的红外谱中谱峰归属

波数/cm⁻¹	归属
约 3440	X—H（O—H，N—H，C—H）伸缩震动
2922，2854	饱和 C 上 C—H 伸缩振动
2220	C≡N 三键或 N=C=N 累积双键伸缩振动
1617	苯环上 C=C 双键伸缩振动
约 1252	芳香醚 C—O 伸缩振动
588	芳烃上 C—H 弯曲振动

表 3-4 DHCSs700、DHCSs800 和 DHCSs900 的元素分析和导电率测试

样品	元素分析				$\sigma/\Omega \cdot cm$
	C	N	H	N/C	
DHCSs700	75.66	9.74	1.85	0.13	9.45
DHCSs800	77.34	7.05	1.63	0.09	0.49
DHCSs900	78.39	4.46	1.61	0.06	0.17

为了获得样品的孔结构信息，进行了氮的等温吸脱附曲线测试，结果如图 3-34 所示。根据国际纯化学和应用化学协会（IUPAC）分类，DHCSs 等温吸脱附曲线结合了类型 Ⅰ 和类型Ⅳ的特点，表明样品中同时存在介孔和微孔结构。对于介孔信息，根据 Barrett-Joyner-Halenda（BJH）方法计算得到所有样品的介孔主要集中在 3.9nm。对于微孔结构，根据 Horvath-Kawazoe（HK）计算得到所有样品的微孔主要集中在 0.53nm。由此可见，碳化温度对孔径分布影响不大。同时，DHCSs 中介孔和微孔结构的共同存在有利于对多硫化锂提供物理限域作用。

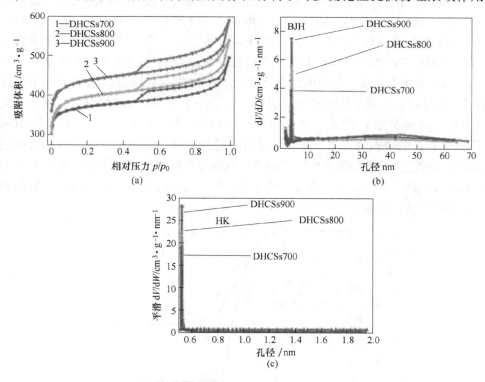

图 3-34 DHCSs 孔结构信息

（a）氮气等温吸脱附曲线；（b）介孔孔径分布；（c）微孔孔径分布

对于比表面积，实验结果表明随着碳化温度提高，样品 DHCSs700、DHCSs800 和 DHCSs900 的 BET 比表面积逐渐增加，从 645m²/g 增加到 851m²/g、1135m²/g，总的孔体积也逐渐增加，从 1.03m³/g 增加到 1.47m³/g、1.74m³/g，这一结果与 TEM 和 FT-IR 测试结果一致。考虑到硫正极在充放电过程中的体积膨胀，根据孔体积计算得到最大容纳硫的百分含量分别为 54.3%、63.0% 和 67.0%。综合上述 TEM、FTIR、等温吸脱附和元素分析等结果，可以得出，随着碳化温度升高，聚合物中的官能团逐渐分解，导致所获得的碳材料异原子含量逐渐减小，导电率、孔隙率和总的比表面积逐渐增加，但是对碳材料的孔径分布没有影响。

3.3.4 硫/双掺杂空心碳球复合材料的表征

采用传统热熔扩散的方法将硫灌注到 DHCSs 中，制备 S/DHCSs 复合材料。根据元素硫的基本性质可知，115℃ 是硫的熔融点，155℃ 时熔融的硫黏度最低，所以制备碳硫复合材料时先快速升温至 115℃，然后缓慢升温到 155℃，并在此温度下进行熔融扩散。如图 3-35 所示，热重（TGA）分析表明，纯纳米硫粉加热到 285℃ 时完全升华，而 S/DHCSs 复合材料能够一直加热到 430℃，质量才保持不变。而纯的碳材料 DHCSs700 加热到 500℃ 质量几乎保持不变，所以 S/DHCSs 中损失的质量为硫的质量。根据这一特点，可以计算得到 S/DHCSs700、S/DHCSs800 和 S/DHCSs900 中硫的质量百分含量分别为 65%、66% 和 62%。另外从 TGA 曲线中发现，与纯的纳米硫相比，S/DHCSs 复合材料展现了两个变化不同的失重阶段且质量平衡点向高温移动：第一个阶段在 285℃ 以下区域，有大约 55%（质量分数）的硫损失；第二个阶段从 285～430℃ 区域，有大约 10%（质量分数）的硫损失。由于微孔对硫的吸附性更强，导致位于微孔碳结构中的硫蒸发速度比位于介孔碳中更慢。因此，可以推测第一个阶段属于吸附在介孔结构中的硫，第二个阶段属于吸附在微孔碳或空心碳内壳的硫，这种温度滞后的现象也说明了硫和碳基底之间强的相互作用力。

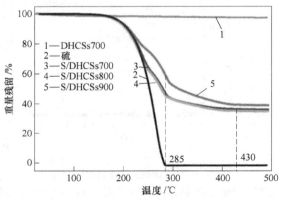

图 3-35 S、DHCSs 和 S/DHCSs 氮气氛围下的 TGA 曲线

为了获得 S/DHCSs 复合材料的结构信息，使用 BET、XRD 和 Raman 进行分析。氮的等温吸脱附测试表明（图 3-36（a）和表 3-5），灌入硫之后，复合材料的比表面积和孔体积明显减小。复合材料的孔径分布（图 3-36（b））与 DHCSs 对比（图 3-34）微孔和介孔明显减小，这是由于硫融入到孔结构中导致的。其中存在少量 50nm 左右的孔径有利于缓冲硫正极在充放电过程中的体积膨胀。

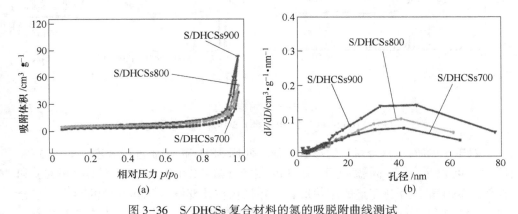

图 3-36 S/DHCSs 复合材料的氮的吸脱附曲线测试
（a）氮的等温吸脱附曲线；（b）相应孔径分布

表 3-5 DHCSs 和 S/DHCSs 复合材料孔结构信息和硫含量（质量分数）对比

复合材料	BET 比表面积/m^2 · g^{-1}	孔体积/cm^3 · g^{-1}	硫含量/%
DHCSs700	645	1.03	0
DHCSs800	851	1.47	0
DHCSs900	1135	1.74	0
S/DHCSs700	16.5	0.17	65
S/DHCSs800	29.7	0.18	66
S/DHCSs900	40.0	0.29	62

对于硫的存在形式，进一步采用 XRD 进行分析。如图 3-37（a）所示，可以看到 S/DHCSs 复合材料没有检测到明显的硫的谱峰，这一现象在之前的文献中也有观察到，表明活性物质硫被限定在 DHCSs 结构骨架内部。此外，Raman 用于进一步证明硫的存在形式，如图 3-37（b）所示，纯硫粉呈现很强的 Raman 峰，分别在 152cm^{-1}、214cm^{-1} 和 473cm^{-1}，但将硫灌入 DHCSs 之后，没有出现硫的特征峰，与 XRD 测试结果类似。综合上述 BET、XRD 和 Raman 测试，可以看出 DHCSs 作为硫宿主材料，能够将活性物质硫很好地限定在碳材料骨架内部，从而起到良好的空间限域作用。

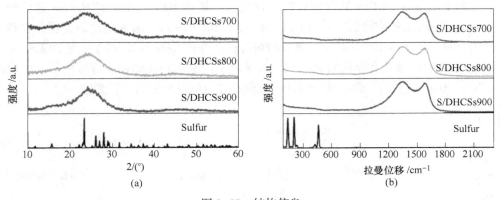

图 3-37　结构信息
（a）S/DHCSs 和 S 的 XRD；（b）S/DHCSs 和 S 的 Raman

对于 S/DHCSs 复合材料的形貌特征，使用 SEM 和 TEM 进行观察。如图 3-38 所示，可以看到不同温度下获得的复合材料 S/DHCSs700、S/DHCSs800 和 S/DHCSs900 都能保持完整的球状形貌，并且颗粒外部没有观察到硫的存在。结合 BET、XRD 和 Raman 分析可知，这得益于硫颗粒被很好地限定在碳材料骨架内部。

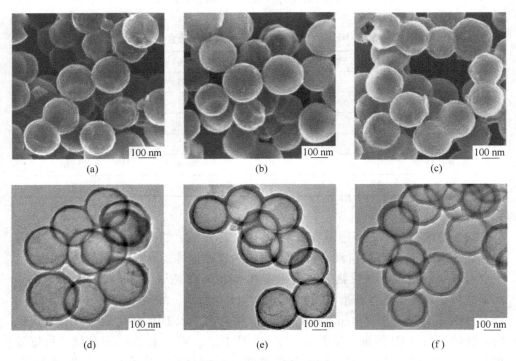

图 3-38　SEM 和 TEM
（a）（d）S/DHCSs700；（b）（e）S/DHCSs800；（c）（f）S/DHCSs900

扫描透射电子显微镜（STEM）表明元素 N、O 和 S 均匀分布在碳骨架中（图 3-39）。为了进一步确定硫的存在位置，进行了 TEM-EDS 线性扫描，如图 3-39（f）所示。由图 3-39（f）可以看出硫主要分布在碳壳和壳层内部。活性物质硫的导电性很差，硫和碳材料的充分接触有利于电子有效传输，从而提高活性物质利用率；此外，N 和 O 均匀的分布可以为多硫化锂提供有效的化学吸附作用，从而减少多硫化锂的溶解和穿梭。综合结构和形貌分析结果可知，DHCSs 作为硫宿主材料，能够促进硫很好地融入和扩散到碳材料骨架中，从而为活性物质硫提供良好的物理和化学限域作用。此外，每一个空心碳纳米球可以看作是一个纳米尺度的电化学反应器，能够为活性物质提供快速的电子传输通道，进而提高活性物质利用率。

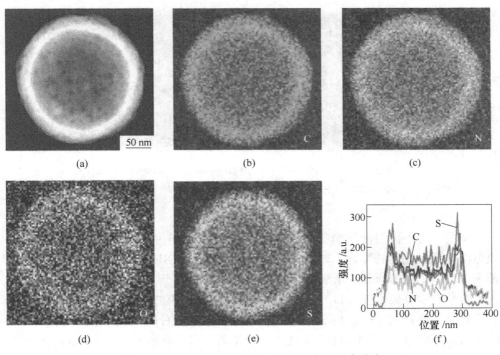

图 3-39 S/DHCSs800 的 STEM 及相应的元素分布
(a) STEM；(b) C；(c) N；(d) O；(e) S；(f) EDS 线性扫描

3.3.5 电化学性能分析

在进行电化学性能评估前，首先进行多硫化锂吸附实验，以直观地观察 DHCSs 对多硫化锂的吸附效果。如图 3-40 所示，以 Li_2S_4 作为多硫化锂的代表，乙炔黑作为对比，可以看到，加入乙炔黑后，Li_2S_4 没有发生明显的颜色变化。

但是加入 DHCSs700、DHCSs800 和 DHCSs900 之后，黄色的 Li$_2$S$_4$ 溶液都变成无色，表明不同温度下制备的 DHCSs 对多硫化锂都表现出一定的吸附作用。

前

24h
后

Li$_2$S$_4$　　　　DHCSs700　　　　DHCSs800　　　　DHCSs900　　　　乙炔黑

图 3-40　　DHCSs700、DHCSs800、DHCSs900 和乙炔黑对多硫化锂的吸附实验

（10mmol/L Li$_2$S$_4$ 溶于 DOL/DME）

接着，将不同温度下制备的 S/DHCSs 复合材料作为正极材料，研究其对锂硫电池电化学性能的影响。如图 3-41（a）所示，S/DHCSs 复合材料的 CV 曲线都表现出两个还原峰和一个氧化峰：第一个还原峰位于 2.3V 左右，代表固体硫向可溶性高阶多硫化锂（Li$_2$S$_n$，4≤n≤8）的转化；第二个还原峰位于 2.0 V 左右，代表最终产物 Li$_2$S$_2$/Li$_2$S 的形成；位于 2.4V 左右的氧化峰属于还原产物 Li$_2$S$_2$/Li$_2$S 的反应。仔细对比不同 CV 的峰位置，可以看到 S/DHCSs700 的还原峰电位明显更低而氧化峰电位明显更高，对比而言，S/DHCSs800 和 S/DHCSs900 二者的峰电位很近。这一结果说明煅烧温度的提高有利于增强反应动力学和减小极化，而当煅烧温度达到 800℃时，这种差异化减少，从电阻率测试结果推测，这可能与碳材料的导电性有关。为了进一步验证这一观点，对 S/DHCSs 复合材料的首圈充放电曲线进行了测试和比较。如图 3-41（b）所示，可以看到所有的曲线都展现出锂硫电池两个典型的放电平台，分别位于 2.3V 和 2.0V 左右。此外，可以明显看到 S/DHCSs700 表现出更大的极化，而 S/DHCSs800 和 S/DHCSs900 充放电平台接近，这一结果与 CV 测试结果一致。

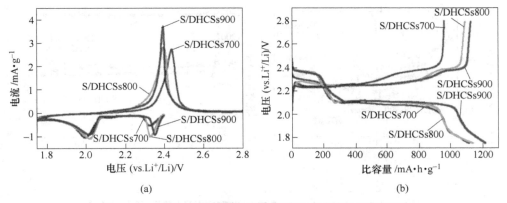

图 3-41 S/DHCSs 复合材料的首圈 CV 曲线和充放电曲线

(a) 0.1mV/s 下的首圈 CV 曲线；(b) 0.2C 下的首圈充放电曲线

对不同材料的倍率性能进行测试（图 3-42（a）），可以看到 S/DHCSs800 在电流密度分别为 0.1C、0.2C、0.5C、1C 和 2C 时，放电比容量分别为 1239mA·h/g、905mA·h/g、706mA·h/g、587mA·h/g 和 422mA·h/g，当电流密度回到 0.1C 时，仍然能够保持 994mA·h/g 高的放电比容量。与其他两者相比，S/DHCSs800 表现出更优的倍率性能，这可能是因为 S/DHCSs800 的导电性和掺杂原子含量都适中，能够保证一定的电子传输和对多硫化锂的吸附作用。进一步对电化学循环稳定性进行测试（图 3-42（b）），可以看到所有的正极材料 S/DHCSs 都表现出相同的变化趋势，即在前 5 圈容量快速下降，之后缓慢上升，随后一直到 200 圈容量都保持在一个相对稳定的数值。之前的研究报道中也发现相似的变化趋势，这是由于在最初充放电过程中，活性物质硫经过反应溶解和重排，使其更加均匀分布在碳骨架中，因此，在随后的循环过程中，S/DHCSs 能够表现出增强的活性物质利用率和更加稳定的容量保持率。其中，S/DHCSs800 表现出略微高的放电比容量和容量保持率，循环 200 圈之后，容量保持率 74.3%，每圈容量衰减率约为 0.08%。接着，以 S/DHCSs800 作为代表，评估了更高硫载量下的循环稳定性，结果如图 3-42（c）所示。可以看到，在硫负载量为 2.3mg/cm² 下，S/DHCSs800 经过首圈活化之后，在大倍率 0.5C 下循环 700 圈之后，仍然有 68% 的容量保持率。

从上述电化学性能测试可以看出，碳化温度的提高有利于提高碳材料的导电性，但是相应的掺杂原子含量也会减少。S/DHCSs800 由于其导电性和杂原子含量适中，在大倍率和长循环过程中，表现出更高的放电比容量。说明在设计碳材料时，应当同时考虑导电性和杂原子含量。虽然不同温度下制备的碳材料对复合材料的电化学性能有一定影响，但是整体而言，放电比容量变化趋势一致，表现出稳定的循环性能，说明构建的 S/DHCSs 结构能够有效固定硫物质。

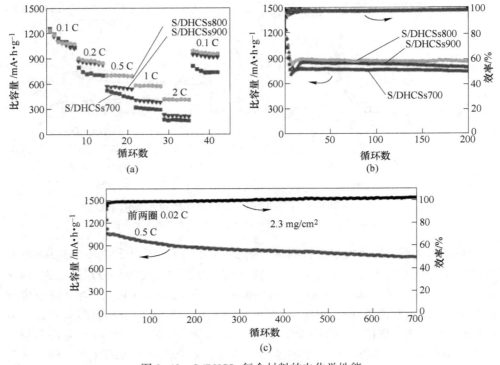

图 3-42   S/DHCSs 复合材料的电化学性能

（a）倍率性能；（b）0.2C 下循环稳定性能；（c）S/DHCSs800 在 0.5C 下的长循环性能

3.3.6 机理研究

从上述电化学测试结果可以看到，DHCSs 作为硫宿主材料能有效提高活性物质硫的利用率和电化学稳定性。为了进一步理解其作用机理，结合实验测试和理论计算，系统分析其结构特性与电化学性能之间的构效关系。

首先，为了研究循环过程中电化学反应动力学变化，分别测试了锂硫电池循环前后的电化学阻抗谱（EIS）。如图 3-43 所示，所有的 Nyquist 点在中高频区都有两个半圆，低频区有一条直线。R_e、R_{int} 和 R_{ct} 分别表示电解液阻抗、电极/电解液界面阻抗和电荷传递阻抗，CPE 和 W_0 分别代表常项角原件和 Warburg 阻抗。从表 3-6 具体的模拟数值可以看出，循环前三种电池的 R_e 值相近，循环 200 圈之后，R_e 值都有不同程度增加，这是由于多硫化锂溶解于电解液，使其黏度增加。S/DHCSs800 表现出最小的 R_e 值，意味着更少的多硫化锂溶解，这也解释了S/DHCSs800 具有更高放电比容量和更稳定循环性能的原因。对于 R_{int}，随着碳化温度的升高逐渐减小，由 27.02Ω 变为 16.87Ω、15.74Ω，说明碳化温度提高有利于增强电子传导性，特别是当温度从 700℃ 提高到 800℃ 时，与之前导电率测试结果一致。对于 R_{ct}，对比循环前后可以看出都表现出减少的趋势。结合之前的循环性能测试，这可能是由于硫溶解重排促进了活性物质和碳基底更好的接触。

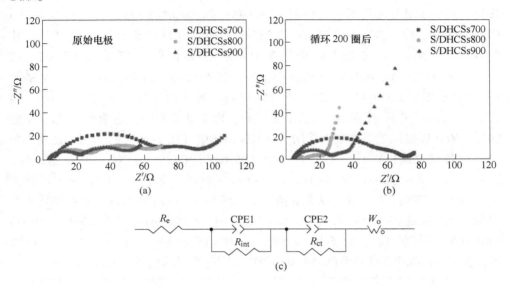

图 3-43 S/DHCSs 复合材料的 EIS
（a）循环前的电池；（b）循环 200 圈的电池；（c）EIS 模拟图

表 3-6 具体模拟数值

复合材料		R_e	R_{int}	R_{ct}	W_0
S/DHCSs700	原始	4.09	27.02	55.67	2.43×10^{-2}
	200th	6.27	35.20	31.82	7.53×10^{-2}
S/DHCSs800	原始	3.99	16.87	21.27	5.40×10^{-2}
	200th	4.10	17.48	16.42	3.12×10^{-2}
S/DHCSs900	原始	4.01	15.74	21.02	4.63×10^{-2}
	200th	4.72	20.63	16.66	1.66×10^{-2}

使用 XPS 进一步分析了 S/DHCSs 材料的结构信息。以 800℃ 下得到的 DHCSs800 和 S/DHCSs800 作为主要研究对象，从图 3-44（a）全谱中可以检测到 C1s、N1s 和 O1s 的信号，进一步确定了 N 和 O 元素共同存在于碳材料中。与 DHCSs800 相比，S/DHCSs800 出现了两个新的峰，位于 227.7eV 和 164.4eV，分别归属于 S2s 和 S2p，说明 S 成功灌入碳材料中。从图 3-44（b）和图 3-44（c）中可以看到，灌入硫之后，O1s 谱峰向低能量偏移而 N1s 几乎保持不变。这个现

象反映了当硫融入到双掺杂的碳骨架时 S—O 键比 S—N 键更容易形成。从电负性角度，这是因为 N（3.04）比 C（2.55）的电负性高，当 N 加入 C 骨架时会吸引更多电子，诱导附近 O 极化，从而使其在硫熔融扩散过程中更容易与硫相互作用。进一步对 O1s 谱图进行分析（图 3-45（a）和图 3-45（c））可以得到 3 个不同的峰，位于 531eV、532eV 和 533eV 附近，分别归属于 O＝C、O—C 和 C—OH。从 N1s 谱图中也可以得到 3 个不同的峰（图 3-45（b）和图 3-45（d）），位于 399eV、401eV 和 402eV 附近，分别归属于吡啶氮（pd-N）、吡咯氮（pl-N）和四价氮（q-N）。进一步计算得到 3 种不同氮的含量比例（图 3-44（d）），可以看出 pl-N 和 pd-N 占主要成分。理论计算表明，这两种形式的 N 能够为多硫化锂提供更强的吸附作用。从 C1s 谱图中（图 3-44（e））可以得到 4 个峰，分别是 284.8eV（C—C/C＝C）、285.6eV（C—O/C—N/C—S）、286.6eV（C—N—C）和 287.0eV（C＝O）。得益于 N/O 杂原子的存在，认为 C—S 键在高温（155℃）下很容易形成。从 S2p 谱图中（图 3-44（f））可以看出有 4 种氧化态的硫，分别是 S—S/S—C（163.8eV）、S—O（164.4eV 和 165.7eV）、S—S（165.0eV）和硫酸盐（168.6eV）。与 C1s 和 O1s 图谱结果一致，S—C 和 S—O 键的存在进一步说明活性物质硫和碳基底材料之间存在强的相互作用力。

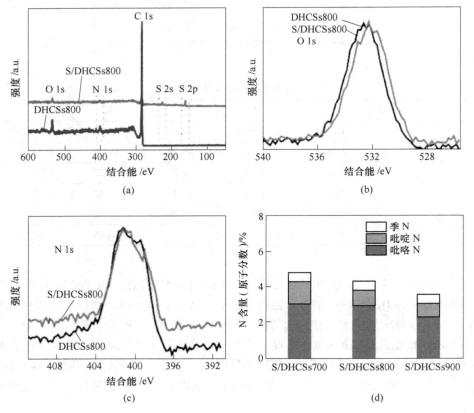

(a)

(b)

(c)

(d)

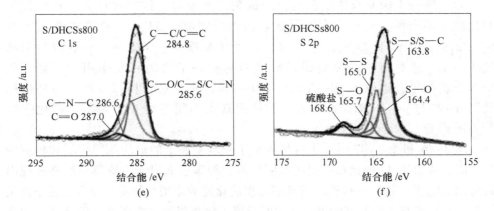

图 3-44 DHCSs800 和 S／DHCSs800 的 XPS

（a）总谱；（b）O 1s；（c）N 1s；（d）N 含量；（e）C 1s；（f）S 2p

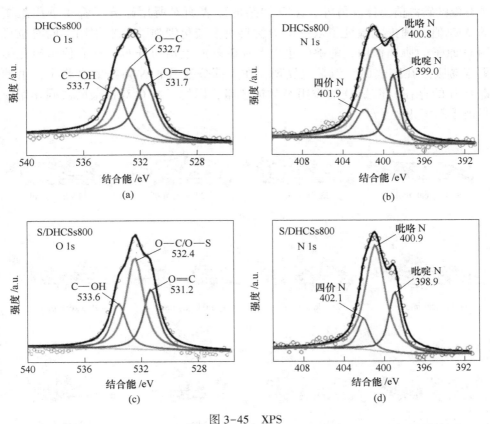

图 3-45 XPS

（a）DHCSs800 的 O 1s；（b）DHCSs800 的 N 1s；（c）S／DHCSs800 的 O 1s；（d）S／DHCSs800 的 N 1s

为了进一步探究双掺杂碳的作用机制，基于第一性原理计算，系统分析和比较了不同种类硫分子在不同碳表面的吸附能（ΔE_{ad}），选取的硫分子有 S_8、Li_2S_8、Li_2S_6 和 Li_2S_4，选取的碳表面有 N 掺杂、O 掺杂、N/O 双掺杂和纯碳。ΔE_{ad} 绝对值越高表明碳材料表面与硫分子之间相互作用力越强。从 XPS 分析结果，选取了 pd—N 和 C—O— 形式的 O 进行模拟计算，另外也比较了 q—N 与 pd—N 掺杂的碳表面，从而观察不同种类 N 掺杂对多硫化锂吸附力的影响。

图 3-46 和图 3-47 展示了各种硫分子在碳基底上的最优几何构型和相应的 ΔE_{ad} 值。从图 3-47 的比较中更能够明显看出纯碳表面对所有硫物质始终表现出最低的 ΔE_{ad} 值，说明非极性的碳基底对多硫化锂的作用力很弱。加入杂原子掺杂之后，ΔE_{ad} 都有不同程度的提高，说明异原子掺杂能够改变碳表面极性从而增强与硫物质之间作用力。对比两种类型的 N 掺杂，pd—N 比 q—N 表现出更高的 ΔE_{ad}。从 XPS 结果可知，pd—N 的含量更高，说明作为硫宿主材料，CPA 是一种有效的碳源前驱体。另外，N/O 掺杂的碳表面对所用硫分子都表现出最高的 ΔE_{ad} 值，理论上验证了双掺杂碳材料对多硫化锂强的吸附作用，同时也说明 O 原子的协调作用，能够促进电荷在碳基底上均匀分布，从而使多硫化锂更容易吸附在碳表面。但是也发现，在大部分报道的 N 掺杂的材料中，虽然都有 O 的存在，但是 O 的作用经常被忽略，因此，N/O 双掺杂的协同作用应当被重新考虑。

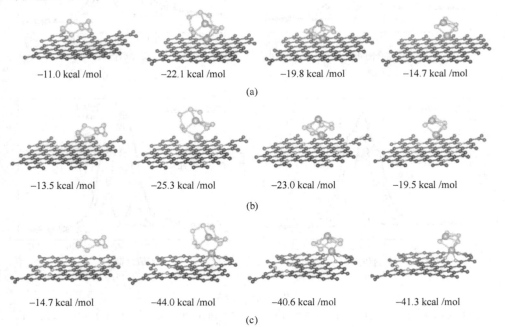

−11.0 kcal /mol　　　−22.1 kcal /mol　　　−19.8 kcal /mol　　　−14.7 kcal /mol

(a)

−13.5 kcal /mol　　　−25.3 kcal /mol　　　−23.0 kcal /mol　　　−19.5 kcal /mol

(b)

−14.7 kcal /mol　　　−44.0 kcal /mol　　　−40.6 kcal /mol　　　−41.3 kcal /mol

(c)

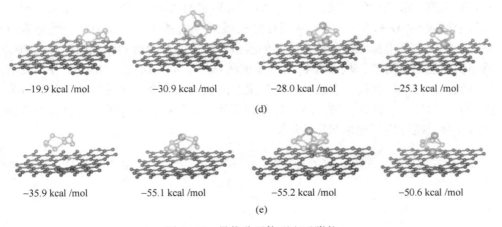

−19.9 kcal /mol　　　−30.9 kcal /mol　　　−28.0 kcal /mol　　　−25.3 kcal /mol

(d)

−35.9 kcal /mol　　　−55.1 kcal /mol　　　−55.2 kcal /mol　　　−50.6 kcal /mol

(e)

图 3-46　最优分子构型和吸附能

（a）纯碳；（b）q—N 掺杂碳；（c）pd—N 掺杂碳；
（d）O 掺杂碳；（e）N/O 双掺杂的碳

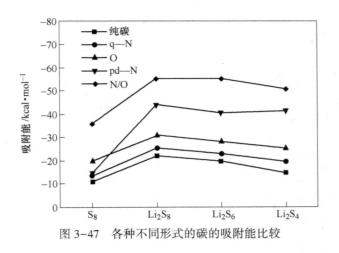

图 3-47　各种不同形式的碳的吸附能比较

3.3.7　小结

为了抑制多硫化锂的溶解，设计了双掺杂空心碳作为硫宿主材料，用于改善锂硫电池电化学性能。第一，开发了一种新型碳源前驱体 CPA 用于合成碳材料，表面沉积实验、TEM 和 TG 测试表明，CPA 是作为碳源前驱体良好的选择。第二，电化学性能测试表明，获得的 S/DHCSs800 表现出极高的倍率性能和循环稳定性，0.2C 下循环 200 圈后，放电比容量仍保持 851mA·h/g，每圈容量衰减率为 0.08%。第三，结合实验和理论计算，揭示了良好的电化学性能归因于独特的结构设计和 N/O 双掺杂的共同效应。空心结构的设计能够将活性物质硫限制在碳骨架内部，起到空间限域的作用。XPS 结果表明 N/O 掺杂有利于在制备材料过程中形成 S—O 和 S—C 键，从而促进硫吸附在碳基底上。采用第一性原理计算，从分子水平上说明与单掺杂体系的碳材料相比，双掺杂的碳表面能够为硫物质提供更强的吸附能，从而起到化学固硫的作用。综上所述，开发的 CPA 具有价格低廉，且能够在任一表面均匀沉积聚合的优点，为今后碳材料的设计和开发提供了新的思路。此外，结合理论计算和实验测试分析，为双掺杂碳材料有效固定活性物质硫提供了理论和实验依据。

4 有机碳硫聚合物固硫

4.1 设计思想

针对硫正极固有的溶解穿梭问题，解决方法主要有两个：一是物理限域法，另一个是化学限域法。由于物理限域的作用力有限，在长期充放电循环中，多硫化物仍会慢慢扩散溶出，导致电化学性能下降。因此，提出了化学限域，其主要包括各种掺杂碳基底（如第 3 章内容所示）、导电聚合物–S 复合材料和以元素 S 为原料的化学稳定的 C—S 共聚物。由于 C—S 共聚物中 S 和碳骨架之间存在较强的化学键相互作用，故多硫化锂的溶解和扩散受到化学结合力的有效抑制。最近，Pyun 与合作者由有机自由基反应制备了一种硫含量为 90%（质量分数）的新型富硫聚合物。当使用该共聚物作为硫正极，在 0.1C 下充放电时，初始放电比容量可达到 1100mA · h/g；然而，在 2C 下充放电时，比容量快速衰减到小于 400mA · h/g。基于这个想法，Meng 等人通过元素硫和 1,3–二乙炔基苯共聚制备了一种富含硫的聚合物材料。当使用该共聚物作为硫正极，在 0.1C 和 1C 下充放电，其表现出 1143mA · h/g 和 595mA · h/g 的初始比容量。虽然这些 S 共聚物为在锂硫电池中通过化学限域抑制多硫化锂提供了新思路，但其导电性差，不利于实现良好的循环性能和倍率性能。因此，Li 和他的合作者设计了一种具有物理和化学限域的 C—S 基正极结构，这种正极结构对于提高锂硫电池的性能是至关重要的。这种硫基正极将 C—S 共聚物包裹在碳管里，不仅可以提高硫正极的导电性，提高 S 的利用率，而且可以通过物理限域和化学限域有效地抑制多硫化锂的溶解穿梭，并且碳管能够适应锂化/去锂化引起的显著的体积变化。将其作为硫正极，在 0.1C 和 2C 下充放电，分别表现出 1300mA · h/g 和 700mA · h/g 的比容量；同时表现出极好的循环稳定性，在 1C 下充放电循环 100 圈，比容量保持在 880mA · h/g，容量保持率为 98%。

因此，本节制备一种富含 S 的碳硫聚合物，用作锂硫电池硫正极，通过化学限域作用抑制多硫化锂溶解穿梭。这种碳硫聚合物结构具有以下几个优点：（1）碳硫聚合物具有高度均匀的结构和高硫含量；（2）硫与碳框架（C—S 键）的强烈化学相互作用可以抑制多硫化物穿梭效应；（3）碳硫聚合物的 π 电子可加速电子和 Li⁺ 的转移；（4）在制备过程中可以加入一定的石墨烯，其可以提供快速的电子传输路径并适应 S 体积膨胀。碳硫聚合物–石墨烯复合材料结合了石墨烯的物理特性以及碳硫聚合物中 C 与 S 的强化学键合作用，使得在放电/充电过程中活性材料利用率提高。

为了增强主体材料与多硫化锂的相互作用力，抑制硫正极在充放电循环过程中多硫化锂的溶解穿梭,从而改善硫正极的电化学性能,本节制备一种富含硫的碳硫聚合物,用作锂硫电池硫正极,通过化学限域作用抑制多硫化物溶解穿梭。其制备过程如图 4-1 所示。首先,通过升华硫与硫化钠反应可以容易地形成多硫化物,这可以通过溶液的颜色变化来辨别。如图 4-2 所示,随着反应的进行,溶液的颜色会逐渐加深,说明多硫化物的链长逐渐增加。其次,通过六氯丁二烯的聚合反应和与多硫化物的取代反应,合成化学稳定的棕色固体聚合物,此聚合物分子中具有许多多硫化物链段,将此碳硫聚合物中间体标记为 $(CS_x)_n$,此中间体的表观照片如图 4-3 所示,其是一种棕色的粉体材料。接下来,将上述棕色 $(CS_x)_n$ 中间体在氩气氛下加热处理,使中间体中含有的多硫化物等杂质蒸发,使有机硫化合物分子中的多硫化物链段部分分解,并蒸发除去吸附和不稳定的硫。为了确定煅烧温度,对 $(CS_x)_n$ 中间体进行 TG 测试,其结果如图 4-4 所示。从 TG 分析可以看出,在 380℃ 以上很难观察到中间体的重量损失,碳硫聚合物相对稳定,因此,将 $(CS_x)_n$ 中间体的煅烧温度设定在 380℃。经过煅烧后,获得了黑灰色碳硫物聚合物,其表观照片如图 4-3 所示,将其标记为 $(CS_x)_n$-380。这种 $(CS_x)_n$-380 碳硫聚合物分子中允许大部分碳原子与硫原子成键,并且还允许硫原子形成 S—S 键,在充电和放电中具有高可逆性。为提高硫聚合物的导电性,在多硫化物溶液合成过程中加入石墨烯分散液,中间产物和最终产物分别标记为 $(CS_x)_n$-G 和 $(CS_x)_n$-G-380。对煅烧所得的 $(CS_x)_n$-380 聚合物进行 TG 测试,其结果如图 4-4 所示。从图中可以看出,从 380℃ 开始,其重量同样开始减轻,但变化的速率明显变慢,这是由于多硫链段经过煅烧处理后,与碳骨架相互作用更强。碳硫聚合物-石墨烯复合材料结合了石墨烯的物理特性和碳硫聚合物中 C 与 S 的强化学键合作用,使得在放电/充电过程中活性材料利用率提高。

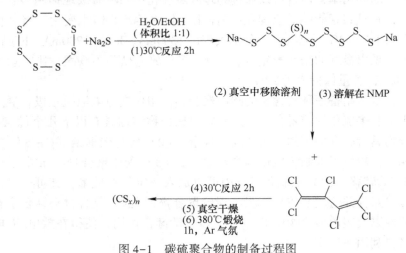

图 4-1　碳硫聚合物的制备过程图

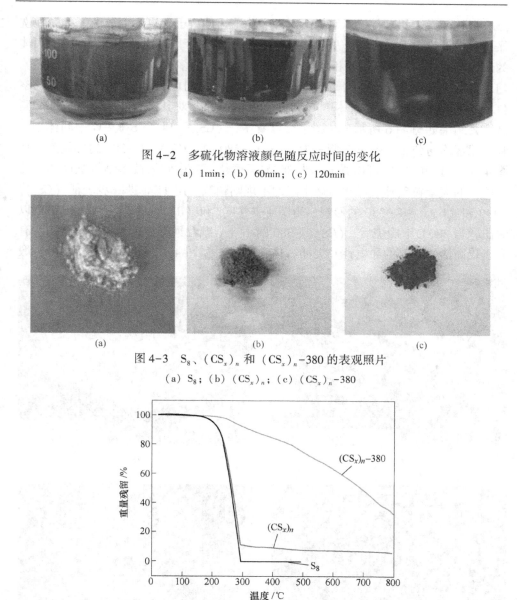

图 4-2 多硫化物溶液颜色随反应时间的变化

（a）1min；（b）60min；（c）120min

图 4-3 S_8、$(CS_x)_n$ 和 $(CS_x)_n$-380 的表观照片

（a）S_8；（b）$(CS_x)_n$；（c）$(CS_x)_n$-380

图 4-4 S_8、$(CS_x)_n$ 和 $(CS_x)_n$-380 的 TG 分析

4.2 碳硫聚合物的形貌和结构表征

通过 SEM 和 TEM 对制备所得的 $(CS_x)_n$、$(CS_x)_n$-380、$(CS_x)_n$-G 和 $(CS_x)_n$-G-380 碳硫聚合物材料进行形貌表征。图 4-5 所示为 $(CS_x)_n$ 和 $(CS_x)_n$-G 中间体的 SEM 图。从图 4-5（a）和（b）可以看出，$(CS_x)_n$ 中间体的

形貌是几十微米的多孔棱形结构，这种多孔结构是由于反应中生成的氯化钠在洗涤过程中被除去而造成的。从图 4-5（c）和（d）可以看出，$(CS_x)_n$-G 中间体的形貌与 $(CS_x)_n$ 中间体的相似，同样是几十微米的多孔棱形结构，且石墨烯均匀地分散在棱形颗粒之中，有利于提高最终材料的电导率。为了进一步观察 $(CS_x)_n$ 和 $(CS_x)_n$-G 中间体中 C 和 S 元素的分布，对其进行了元素 mapping 测试，其结果如图 4-6 所示。从图中可以看出，$(CS_x)_n$ 和 $(CS_x)_n$-G 中间体中 C 和 S 元素均匀分布。图 4-7 所示为 $(CS_x)_n$-380 和 $(CS_x)_n$-G-380 的形貌图。从图 4-7（a）和（c）可以看出，当 380℃下煅烧后，中间体棱形结构被破坏，几十微米的大颗粒破碎成尺寸为微米级的不规则颗粒。用 TEM 进一步表征 $(CS_x)_n$-380 和 $(CS_x)_n$-G-380 的形貌，得图 4-7（b）和（d）。从图 4-7（b）中可以看出，当 380℃下煅烧后，$(CS_x)_n$-380 的不规则颗粒具有稳定的碳框架结构，有利于提高活性材料的导电性并缓冲 S 体积膨胀。从图 4-7（d）中可以看出，煅

图 4-5　SEM 图

（a）（b）$(CS_x)_n$ 中间体；（c）（d）$(CS_x)_n$-G 中间体

烧后，石墨烯仍然均匀分布在（CS_x）$_n$-G-380 复合材料中，有利于进一步提高活性物质的导电性和一定程度地抑制多硫化物穿梭与缓冲 S 体积膨胀。为了进一步确认煅烧后（CS_x）$_n$-380 和（CS_x）$_n$-G-380 中 C 和 S 元素的分布，对其进行了元素 mapping 测试，其结果如图 4-8 所示。从图中可以看出，（CS_x）$_n$-380 和（CS_x）$_n$-G-380 中 C 和 S 元素仍均匀分布，这表明煅烧过程对材料元素的微观分布影响不大。

图 4-6 元素 mapping 图

（a）（CS_x）$_n$ 中间体；（b）（CS_x）$_n$-G 中间体

(c)　　　　　　　　　　　　　　　　　　　(d)

图 4-7　碳硫聚合物的形貌图

(a) $(CS_x)_n$-380 中间体的 SEM；(b) $(CS_x)_n$-380 中间体的 TEM；
(c) $(CS_x)_n$-G-380 中间体的 SEM；(d) $(CS_x)_n$-G-380 中间体的 TEM

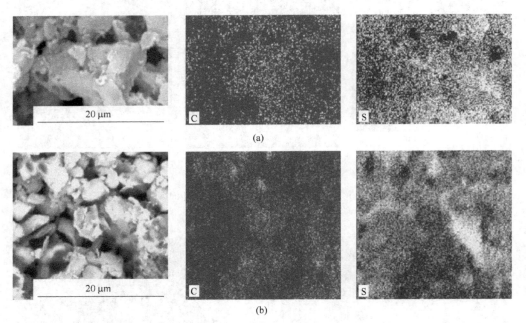

图 4-8　元素 mapping 图

(a) $(CS_x)_n$-380；(b) $(CS_x)_n$-G-380

　　通过拉曼光谱、傅里叶变换红外光谱（FT-IR）和 X 射线粉末衍射（XRD）鉴定合成的碳硫聚合物的化学结构。其 XRD 图如图 4-9 所示。从图 4-9 可以看出，$(CS_x)_n$-380 和 $(CS_x)_n$-G-380 的所有衍射峰都与 S 的斜方相（JCPSD No. 08-0247）的峰高度一致，表明 $(CS_x)_n$-380 和 $(CS_x)_n$-G-380 中含有长链元素 S，具有元素 S 的斜方结构。对于碳硫聚合物，元素 S 的衍射峰宽而弱。碳硫聚合物的 Raman 光谱如图 4-10 所示。根据碳硫聚合物的 Raman 光谱所示，$(CS_x)_n$-380 和 $(CS_x)_n$-G-380 的 Raman 图谱一致，在 $(CS_x)_n$-G-380 中没有多层石墨烯的 Raman 峰，这是因为石墨烯被包裹在 $(CS_x)_n$-G-380 复合材料的颗粒中，不能被检测到。在 1444cm^{-1} 处和 400~525cm^{-1} 范围内分别出现了 Raman 峰，在 1444cm^{-1} 处的主峰归属于碳—碳不饱和键（C=C），在 400~525cm^{-1} 范围内（505cm^{-1}）处仅出现一个峰，归属于碳硫聚合物中二硫键的 Raman 峰，但多硫化物链段的峰不明显。为了更好地分析碳硫聚合物的化学结构，对其进行 FT-IR 分析，其结果如图 4-11 所示。从图 4-11 可以看出，$(CS_x)_n$-380 和 $(CS_x)_n$-

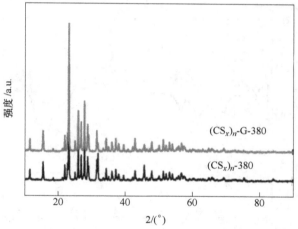

图 4-9　$(CS_x)_n$-380 和 $(CS_x)_n$-G-380 的 XRD 图

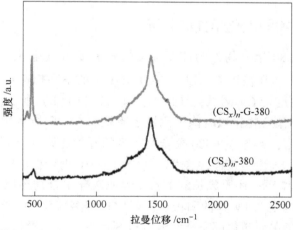

图 4-10　$(CS_x)_n$-380 和 $(CS_x)_n$-G-380 的 Raman 图

G-380 的红外图谱的峰位一致，表明两种材料中碳硫聚合物的化学结构是一致的。在 1130cm⁻¹附近的吸收峰归属于 C—S 的伸缩振动，表明制备所得的碳硫聚合物中形成了 C—S 化学键。在 1630cm⁻¹附近的吸收峰归属于 C＝C 伸缩振动，而在 467cm⁻¹和 843cm⁻¹附近的吸收峰归属于 S—S 伸缩振动，表明制备所得的碳硫聚合物中形成了二硫键。FT-IR 光谱的结果与拉曼光谱一致。综合 XRD、Raman 和 FT-IR 的表征分析，碳硫聚合物的分子结构：

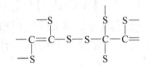

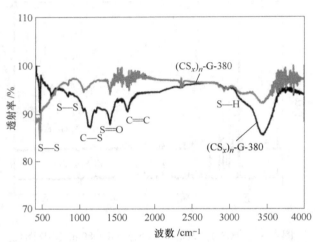

图 4-11　　$(CS_x)_n$-380 和 $(CS_x)_n$-G-380 的 FT-IR 光谱图

4.3　碳硫聚合物的电化学性能分析

将 $(CS_x)_n$-380 聚合物作为硫正极活性材料研究其电化学性能。在 1.5～3.0V（Li/Li⁺）的电压范围内，以 0.1～0.5mV/s 的不同扫速对 $(CS_x)_n$-380 聚合物和 S_8 的电池进行 CV 测试，结果如图 4-12（a）（b）所示。从图中可以看出，$(CS_x)_n$-380 聚合物正极有两个阴极还原峰和一个阳极氧化峰，与 S_8 一致。在阴极扫描过程中，$(CS_x)_n$-380 聚合物正极的开始还原电位为 2.40V，相对于 S_8 正极的 2.37V，发生了正移，这表明 $(CS_x)_n$-380 聚合物正极极化较小。2.3V 处的阴极峰可归因于 S_8 还原成长链多硫化锂或碳硫聚合物还原成高级数的有机硫单元。继续放电至 2.1V 处的阴极还原峰，长链多硫化锂慢慢形成 Li_2S_2/Li_2S 或高级数的有机硫单元转化成完全放电有机 S 产物。在阳极扫描中，在 2.4V 处的宽氧化峰归因于从短链到长链多硫化物的转化，这在少数 S/导电基质材料中也观察到，表明其可逆性、导电性和极化都得到了改善。这些分析证实了 $(CS_x)_n$-380 碳硫聚合物与 S_8 具有相似的电化学行为。根据 Randles-Sevcik 方程，可以根据不同扫描速率下的 CV 曲线分析 Li$^+$ 的扩散系数：

$$I_p = 0.4463nFAC(nFvD/RT)^{1/2} \qquad (4-1)$$

式中，I_p 是峰值电流；D 是 Li$^+$ 扩散系数，cm^2/s；v 为扫描速率，V/s；C 代表 Li$^+$ 浓度，mol/cm^3；n 是电子转移数；F 是法拉第常数，96485C/mol；A 是电极面积，1.14cm^2；C、n、F 和 A 是常量。

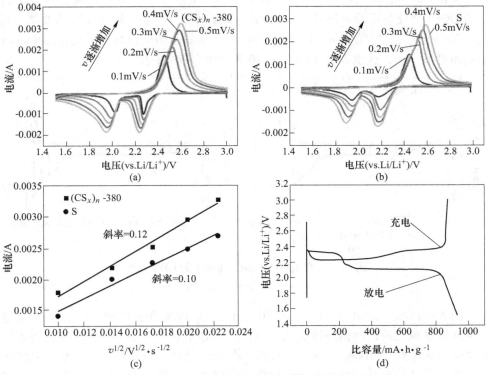

图 4-12 　$(CS_x)_n$-380 作为硫正极的电化学性能

(a)(b) $(CS_x)_n$-380 和 S_8 正极在电压窗口 1.5~3.0V（vs. Li/Li$^+$），不同扫速（0.1~0.5mV/s）下的 CV 图；
(c) $(CS_x)_n$-380 和 S_8 正极 CV 相应的 i_{pa}-$v^{1/2}$ 的点图和拟合图；(d) $(CS_x)_n$-380 硫正极在
放电/充电截止电压 1.5~3.0V（vs. Li/Li$^+$）和 200mA/g 的电流密度下的首圈充放电曲线

根据式（4-1）可以看出，D 的值与直线 I_p-$v^{1/2}$ 的斜率成正比。在不同扫速的 CV 曲线中选择阳极峰值电流（I_{pa}）对 $v^{1/2}$ 作图，线性拟合的结果如图 4-12（c）所示。从图中可以看出，$(CS_x)_n$-380 聚合物正极的 I_p-$v^{1/2}$ 直线的斜率大于 S_8 的斜率，表明 $(CS_x)_n$-380 聚合物正极的 Li$^+$ 扩散系数大于 S_8，这是由于碳硫聚合物的 π 电子增强了 Li$^+$ 迁移。图 4-12（d）所示为 $(CS_x)_n$-380 聚合物正极在 1.5~3.0V 的放电/充电截止电压下，以 200mA/g 电流密度恒流充放电的首圈充放电曲线。从图中可以看出，放电曲线由两个明显的放电平台组成，分别是约 2.3V 的高电位平台和约 2.1V 的低电位平台。充电平台由约 2.2V 的电位平台和约 2.4V 的电位平台组成。$(CS_x)_n$-380 聚合物正极表现的充放电曲线与其 CV 曲线和 S_8 正极的充放电曲线一致。为了进一步对比分析 $(CS_x)_n$-380 碳硫聚合物材料和 S_8 的动力学性能，对其进行了恒电流间歇滴定技术（GITT）分析，结果如图 4-13（a）和（b）所示。从图中可以看出，相比于 S_8，$(CS_x)_n$-380 聚合物的初始充电过电势相对较小，说明在 $(CS_x)_n$-380 聚合物充电过程中，短链有机硫化物比 S_8 中的短链多硫化物更容易转化为高级数的多硫化物，导致更好的反应动力学。同时，在一个电流脉冲结束时，$(CS_x)_n$-380 聚合物的平衡电位与最大电位之间的电位差相对小于 S_8，这也表明 $(CS_x)_n$-380 聚合物有较高的反应动力学。

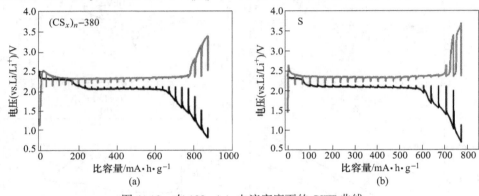

图 4-13　在 100mA/g 电流密度下的 GITT 曲线
(a) $(CS_x)_n$-380；(b) S_8

图 4-14（a）所示为 $(CS_x)_n$-380 在 1.5~3.0V 电压范围内，以 200mA/g 电流密度恒电流充放电的循环性能图。从图中可以看出，$(CS_x)_n$-380 聚合物正极的放电比容量约为 700mA·h/g。然而，在大约循环 10 圈后，循环图出现转折点，比容量开始衰减。这种容量突然衰减的现象除了是因为 $LiNO_3$ 的分解外，还有可能是由于放电截止电压为 1.5V 时，$(CS_x)_n$-380 聚合物中的 C—S 键断裂，使得多硫化物与碳骨架之间的结合力减小，多硫化物的穿梭及其与锂的反应增强导致活性材料的利用率降低，从而导致比容量降低。为了证明这一假设，在合成阶段加入更多六氯丁二烯，合成具有更多 C—S 键的 $(CS_x)_n$-9.5-380 聚合物，其物理和化学性质如图 4-15 和图 4-16 所示。从图中可以看出，$(CS_x)_n$-9.5-380 聚合物的形貌和 Raman 与 $(CS_x)_n$-380 聚合物的相似，但在 XRD 图中，长链 S 的 XRD 峰消失，只在 25°处存在一个弱而宽的特征峰以及残留氯化钠的特征峰，这说明 S 元素都聚合了，且长链 S 链段减少，C—S 键增多。$(CS_x)_n$-9.5-380 聚合物用与 $(CS_x)_n$-380 聚合物相同的方法制作为正极，在 1.5 ~ 3.0V 电压

范围内，以 200mA/g 的电流密度恒流充放电，得到如图 4-14（b）所示的充放电曲线图。从图 4-14（b）可以看出，首圈放电曲线在 1.7V 附近有一个平台，这可能是由于完全放电的有机 S 产物中 C—S 键的断裂；当第二圈放电时，1.7V 左右处的平台消失，说明其是不可逆断裂。为了进一步证明 1.7V 附近的平台是由 C—S 键断裂引起的，取（CS_x）$_n$-9.5-380 聚合物正极在 1.5~3.0V 电压范围内循环 5 圈后和未循环的极片，进行 XPS 分析，结果如图 4-17 所示。从图中可以观察到，在循环前后，在 284.7eV 处的 C—S 键的 XPS 特征峰都存在。然而，在 1.5~3.0V 电压范围内循环五圈之后，C—S 键的峰变弱，即峰面积变小，表明在放电截止电压为 1.5V 时 C—S 键断裂，进一步证明了上面的假设。因此，在充放电过程中，为了碳硫聚合物完全放电的有机 S 产物中的 C—S 键不可逆断裂，得到更好的循环性能和容量保持率，在后续的电化学性能评估中，充放电电压范围设置在 1.8~2.6V。

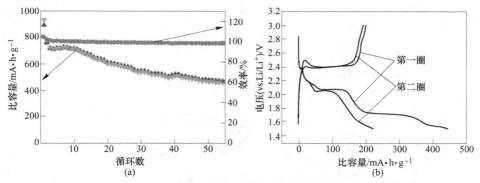

图 4-14 （a）（CS_x）$_n$-380 聚合物正极在 1.5~3.0V 电压区间，以 200mA/g 的电流密度恒流充放电的循环图；（b）（CS_x）$_n$-9.5-380 聚合物正极在 1.5~3.0V 电压区间，以 200mA/g 的电流密度恒流充放电的充放电曲线

图 4-15 （CS_x）$_n$-9.5-380 聚合物的 SEM 图

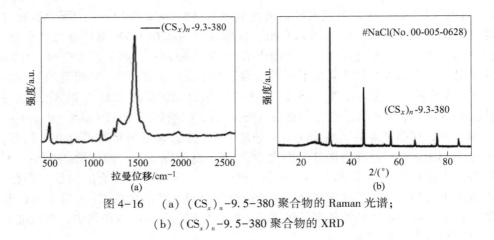

图 4-16　（a）（CS$_x$）$_n$-9.5-380 聚合物的 Raman 光谱；
（b）（CS$_x$）$_n$-9.5-380 聚合物的 XRD

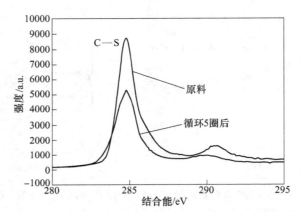

图 4-17　（CS$_x$）$_n$-9.5-380 聚合物正极在 1.5~3.0V 范围内
循环 5 圈后和未循环的 XPS 图

（CS$_x$）$_n$-G-380 和（CS$_x$）$_n$-380 正极在 1.8~2.6V 电压区间内恒流充放电的电化学性能如图 4-18 所示。图 4-18（a）所示为（CS$_x$）$_n$-G-380 和（CS$_x$）$_n$-380 正极在 200mA/g 电流密度下恒流充放电的首圈充放电曲线。从图中可以看出，在充放电过程中，（CS$_x$）$_n$-G-380 和（CS$_x$）$_n$-380 的充放电曲线表现了类似的电压平台，充放电曲线电压平台与 S$_8$ 的相同，没有发生明显变化。尽管两者有相似之处，但与电池的氧化还原反应动力学和可逆性有关的平台电压差和比容量仍存在一些明显的差异。一方面，（CS$_x$）$_n$-G-380 电池充放电电压平台之间的电压差小于（CS$_x$）$_n$-380 电池的，表明（CS$_x$）$_n$-G-380 电池极化较低；另一方面，（CS$_x$）$_n$-G-380 电池的首圈放电比容量为 999mA·h/g（根据（CS$_x$）$_n$-G-380 的质量，下同），大于（CS$_x$）$_n$-380 电池的（858mA·h/g）。这些结果表明，

（CS_x）$_n$-G-380 复合物中的石墨烯可以提高正极的电导率，降低极化，从而可以提高活性物质的利用率。图 4-18（b）所示为（CS_x）$_n$-G-380 和（CS_x）$_n$-380 正极在 200mA/g 的电流密度下的长期循环性能和库伦效率。从图中可以看出，（CS_x）$_n$-380 正极的初始放电比容量为 858mA·h/g，在最初的 5 个循环容量衰减迅速，后续随着循环的延长，容量缓慢下降，在 100 次循环之后，放电比容量仍然保持在大约 450mA·h/g，但库伦效率逐渐下降。随着石墨烯的添加，（CS_x）$_n$-G-380 正极的循环稳定性，比容量和倍率性能进一步提高。100 次循环后放电比容量保持在 550mA·h/g，库伦效率恒定在 98% 左右。同时，如图 4-18（c）所示，（CS_x）$_n$-G-380 正极的倍率性能如下：在 200mA/g、500mA/g、1000mA/g 和 2000mA/g 的电流密度下，比容量分别稳定在 620mA·h/g、525mA·h/g、420mA·h/g 和 260mA·h/g，然而，在 1000mA/g 的电流密度下，（CS_x）$_n$-380 正极的比容量仅为 210mA·h/g。将本研究的碳硫聚合物复合正极与目前的聚合物基复合硫正极、含多硫化物电解质和碳/硫正极的电池性能进行比较，结果见表 4-1。从表 4-1 可以看出，与类似的聚合物正极相比，本研究的聚合物复合材料具有良好的电化学性能，然而，与其他含多硫化物电解质和碳/硫复合正极相比，有待进一步提高。

为了更好地理解（CS_x）$_n$-G-380 正极较好的电化学性能，对其进行 EIS 测试，结果如图 4-18（d）所示。从图中可以看出，（CS_x）$_n$-G-380 和（CS_x）$_n$-380 正极的 Nyquist 图均由高频区的半圆和低频区的斜线组成，半圆的半径表示电极/电解质界面的电荷转移电阻 R_{ct}。如图中所示，S_8、（CS_x）$_n$-380 和（CS_x）$_n$-G-380 正极的半圆半径逐渐减小，表明（CS_x）$_n$-G-380 正极中的动力学更快。（CS_x）$_n$-380 正极的 R_{ct} 小于 S_8 的，这可归因于碳硫聚合物的 π 电子增强了电子和 Li$^+$ 的转移，此外，（CS_x）$_n$-G-380 正极的 R_{ct} 最小，这是因为石墨烯改善了（CS_x）$_n$-G-380 聚合物粒子内部的电导率。因此，（CS_x）$_n$-G-380 电极表现出优异的电化学性能，即优异的循环稳定性和倍率性能。

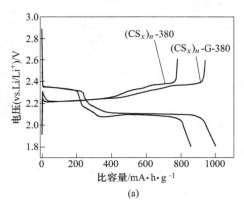

(a)

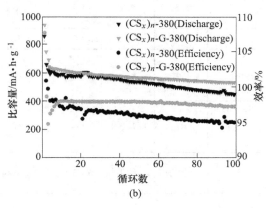

(b)

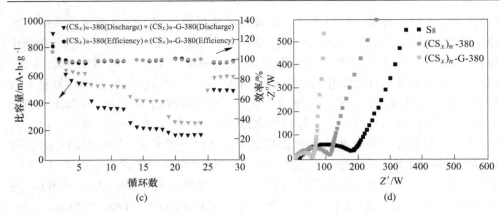

图 4-18　（CS_x）$_n$-G-380 和（CS_x）$_n$-380 正极的电化学性能

（a）在 1.8 ~ 2.6V 的电压区间，以 200 mA/g 的电流密度恒流充放电的首圈充放电曲线；

（b）在 1.8 ~ 2.6V 的电压区间，以 200mA/g 的电流密度恒流充放电的循环图；

（c）在 1.8 ~ 2.6V 电压区间的倍率性能图；（d）EIS

表 4-1　与其他硫正极的电化性能比较

复合材料	负载/%	面积负载 /mg·cm^{-2}	组成（C/S :导电剂: 黏结剂）	倍率	电压范围 （Vs. Li$^+$/Li） /V	首圈放 电容量 /mA·h·g^{-1}	循环 nth 圈后容量 /mA·h·g^{-1}	文献
Poly（S-r -DIB） copolymer	90	—	75 : 20 : 5	167mA/g	1.7~2.6	1100	823（100）	[229]
PAN/S	53.4	—	7 : 2 : 1	0.2mA/cm^2	1.0~3.0	850	600（50）	[403]
carbyne polysul- fide	54.1	约 2	7 : 2 : 1	168mA/ g$_{sulfur}$	1.0~3.0	约 1400	约 850 （200）	[230]
SMiP/ SHEs	约 55	5.7	—	1.5A/g	1.7~2.8	—	3.7mA·h/ cm^2（2000）	[404]
SD-C/S	81	1~2	85 : 5 : 10	0.2C	1.8~2.8	1241	1042（100）	[405]
CNT - S paper electrode	54	6.3	—	0.05C	1.7~2.8	995	700（150）	[142]
S-rGO - aerogel electrode	67	1.7~5.8	—	0.1C	1.8~2.7	1000~1100	约 500 （75）	[406]
（CS_x）$_n$- G-380	约 90	约 1	6 : 3 : 1	200mA/g	1.8~2.6	999	550（100）	本工作

4.4　小结

　　本节所述通过六氯丁二烯的共聚和多硫化物取代反应制备了一种新型的富 S 碳硫聚合物材料。碳硫聚合物显示出与 S_8 类似的电化学活性，表现出优异的循环稳定性和高的库伦效率。这是因为碳硫聚合物结构具有以下几个优点：S 与碳框架（C—S 键）的强烈化学相互作用有效抑制多硫化物穿梭效应；碳硫聚合物的 π 电子加速了电子和 Li^+ 的转移；在制备过程中加入一定的石墨烯，其可以提供快速电子传输的路径和适应 S 体积膨胀。碳硫聚合物–石墨烯复合材料结合了石墨烯的物理特性和碳硫聚合物中 C 与 S 的强化学键合作用，使得在放电/充电过程中活性材料利用率提高和循环性能改善。

5 硫化锂正极设计与构建

5.1 设计思想

前几章的内容表明，构建物理限域和化学吸附作用能够有效提高锂硫电池的电化学稳定性，但是由于制备问题与体积膨胀问题，导致部分活性物质硫不可避免地从碳孔隙中溢出。基于上述研究，在提供一定物理和化学吸附作用的基础上，本节主要介绍直接将活性物质的最终放电产物硫化锂原位包裹在碳材料结构中，以减少活性物质从孔结构中溢出的现象，从而提高活性物质利用率。

为了抑制多硫化锂的溶解和扩散，将硫灌入碳基宿主材料是一种有效的方法。但是由于硫的熔点很低，常需要先制备碳材料，再熔融入活性物质。因此，在制备过程中，不可避免地有硫残留在外面或者在充放电过程中从孔结构中扩散到电解液。对比而言，将完全嵌锂的放电产物硫化锂（Li_2S）作为起始正极材料，能够有效避免上述问题及充放电循环过程中体积膨胀带来的问题，这是因为 Li_2S 具有高的热稳定性（熔融点为 1372℃），能够实现高温下包覆碳材料的目的。此外，Li_2S 具有高的理论比容量（1166mA·h/g），因此被认为是可以替代硫的正极材料。但是，Li_2S 也存在自身问题，一是与硫正极一样，存在多硫化锂的溶解和穿梭，导致容量快速衰减和锂负极腐蚀；二是 Li_2S 存在电子导电性和离子扩散很差的问题。早期的研究主要集中在解决电子导电性差的问题，例如制备各种 Li_2S/金属、Li_2S/碳等复合材料，以提高活性物质利用率，然而获得的容量和循环稳定性仍然不理想。突破性进展是 Cui 课题组报道的采用高的首次充电截止电压，以使 Li_2S 在首圈达到电活化的目的，从而达到了可接受的活性物质利用率。由于在首圈充电过程中，Li_2S 表现出很低的电子和离子传导性，导致 Li^+ 很难从 Li_2S 中脱离。采用高的截止电压，可以提供额外的能量，从而克服该势垒，促进多硫化锂的生成。可见，对于 Li_2S 正极材料，构筑快速的电子和离子传输尤为重要。

随后，研究者们开发了一系列策略用于合成纳米结构的 Li_2S，以减少 Li^+ 扩散路径。常用的方法是采用 Li_2S 作为原材料，将其纳米化。例如，Cai 等人采用高能球磨技术，能够将商业化 10 ~ 30 μm 的 Li_2S 制备成 200 ~ 500 nm 纳米尺度的 Li_2S/C 复合材料。但是由于 Li_2S 对空气中的水和氧比较敏感，直接使用 Li_2S 作为原材料需要严格控制实验条件。另一个可选择的方法是使用 Li_2SO_4 作为前驱体，主要基于反应 $Li_2SO_4 + 2C \rightarrow Li_2S + 2CO_2$，使其在高温碳化过程中转化为 Li_2S。以 Li_2SO_4 作为原材料能够有效降低成本，并且不需要复杂的设备和严格的生产条件。但是，如何使用简单的方法大规模地制备纳米尺度的 Li_2S/C 复合材料仍然具有一定挑战性。此外，关于 Li_2S 首圈电活化过程中，离子和电子的传输问题需要进一步研究。

基于此，本节所述的主要内容是利用喷雾干燥技术，构筑 Li_2S/C 复合材料，为 Li_2S 原位构筑导电子和导离子通道，并研究其电化学性能。具体工作如下：

（1）将喷雾干燥技术应用于制备 Li_2S 复合材料，并探究该技术是否适合大规模且有效制备 Li_2S 纳米复合材料；

（2）通过结构设计，原位构建碳包裹的 Li_2S 复合材料，分析测试其形貌和结构特征，并测试其电化学性能；

（3）利用原位电化学阻抗（EIS）技术，揭示 Li_2S 在复合材料中离子扩散和电荷传递的情况。

在第 3 章所做的工作中，发现 N 和 O 原子的共同掺杂有利于提高碳基底对多硫化锂的吸附能，因此在本章所讲内容也同样引入了 N 和 O 原子的共同掺杂。设计思路如图 5-1 所示，其中，Li_2SO_4 作为 Li_2S 前驱体，CNT 作为构筑电子导电网络的骨架，蔗糖提供无定形碳源和 O 原子，壳聚糖用于提供无定形碳源和 N 原子。在喷雾干燥过程中，水在高温下快速蒸发，固体物质 Li_2SO_4、CNT、蔗糖和壳聚糖在气流作用下自组装，形成三维球状结构。随后经过煅烧，根据反应 $Li_2SO_4 + 2C \rightarrow Li_2S + 2CO_2$，$Li_2SO_4$ 转化为活性物质 Li_2S，从而得到纳米结构的 Li_2S 包裹在 CNT/C-N/O 骨架中的复合材料（$Li_2S/CNT/C-N/O$）。用此方法，得到的材料具有以下结构优势：第一，CNT 和热聚合的碳交联在一起形成三维网络结构，能够为活性物质提供有效的电子传输通道；第二，溶液反应有利于生成纳

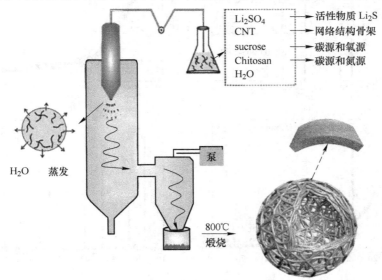

图 5-1　制备 $Li_2S/CNT/C-N/O$ 复合材料实验设计思路

米尺寸的 Li_2S 颗粒，从而减少 Li^+ 扩散路径；第三，活性物质 Li_2S 是由 Li_2SO_4 和 C 反应时生成的，能够原位包裹在 CNT/C-N/O 骨架中，不仅能够保证与碳材料充分的接触，还能有效避免活性物质从孔隙中溢出。

5.2　形貌和结构表征

首先，为了验证基于反应 $Li_2SO_4 + 2C \rightarrow Li_2S + 2CO_2$，$Li_2S$ 是否能够合成，对获得的样品进行了 XRD 测试，结果如图 5-2 所示。对于纯的 CNT，可以检测到两个典型的碳材料的 XRD 峰，分别位于 $26.6°$ 和 $44.6°$，其中，$26.6°$ 很强的衍射峰归属于碳（002）晶面，$44.6°$ 弱且宽的衍射归属于碳的（102）晶面。由于 Li_2S 对空气敏感，对 Li_2S/CNT/C-N/O 和商业化 Li_2S 进行 XRD 测试时，使用聚酰亚胺胶带进行保护。从 XRD 测试结果可以看到，Li_2S/CNT/C-N/O 样品除了聚酰亚胺胶带和 CNT 的峰外，其余的峰与 Li_2S 的标准卡片（03-065-2981）匹配度一致，位于 $26.98°$、$31.28°$、$44.80°$、$53.08°$、$65.20°$ 和 $71.97°$ 的衍射峰分别归属于 Li_2S 的（111）、（200）、（220）、（311）、（400）和（331）晶面。商业化的 Li_2S 同样检测到相应的衍射峰，在 Li_2S/CNT/C-N/O 样品中，没有检测到 Li_2SO_4 的峰或者其他的杂峰，表明制备的样品没有其他杂相，Li_2SO_4 经过高温与碳反应之后，能够完全转化为 Li_2S。

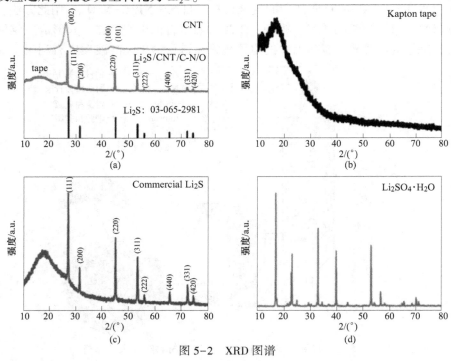

图 5-2　XRD 图谱

（a）Li_2S/CNT/C-N/O 和 CNT；（b）聚酰亚胺胶带；（c）商业化的 Li_2S；（d）$Li_2SO_4 \cdot H_2O$

其次，对于喷雾干燥技术，工业上常利用其短时间内快速蒸发水分的特点，广泛用于快速干燥产品。在制备材料方面，可以利用其旋转气流，在蒸发水分的同时构筑球状形貌，故具有操作简单、便于大规模生成的优点。为了验证喷雾干燥技术能否构筑设计的形貌，对原材料的选择和比例进行了一系列探索。关于氮源的选择，对几种常规的氮源，包括脲、聚乙烯吡咯烷酮（PVP）和壳聚糖进行了研究。在控制原料 $Li_2SO_4 \cdot H_2O$、CNT 和蔗糖的量不变的情况下（50mL 水中分别加入 1.5g，0.4g 和 1.0g），分别加入 0.5g 的脲、PVP 和壳聚糖，得到的形貌如图 5-3（a）~（c）所示。可以看到加入 PVP 之后，制备球颗粒发生严重团聚现象，可能与 PVP 的加入导致溶液黏度增大有关。加入脲和壳聚糖都能够得到球状形貌，但是脲作为氮源时，球表面孔隙率明显比使用壳聚糖的大。从图 5-4 的 TGA 测试中可以推测这可能与脲热分解生成大量气体有关，而壳聚糖加热到 800℃ 之后，仍然保持 41% 高的残碳量。考虑到多硫化锂的溶解，选择壳聚糖作为氮源进行后续研究。此外，对于复合材料，活性物质的负载量越高，相应的电池能量密度也会提高。因此，在经过系列研究确定碳源比例之后，我们还进一步探究了原料 $Li_2SO_4 \cdot H_2O$ 的量对最终形貌的影响。在保持原料 CNT、蔗糖和壳聚糖的用量不变的情况下（50mL 水中分别加入 0.4g，1.0g 和 0.5 g），改变 $Li_2SO_4 \cdot H_2O$ 的添加量，分别为 1.5g、2.0g 和 3.0g。如图 5-3（d）~（e）所示，可以看到，当 $Li_2SO_4 \cdot H_2O$ 的使用量增加到 3.0g 时，$Li_2S/CNT/C-N/O$ 样品不能够保持完整的形貌，这是因为根据反应 $Li_2SO_4 + 2C \rightarrow Li_2S + 2CO_2$，当加入 $Li_2SO_4 \cdot H_2O$ 的量过多时会消耗碳源，使碳骨架结构破坏（3.0g $Li_2SO_4 \cdot H_2O$ 理论消耗 0.5623g 碳源）。因此，在保持复合材料形貌和活性物质负载量的同时，选取由加入 2.0g $Li_2SO_4 \cdot H_2O$ 制备的复合材料进行后续研究。

(a)　　　　　　　　　　　　　　　　(b)

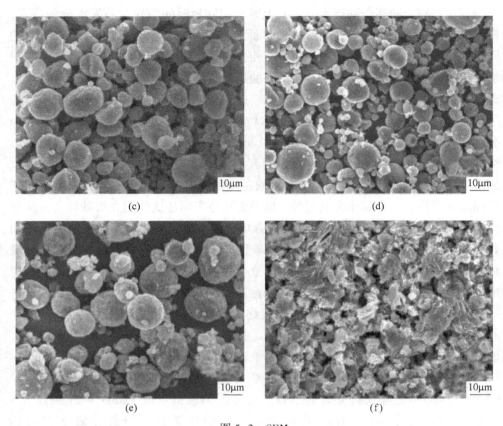

图 5-3　SEM

（a）脲；（b）PVP；（c）壳聚糖；（d）1.0 g Li$_2$SO$_4$·H$_2$O；

（e）2.0g Li$_2$SO$_4$·H$_2$O；（f）3.0g Li$_2$SO$_4$·H$_2$O

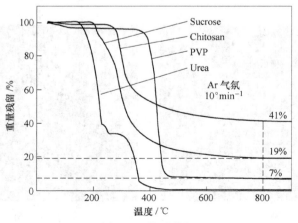

图 5-4　热重分析

利用 SEM 和 TEM 对获得材料的形貌进行表征，并和商业化的 Li$_2$S 进行比较。如图 5-5 (b) ~ (c) 所示，可以看到商业化的 Li$_2$S 粒径范围在 1 ~ 10μm 之间，主要集中在 3 ~ 6μm。从图 5-5 (d) 可以看出，制备的 Li$_2$S/CNT/C-N/O 复合材料呈现球状形貌，具有很宽的粒度分布，从几百纳米到几十微米，该形貌特征与之前报道的类似，属于典型的喷雾干燥仪器制备样品的形貌。对 Li$_2$S/CNT/C-N/O 复合材料经过强的机械研磨之后，可以发现明显的空心结构（图 5-5 (d) 插图），有利于增加电解液和活性材料的接触，从而提供快速的离子传输。从更高放大倍数下的 SEM 图中（图 5-5 (e)）可以看到高度弯曲的 CNT 和碳材料相互交联，形成碳壳，仔细观察可以发现其表面存在孔结构，这有利于电解液的浸润和 Li$^+$ 的扩散。如果不加入 CNT，样品呈现堆积的微米结构（图 5-5 (a)），说明 CNT 的加入有利于构筑球状形貌，这可能得益于 CNT 大的长径比和高的弯曲度。

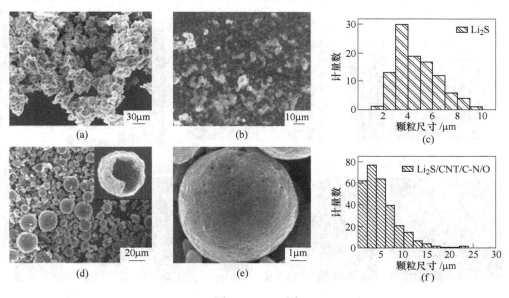

图 5-5　SEM 图

(a) 未添加 CNT 的 Li$_2$S/C-N/O；(b) 商业化 Li$_2$S；(c) 从 image-pro plus 软件中获得的 Li$_2$S 尺寸分布；
(d) Li$_2$S/CNT/C-N/O（插图为强研磨之后的空心结构）；(e) 高放大倍数下的 Li$_2$S/CNT/C-N/O；
(f) 从 image-pro plus 软件中获得的 Li$_2$S/CNT/C-N/O 尺寸分布

使用 TEM 进一步进行观察和分析（图 5-6）。从图 5-6 (b) 的 HRTEM 中可以观察到两个不同的晶格条纹，经过傅里叶变化之后更加明显（图 5-6 (c)）。利用 Digital Micrograh 软件，对晶格间距进一步确定（图 5-6 (d) ~ (e)），其中，0.33 nm 的晶格间距归属于 Li$_2$S 的（111）晶面，粒径大小在 5nm 左右；

0.35 nm 的晶格间距归属于碳材 CNT 中（004）晶面；外部无定形的碳壳来自于蔗糖和壳聚糖的热聚合碳化。进一步进行 STEM 测试，证明元素 C、N、O 和 S 均匀分布（图 5-6（g）～（j）），有利于提供有效的多硫化锂吸附作用。从上述形貌表征中，可见 Li_2S 纳米颗粒很好地包裹在 CNT/C-N/O 骨架中，有利于减少多硫化锂的溶解。

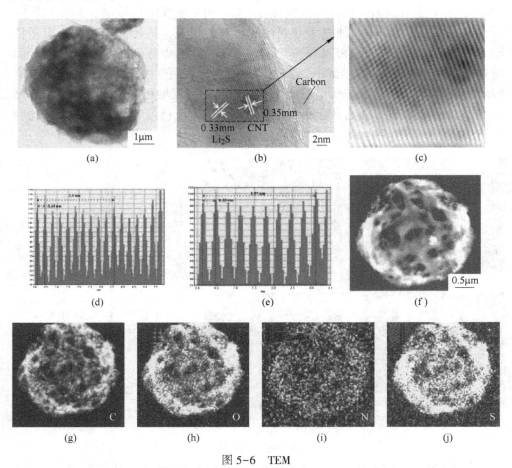

图 5-6 TEM

（a）Li_2S/CNT/C-N/O；（b）Li_2S/CNT/C-N/O 的 HRTEM 图谱；（c）经傅里叶变换的 HRTEM；
（d）Li_2S 晶格间距；（e）CNT 晶格间距；（f）Li_2S/CNT/C-N/O STEM 图谱；
（g）～（j）相应元素 C、O、N 和 S 分布

为了获得样品的结构信息，利用 TGA、BET 和 XPS 进行分析。首先，利用 TGA 确定 Li_2S 在复合材料中的质量百分含量。图 5-7（a）所示为在空气氛围下得到的 TGA 曲线，根据活性物质 Li_2S 和碳材料在空气中的反应，最后的产物为 Li_2SO_4。图 5-7（b）所示为 CNT 在空气中的 TGA 曲线，可以看到当温度升高到

700℃之后，CNT 完全分解，所以复合材料中800℃后剩余的物质全部为 Li_2SO_4。根据这一特点，计算得到复合材料中含有 60.2%的 Li_2S。根据元素分析，进一步确定 N 含量为2%。其次，利用氮的等温吸脱附曲线测试，对复合材料中的结构信息进行分析。从图 5-8（a）中可以看出复合材料中同时存在微孔和介孔结构。孔径分布进一步确定其中的微孔主要集中在约 0.8nm，而介孔主要集中在约4nm，有利于为多硫化锂提供一定的物理吸附作用。此外，在 10~60nm 之间存在较宽的孔径分布，主要是由高度曲折的 CNT 相互交联产生的，有利于促进电解液的渗入。复合材料 $Li_2S/CNT/C-N/O$ 的 BET 比表面积测得为 $53.4m^2/g$。氮的等温吸脱附测试结果与 SEMTEM 测试所获得的结果一致，进一步证明复合材料中存在孔结构。

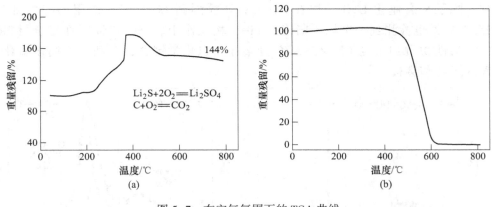

图 5-7 在空气氛围下的 TGA 曲线

（a）$Li_2S/CNT/C-N/O$；（b）CNT

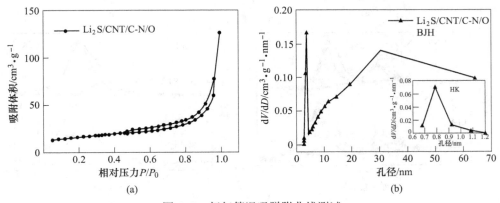

图 5-8 氮气等温吸脱附曲线测试

（a）$Li_2S/CNT/C-N/O$ 的氮的等温吸脱附曲线；（b）相应的孔径分布

对于制备样品的表面化学环境，利用 XPS 分析。如图 5-9（a）所示，XPS 全谱检测到 N 和 O 的信号，证明在复合材料中同时存在 N 和 O。对碳的 XPS 谱图（图 5-9（b））进一步解析，可以得到 4 个峰，分别归属于 C—C/C=C、C—O/C—S/C—N、C—N—C 和 COOH，进一步证明 N 和 O 掺杂入 CNT/C 的骨架中。之前的研究工作证明 N 和 O 原子的加入有利于改善碳表面极性，增强碳基底对多硫化锂的吸附能。为了研究活性物质 Li_2S 和碳骨架的相互作用，对 Li 1s 和 S 2p 的 XPS 谱峰进行了进一步解析。从 S 2p 的 XPS 谱峰中（图 5-9（c））可以看出对比纯的 Li_2S，Li_2S/CNT/C—N/O 中 S 的峰位置向高能量迁移，意味着 S 周围电子密度减少，可以归因于复合材料 Li_2S/CNT/C—N/O 中带正电荷的 C 原子与 S 的相互作用。进一步分析 Li 1s 的 XPS 谱峰（图 5-9（d）），可以看到，除了和商业化 Li_2S 一样在 54.6eV 处检测到 Li-S 相互作用的峰之外，55.5eV 处也检测到一个峰，归因于 Li-N 相互作用。进一步证明在复合材料中，活性物质 Li_2S 与 CNT/C—N/O 骨架存在强化学键合，有利于抑制多硫化锂的溶解和穿梭。

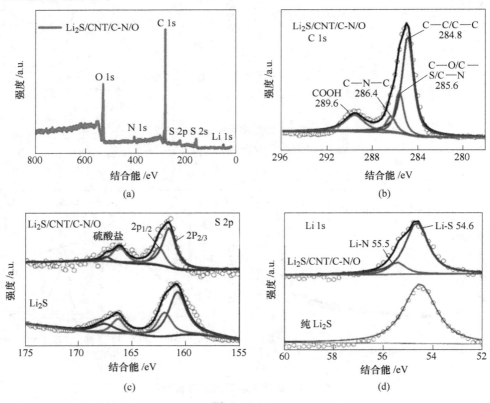

图 5-9　XPS

（a）全谱；（b）C 1s；（c）S 2p；（d）Li 1s

5.3 电化学性能分析

为了评估复合材料 $Li_2S/CNT/C-N/O$ 的电化学性能，将其作为正极材料组装电池进行测试，并和商业化的 Li_2S 正极进行对比。与常规硫正极不同，Li_2S 正极首圈脱锂过程存在电压势垒的现象，需要采用高的截止电压使其电活化。因此，在进行 CV 测试的时候，首次阴极扫描截止电压为 3.4V。如图 5-10 (a) 和图 5-10 (b) 所示，分别为 $Li_2S/CNT/C-N/O$ 和 Li_2S 前五圈 CV 曲线，可以看到 $Li_2S/CNT/C-N/O$ 在首圈扫描过程中，从 2.6V 开始出现一个氧化峰，对应于多硫化物的成核电位。作为对比，Li_2S 出现了更高的过电位 (2.9V)，可能是由于 Li_2S 粒度较大影响 Li^+ 扩散导致的，从而需要更高的能量来克服电压势垒。而在复合材料 $Li_2S/CNT/C-N/O$ 中，活性物质 Li_2S 是纳米级的小颗粒，极大减小了 Li^+ 扩散路径。经过首圈活化之后，后续 CV 扫描电压控制在 1.75~2.8V 之间。从图 5-10 (a) 和图 5-10 (b) 可以看出，CV 曲线和传统硫正极一致。在阴极扫描过程中，有两个主要的还原峰，第一个位于 2.30V 左右，代表长链多硫化锂的生成；第二个位于 2.02V 左右，归因于 Li_2S_2/Li_2S 的生成。值得注意的是，在 2.14V 左右有一个小的还原峰，这是由于在低的扫描速率下 (0.1mV/s)，中间产物不稳定引起的。在阳极扫描过程中，主要观察到两个氧化峰，分别位于 2.30V 和 2.40V，反映了 Li_2S_2/Li_2S 向 Li_2S_8/S_8 的转化。在随后的四圈循环中，CV 曲线表现出良好的重叠性，反映了电化学反应相对稳定。

为了获得首圈充放电过程更多的信息，还分析和对比了首圈充放电曲线。图 5-10 (c) 和图 5-10 (d) 所示分别为 $Li_2S/CNT/C-N/O$ 和 Li_2S 在电流密度为 30mA/g 时的充放电曲线，可以看到，在充电过程中，两者都存在典型的电压势垒，对应于多硫化锂的成核，其中 $Li_2S/CNT/C-N/O$ 和 Li_2S 的电压降分别为 0.08V 和 0.67V。$Li_2S/CNT/C-N/O$ 表现出更低的电压降，意味着 Li^+ 从 $Li_2S/CNT/C-N/O$ 中扩散需要的能量比纯的 Li_2S 低，这一结果与 CV 测试结果一致，

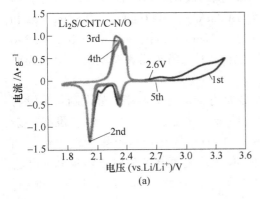

(a)

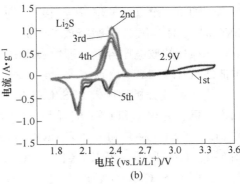

(b)

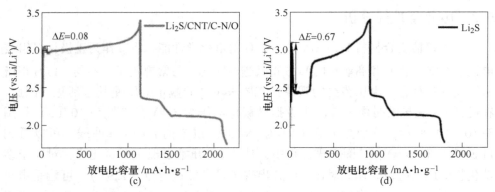

图 5-10　(a) Li$_2$S/CNT/C-N/O 在 0.1mV/s 下的 CV 曲线；(b) Li$_2$S 在 0.1mV/s 下的 CV 曲线；(c) Li$_2$S/CNT/C-N/O 在 30mA/g 下的首圈充放电曲线；(d) Li$_2$S 在 30mA/g 下的首圈充放电曲线

说明 Li$_2$S/CNT/C-N/O 复合材料能提供更好的 Li$^+$ 的传输。在随后的放电过程中，观察到两个典型的放电平台，分别对应于高阶多硫化锂和 Li$_2$S$_2$/Li$_2$S 的生成。进一步比较二者首圈放电比容量，可以看到 Li$_2$S/CNT/C-N/O 正极可以达到 1014mA·h/g，比商业化的 Li$_2$S 正极更高 (696mA·h/g)，这可以归因于 Li$_2$S/CNT/C-N/O 复合材料能够提供良好的电子和离子传输通道，从而提高了活性物质利用率。

接着，比较了 Li$_2$S/CNT/C-N/O 和商业化的 Li$_2$S 的电化学循环性能，如图 5-11 (a) 所示。可以看到，在电流密度 200mA/g 下，商业化的 Li$_2$S 表现出很低的库伦效率和快速的容量衰减，循环 200 圈之后，只剩下 350mAh/g 的放电比容量。作为对比，复合材料 Li$_2$S/CNT/C-N 表现出更高的库伦效率和更加稳定的循环性能，经历 200 圈循环之后，仍然能够保持 671mA·h/g 高的放电比容量，而且每圈容量衰减率为 0.03%。此外，我们还对比了两者的倍率性能 (图 5-11 (b))，可以看到商业化的 Li$_2$S 在电流密度增加到 1000mA/g 时，只有 100mA·h/g 的比容量，而且表现出快速的容量衰减和严重的极化现象 (图 5-11 (c))。而 Li$_2$S/CNT/C-N/O 在电流密度分别为 500mA/g、1000mA/g、2000mA/g 和 3000mA/g 时，仍然能够释放 741mA·h/g、577mA·h/g、456mA·h/g 和 390 mA·h/g 高的放电比容量，即使在高的电流密度下，仍然能够展现出稳定的充放电曲线 (图 5-11 (d))。

为了系统分析和比较 Li$_2$S/CNT/C-N/O 良好的电化学性能，分别制备了没有加入蔗糖、壳聚糖和 CNT 的样品，即没有掺杂 O (Li$_2$S/CNT/C-N)、没有掺杂 N (Li$_2$S/CNT/C-O) 和未加入 CNT (Li$_2$S/C-N/O) 的复合材料作为对照组。如图 5-11 (e) 所示，可以看到 Li$_2$S/CNT/C-N 表现出更高的放电比容量和循环稳定性，而 Li$_2$S/C-N/O 表现出很差的放电比容量。从之前 SE 表征中可以推测，这是由于没有加入 CNT 时，Li₂S/C-N/O 呈现微米堆积的形貌，进一步说明构筑的球状网络结构有利于电子和离子的传输。此外，对比可以看出，Li₂S/CNT/CN/O 展现出更好的电化学性能，说明同时加入 N 和 O 的杂原子有利于电化学性能的提高。为了实际应用，制备了更高负载量的 Li₂S/CNT/C-N/O 正极，并进行电化学性能评估。如图 5-11（f）所示，在活性物质 Li₂S 为 3.5mg/cm²，电流密度为 500mA/g 时，Li₂S/CNT/C-N/O 复合材料仍然能够保持稳定的循环性能。此外，与最近相似的研究工作进行对比（表 5-1），Li₂S/CNT/C-N/O 复合材料表现了相对优良的活性物质利用率和循环稳定性。

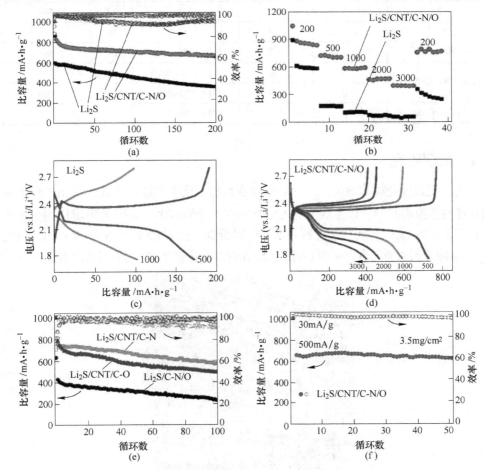

图 5-11　（a）在 200mA/g 下的循环性能；（b）倍率性能；（c）Li₂S 在 500 nitrogen adsorption-
desorption isotherms 和 1000mA/g 下的充放电曲线；（d）Li₂S/CNT/C-N/O 在 500mA/g、
1000mA/g、2000mA/g 和 3000mA/g 下的充放电曲线；（e）在 200mA/g 下的循环性能；
（f）Li₂S/CNT/C-N/O 在 Li₂S 负载量 3.5mg/cm² 下的循环性能

表 5-1　电化学性能比较

正极	Li$_2$S 负载量 /mg·cm^{-2}	电流密度 /mA·g^{-1}	首圈放电比容量 /mA·h·g^{-1}	循环次数	放电比容量 /mA·h·g^{-1}
Li$_2$S/N，P-C	—	117	约 1000	100	约 700
LiS@ NCNF	3.0	233	720	100	598
VG/Li$_2$-C	1.8	117	890	100	656
rGO-Li$_2$S@ C	2.5~3.5	117	856（29mA/g）	100	563
Li$_2$S-C	—	583.5	800（29mA/g）	100	510
Li$_2$S-C	3.0~3.5	117	971	200	570
Li$_2$S-CNT	2.0	584	654	50	610
C-Nano-Li$_2$S	2.5~3.0	117	526	50	648
Li$_2$S/CNT/C-N/O	2.0	200	1014（30mA/g）	50	725
	2.0	200	1014（30mA/g）	100	706
in this work	3.5	500	1014（30mA/g）	50	635

5.4　机理研究

为了更好地理解 Li$_2$S/CNT/C-N/O 复合材料电化学性能的提高，首先进行了多硫化锂颜色吸附实验，以直观观察 CNT/C-N/O 骨架对多硫化锂的吸附作用。如图 5-12所示，以 Li$_2$S$_6$ 作为代表进行测试，可以看到，加入 CNT/C-N/O 静止 4h 之后，Li$_2$S$_6$ 由棕黄色变为无色，表明 CNT/C-N/O 对多硫化锂具有一定的吸附作用。

图 5-12　多硫化锂吸附实验：50 mmol 的 Li$_2$S$_6$ 溶解在体积比为 1∶1 的
DOL/DME 混合溶液中和加入 5 mg 的 CNT/C-N/O 作为对比

其次，为了观察 CNT/C-N/O 骨架在经历长循环之后是否保持完整的形貌，对循环前后的正极极片进行了 SEM 表征。如图 5-13（a）和图 5-13（b）所示，经过 100 圈之后，原始的 Li_2S 正极出现了严重的团聚现象，这是由于溶解的多硫化锂不断溶解和沉积导致的，这会影响 Li^+ 扩散和传输。对比而言，Li_2S/CNT/C-N/O 正极在循环前后，极片的形貌没有发生明显变化（图 5-13（c）和图 5-13（d）），而且经过 100 圈循环之后，仍然可以明显观察到球状形貌，说明 Li_2S/CNT/C-N/O 复合材料在循环过程中能够很好地保持其三维网络结构，保证为活性物质提供良好的电子和离子传输。

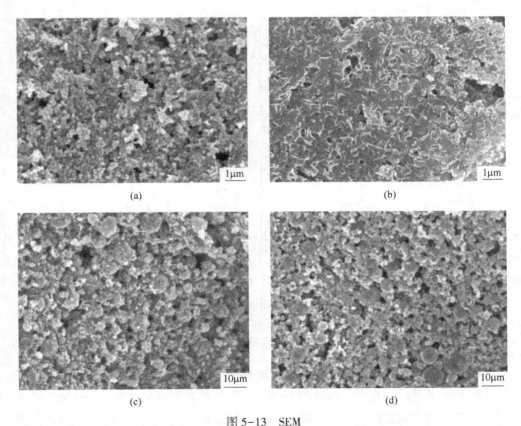

图 5-13 SEM
（a）原始 Li_2S 极片；（b）循环 100 圈的 Li_2S 极片；（c）原始 Li_2S/CNT/C-N/O 极片；
（d）循环 100 圈的 Li_2S/CNT/C-N/O 极片

为了更好地了解 Li_2S/CNT/C-N/O 电化学反应动力学，对首圈充放电过程进行了 in-situ EIS 研究。图 5-14 所示为 Li_2S/CNT/C-N/O 正极和 Li_2S 正极的首圈充放电曲线，以及相应的测试点和测得的 Nyquist 图谱。根据之前报道，Li_2S 在首圈充电过程中经历以下反应过程：

在势垒之前阶段（a~b）（b 点代表多硫化锂成核）：

$$Li_2S(s) \longrightarrow Li_{2-x}S(s) + xLi^+ + xe \qquad (5-1)$$

充电中期阶段（c~h）：

$$yLi_2S(s) \longrightarrow Li_2S_y(l) + (2y-2)Li^+ + (2y-2)e \qquad (5-2)$$

$$Li_2S_y(l) \longrightarrow y/8Li_2S_8(l) + (2-y/4)Li^+ + (2-y/4)e \qquad (5-3)$$

充电后期阶段（h~i）：

$$Li_2S_y(l) \longrightarrow y/8\ Li_2S_8(l) + (2-y/4)Li^+ + (2-y/4)e \qquad (5-4)$$

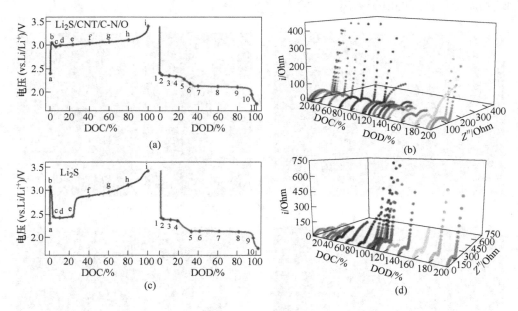

图 5-14　原位 EIS 测试

（a）Li$_2$S/CNT-/C-N/O 首圈充放电曲线和 EIS 测试点；（b）Li$_2$S /CNT-/C-N/O 的 Nyquist 点；

（c）Li$_2$S 首圈充放电曲线和 EIS 测试点；（d）Li$_2$S 的 Nyquist 点

图 5-15（a）所示的拟合用的等效电路图。测试得到的 Nyquist 谱图包含两个半圆和一条直线，其中在高频的半圆对应于电极表面阻抗（R_s），中频区的半圆对应于电荷传递阻抗（R_{ct}），频区的直线代表 Warburg 阻抗（W_0），与 Li$^+$ 在活性物质中的扩散有关，R_e 代表电解液阻抗。图 5-15（b）所示为具体的拟合值，包括 Li$_2$S/CNT/C-N/O 正极和 Li$_2$S 正极在不同充电状态（DOC）和放电状态（DOD）的比较。可以看出，对于 Li$_2$S 正极，R_e 值在充电过程中逐渐上升，R_e 的增加主要来源于多硫化锂的溶解，导致电解液黏性增加。作为对比，Li$_2$S/CNT/C-N/O 正极的 R_e 表现出相对稳定的数值，而且在整个充电过程中始终比 Li$_2$S 的低，意味着多硫化锂溶解的少。结合之前测试，可以归因于 CNT/C-N/O

骨架对多硫化锂起到了很好的物理和化学吸附作用，从而将活性物质硫很好地固定在正极。对于 R_s 和 R_{ct}，Li_2S 正极在充电或者放电过程中都展现了两个明显不同的阶段，在 0.1%~5% 的 DOC 和约 80% 的 DOD 阶段，R_{ct} 的值都很大，分别为约 1000Ω 和约 2000Ω，这两个阶段分别对应于多硫化锂的成核和 Li_2S_2/Li_2S 的生成，这是由于 Li_2S 呈现微米级的粒径，不利于电子和离子的传输。对比而言，$Li_2S/CNT/C-N/O$ 的 R_{ct} 明显减少，分别为约 30Ω 和约 450Ω，而且在整个充放电过程中，$Li_2S/CNT/C-N/O$ 始终展现了比 Li_2S 更小的 R_{ct} 和 R_s 值，意味着更快的 Li^+ 和电子扩散。为了验证这一假设，从 Warburg 区域计算得到 Li^+ 扩散系数（D_{Li^+}），主要计算依据以下方程（5-5）：

$$D_{Li^+} = \frac{R^2 T^2}{2A^2 n^4 F^4 C^2 \sigma^2} \tag{5-5}$$

式中，D_{Li^+} 表示 Li^+ 扩散系数，cm^2/s；R 是气体常数，8.314J/(K·mol)；T 是温度，K；A 是电极面积，1.14cm^2；n 是每摩尔的转移电子数；F 是 Faraday 常数，96485C/mol；C 代表 Li^+ 浓度；σ 代表 Warburg 因子，是与 Z_{re} 有关的函数，主要基于以下方程（5-6）：

$$Z_{re} = R_D + R_L + \sigma \omega^{-1/2} \tag{5-6}$$

式中，R_D 和 R_L 是等效电荷传递阻抗和液相阻抗；σ 可以从 $dZ_{re}/d\omega^{-1/2}$ 曲线的斜率中算得。

如图 5-15 所示为不同充电状态下阻抗对应的 $\omega^{-1/2}$ 曲线（图 5-15（a）~（h）），并对计算得到的 σ 进行了比较（图 5-15（i））。

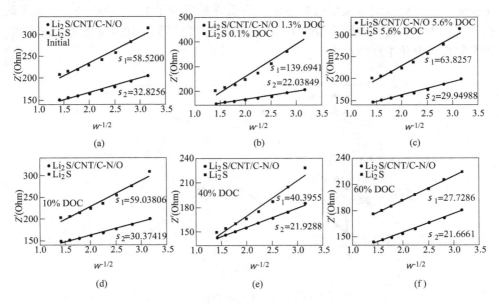

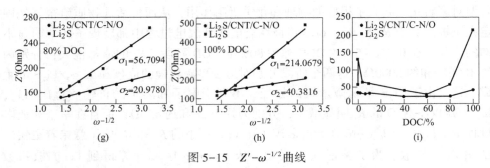

图 5-15　$Z'-\omega^{-1/2}$ 曲线

（a）充电前；（b）1.3%DOC 的 Li$_2$S/CNT/C-N/O 和 0.1% DOC 的 Li$_2$S；

（c）5.6%DOC 的 Li$_2$S/CNT/C-N/O 和 3.5% DOC 的 Li$_2$S；（d）10%DOC；

（e）40% DOC；（f）60%DOC；（g）80%DOC；（h）100% DOC；（i）Warburg 因子 σ 的比较

　　从获得的值 σ 中即可得到 D_{Li}^+，结果如图 5-16 所示。在多硫化锂的成核阶段（0.1% DOC），Li$_2$S 正极的 D_{Li}^+ 只有 $1.61\times10^{-18}\text{cm}^2/\text{s}$，而 Li$_2$S/CNT/C-N/O 正极的 D_{Li}^+ 提高了近一个数量级（$2.68\times10^{-17}\text{cm}^2/\text{s}$），这也很好地解释了 Li$^+$ 从 Li$_2$S/CNT/C-N/O 脱离需要更低能量的原因。随着充电过程的进行，两种正极的 D_{Li}^+ 都有增加的趋势，可以归因于液相多硫化锂的生成。在充电最后阶段，D_{Li}^+ 有一个明显下降的趋势，这是由于 Li$_2$S$_8$/S$_8$ 生成导致的。从整个充电过程中可以看出 Li$_2$S/CNT/C-N/O 的 D_{Li}^+ 值始终比 Li$_2$S 高，进一步证明其更快的 Li$^+$ 扩散。从上述结果可以看出，设计的 Li$_2$S/CNT/C-N/O 复合材料能够提供良好的 Li$^+$ 扩散和电子传输：一方面，纳米尺度的 Li$_2$S 活性物质有效减少了 Li$^+$ 传输路径，促进了活性物质利用率；另一方面，CNT/C-N/O 导电网络能够提供快速的电子传输通道，极大促进了电化学反应动力学。

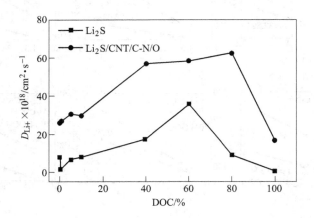

图 5-16　Li$^+$ 扩散系数的比较

5.5 小结

本章所述是利用喷雾干燥技术制备了 $Li_2S/CNT/C-N/O$ 复合材料，改善了锂硫电池的电化学性能。结果表明，第一，揭示了喷雾干燥技术可以应用于制备纳米 Li_2S 复合材料。利用喷雾干燥技术制备的复合材料中，Li_2S 颗粒在 50 nm 左右，且均匀包埋在 CNT/C-N/O 碳材料骨架中，构筑的 CNT/C-N/O 骨架可以提供快速的电子传输和良好的 Li^+ 扩散，N/O 异原子的加入能够为多硫化锂提供丰富的化学吸附位点。第二，制备的 $Li_2S/CNT/C-N/O$ 复合材料展现出高的放电比容量、循环稳定性和倍率性能，首圈放电比容量可以达到 $1014mA \cdot h/g$，在电流密度 $200mA/g$ 下，循环 200 圈之后仍然能够保持 $671mA \cdot h/g$ 的放电比容量，并且每圈容量衰减率只有 0.03%。在高的电流密度 $500mA/g$、$1000mA/g$、$2000mA/g$ 和 $3000mA/g$ 下，$Li_2S/CNT/C-N/O$ 始终表现出高且稳定的放电比容量。第三，利用原位 EIS 进一步揭示了充放电过程中离子和电荷传递过程。结果表明，相比于商业化纯的 Li_2S，$Li_2S/CNT/C-N/O$ 展现了更小的 R_s 和 R_{ct} 以及更大的 Li^+ 扩散系数，尤其是在首圈对应多硫化锂成核阶段，极大提高了电化学反应动力学和活性物质利用率。综上所述，通过本章的研究，发现喷雾干燥技术可以用于将纳米结构的 Li_2S 原位包埋在碳材料中，该技术还可以拓展到其他电子或离子导电性差的活性材料，能够为其构筑有效的电子和离子传输通道。

6 新型电极结构设计及构筑

6.1 引言

针对硫正极固有的问题，如第 1 章所述，通过设计制备各种各样的碳/硫复合材料，硫正极的电化学性能已经获得了极好的改善。然而，这些碳/硫复合材料正极的负载量较低，通常小于 2.0mg/cm²，难以体现锂硫电池高能量密度的优势。最近，研究者们提出了多种结构以增加硫正极的 S 面积负载量并降低穿梭效应。Ren 及其合作者利用三维杂化石墨烯作为集流体，获得 9.8mg/cm² 高 S 面积负载和 83%（质量分数）高 S 含量的"双高"硫电极。此外，Li 等也报道了一种"馅饼"结构电极，其在重量和面能量密度之间实现了极好的平衡。此电极的 S 面积负载为 3.6mg/cm²，在 0.1C（0.6mA/cm²）下具有 1314mA·h/g（4.7mA·h/cm²）的高比容量，同时具有良好的循环稳定性。Zhang 等制造了独立的 CNT@S 纸电极，其能够实现超高 S 负载，S 负载量范围可以从 6.3~17.3mg/cm²。Manthiram 等人报道了一种强劲的、超坚韧的柔性电极极，活性材料填充物被封装在两个 Buckypaper 之间，其可抑制多硫化物不可逆地扩散到负极，并提供了优异的电化学性能，循环 400 圈，每圈容量衰减率仅为 0.06%，且此电极表现出高达 5.1mA·h/cm² 的面积容量，与碳层修饰的隔膜耦合，面积容量进一步增加到 7mA·h/cm² 左右。然而，上述报道的"独立式"高 S 面积负载硫电极（>4.0mg/cm²）都不含铝箔，实施成本较高，不适用于工业生产。因此，Manthiram 等人最近开发了一种双集流体硫正极电池，其首先用刮涂的方法制备高 S 面积负载的纯硫电极，然后在组装电池时，在硫电极上部加上改性碳纸作上集流体。得益于独特的纯硫电极和上集流体设计，纯硫电极显示出极低的极化率、高的硫利用率和即使在超高 S 负载下也具有良好的循环稳定性。此双集流体硫正极电池已经实现了 19.2mA·h/cm² 的高面积容量。一个简单的双集流体纯硫电极策略被证明可以增加硫电极的面积负载，实现极好的电化学性能，并且其刮涂的制备方法简便易操作，可以大规模制备和商业应用。

因此，本章中提出了制备一种双集流体硫正极，其中使用 Al 箔作为下集流体，通过简单的刮涂法制备高 S 面积负载的硫电极，然后再在硫电极上通过刮涂法或者静电纺丝的方法构建一层包上集流体。与常规电极结构相比，下集流体 Al 箔和上集流体层与 S 活性物质层紧密接触，可以从下到上充当双集流体，加速电子传输到 S 层；同时它们也可以作为阻挡层缓冲循环过程中硫正极的体积变化。此外，包含聚合物关键组分的上集流体层可以有效储存溶解的多硫化锂，使其保留在正极区域内，抑制穿梭效应并改善电池循环稳定性。此双集流体硫正极具有高 S 面积负载、高面积容量和长循环寿命，且实施成本低，可适用于工业生产。

6.2 刮涂法构建高硫负载双集流体正极

6.2.1 设计思想

如图 6-1 所示，用刮涂法构建 Al-S-VGCF 双集流体硫正极是一种容易的方法。首先，将商业化 S 粉末通过刮刀涂覆的方法直接涂在 Al 箔上，获得 Al-S 纯硫电极。通过调节 NMP 溶剂的用量和 S 层的厚度，可以很容易地获得不同 S 面积负载量的 Al-S 电极。其次，将 VGCF（90%（质量分数））、PEO（5%（质量分数））和 CMC（5%（质量分数））混合并在去离子水中充分分散，然后涂覆到 Al-S 电极上，获得 Al-S-VGCF 电极，VGCF 层与 S 活性物质的重量比为 1 左右。在此，Al 箔作为下集流体，VGCF 层作为上集流体，下集流体 Al 箔和上集流体 VGCF 层与 S 活性物质层紧密接触，可以从下到上充当双集流体，加速电子传输到 S 层；同时它们也可以作为阻挡层缓冲循环过程中硫正极的体积变化。此外，上集流体 VGCF 层为电解液和多硫化锂的吸附层，带负电荷的 VGCF 和 PEO 可以通过静电排斥抑制多硫化物的扩散而不影响 Li^+ 迁移；同时，凝胶化的 PEO 减小了 VGCF 层的孔尺寸，进一步抑制了多硫化锂扩散，且吸附在 VGCF 层中的多硫化物能被再次利用。

图 6-1　构建 Al-S-VGCF 双集流体电极

6.2.2 电极的微观结构表征

本章所用 VGCF 的形貌和结构如图 6-2 所示。从图 6-2（a）和图 6-2（b）可以看出，VGCF 是表面光滑、分布均匀的一维棒状结构，其直径约 100nm，长度为几个 μm。从图 6-2（c）和图 6-2（d）可以看出，VGCF 是石墨化碳纤维，这说明其导电性较好，且能形成较好的导电网络。

本章所制备的 Al-S 和 Al-S-VGCF 电极的光学照片如图 6-3（a）所示。从图中可以看出，Al-S 电极的表面是锯齿形的，凹凸不平，有利于活性物质 S 层与上集流体 VGCF 层之间的紧密接触；在 Al-S 电极表明涂覆 VGCF 层后，其表观是比较均匀和光滑的；同时，还可以看出 Al-S-VGCF 电极在弯曲下表观形貌没有明显变化，表现出优异的柔韧性、较强的附着力和较高的机械强度。为了更

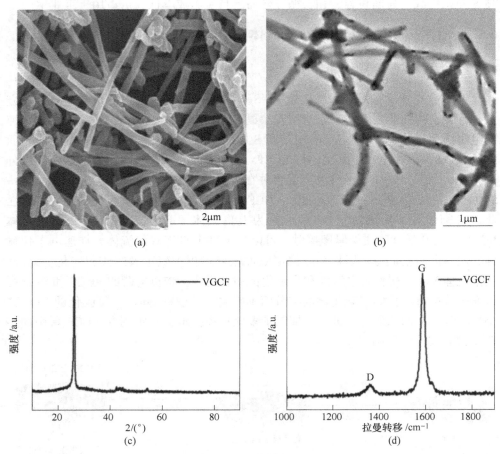

图 6-2　VGCF 的形貌和结构表征

（a）SEM 图；（b）TEM 图；（c）XRD；（d）Raman 图

好地观察电极的表观形貌，对 Al-S-VGCF 电极的表面和横截面进行了 SEM 表征，选取的 Al-S-VGCF 电极的 S 面积负载量为约 5mg/cm²，其结果如图 6-3（b）和（c）所示。从图 6-3（b）中可以看出，电极表面的 VGCF 层中 VGCF 分散均匀，且形成了许多均匀的纳米孔结构，其孔径大约为几百纳米，有利于电解液的浸润和 Li⁺ 传输，同时 VGCF 层可以作为多硫化物中间体的储存容器。从图 6-3（c）中可以进一步看出，Al-S-VGCF 电极是三明治夹心结构，活性物质 S 层被夹在下集流体 Al 箔和上集流体 VGCF 层之间；VGCF 层和 S 层的厚度分别约为 100μm 和 100μm。S 层与 Al 箔和 VGCF 层紧密结合，有利于电子传输到活性物质层，VGCF 层和 S 层的疏松结构可确保电解液能容易地渗透到整个夹层结构中，Li⁺ 能自由迁移到活性物质层，从而保证电化学反应能顺利进行。

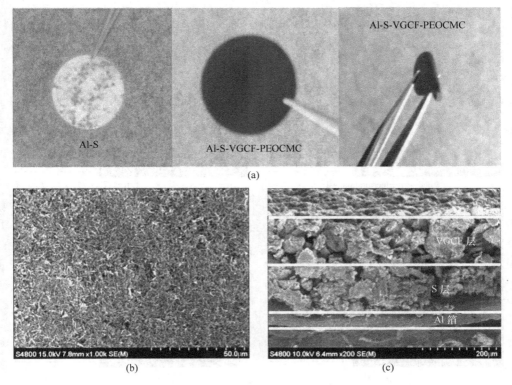

图 6-3 电极的形貌

（a）Al-S 和 Al-S-VGCF 电极的表观照片；（b）Al-S-VGCF 电极的表面 SEM 图；

（c）Al-S-VGCF 电极的横截面 SEM 图

为了进一步观察夹层结构中元素的分布，更直观地观看夹层结构，对 Al-S-VGCF 电极的横截面进行了元素 mapping 表征，结果如图 6-4 所示。从图中可以清楚地看出，Al-S-VGCF 电极分别由 Al 层、S 层和 C 层组成，且每层元素分别均匀由 C 层延伸到了 S 层，这更直观地证实了 Al-S-VGCF 电极的夹层结构，并进一步证实了 VGCF 层部分嵌入 S 层中，紧密接触。

6.2.3 电极的电化学性能分析

为了证明 Al-S-VGCF 电极双集流体结构的有效性，制备了一系列电极，S 面积负载量从约 2mg/cm 到约 5mg/cm，然后分别对其进行电化学性能测试，结果如图 6-5 所示。图 6-5（a）是不同 S 负载量 Al-S-VGCF 电极在 50mA/g 电流密度下的充放电曲线图。从图中可以看出，所有放电曲线显示出两个明显的放电平台，所有充电曲线显示出两个充电平台，和常规硫电极相同，表明具有超高 S 面积负载的 Al-S-VGCF 电极仍具有极好的电化学可逆性。同时，超高 S 负载 Al

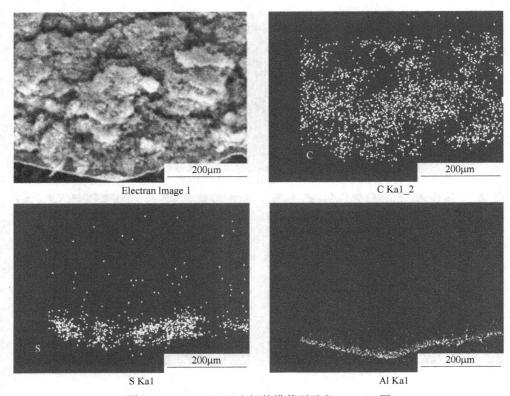

图 6-4　Al-S-VGCF 电极的横截面元素 mapping 图

-S-VGCF 电极显示出较高的放电容量，在约 2mg/cm² 时约为 1100mA·h/g，约为 S 的理论容量（1675mA·h/g）的 65%，即使在约 5mg/cm² 时，放电比容量仍保持在约 1000mA·h/g，进一步表明了通过 Al-S-VGCF 电极双集流体结构可以实现高 S 利用率。而且，与常规电极相比，Al-S-VGCF 电极显示出更低的极化，即使 S 面积负载量为约 5mg/cm² 时，Al-S-VGCF 电极电池的充放电平台的电压差在所有条件下也变化不大，几乎保持恒定，表明双集流体结构改善了Al-S-VGCF电极的氧化还原反应动力学和可逆性。

　　图 6-5（b）是 Al-S-VGCF 电极电池的恒流充放电循环图。从图 6-5（b）可以看出，所有的 Al-S-VGCF 电极在 100mA/g 的电流密度下显示出较高的 S 利用效率和较好的循环稳定性；所有 Al-S-VGCF 电极的质量比容量都在 650mA·h/g 左右和库伦效率都保持在约 97%，超高 S 负载 Al-S-VGCF电极表现出优异的电化学性能。将质量比容量换算为面积比容量，结果如图6-5（c）所示。从图中可以看出，在 100mA/g 的电流密度下充放电，S 面积负载量从约 2 mg/cm² 到约 5mg/cm²，Al-S-VGCF 电极的面积容量分别为1.2mA·h/cm²、2.0mA·h/cm²、2.2mA·h/cm² 和 3.4mA·h/cm²，即当 S

面积负载量大于 $5mg/cm^2$ 时，实现超过 $3mA \cdot h/cm^2$ 的面积容量。且当 Al-S-VGCF 电极 S 面积负载量为约 $5mg/cm^2$，以 $50mA/g$ 电流密度放电/充电时，其显示出高达 $5mA \cdot h/cm^2$ 的面积容量。同时，这些超高 S 负载 Al-S-VGCF 电极表现出非凡的循环性能。

同时，通过调整充电条件，采用恒容充电的方式，抑制多硫化物的溶解穿梭，其结果如图 6-5（d）所示。从图中可以看出，在恒容充电条件下，超高 S 负载 Al-S-VGCF 电极的电池的容量几乎没有衰减，表现出极好的循环性能，这是因为恒容充电抑制了严重的多硫化物穿梭效应。

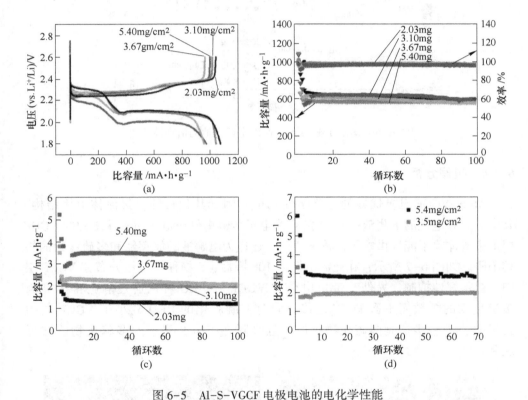

图 6-5 Al-S-VGCF 电极电池的电化学性能
（a）在 $50mA/g$ 电流密度下的充放电曲线；（b）（c）首圈在 $50mA/g$ 电流密度下活化，
然后在 $100mA/g$ 电流密度下充放电的循环性能图；（d）首圈在 $50mA/g$ 电流密度下活化，
然后在 $100mA/g$ 电流密度下恒流放电和恒容充电的循环性能图

图 6-6 所示为高 S 负载的 Al-S-VGCF 电极电池的倍率性能图。从图中可以看出，当 S 面积负载量在 $3.6mg/cm^2$，Al-S-VGCF 电极的倍率性能较好，在 $1000mA/g$ 电流密度下充放电，比容量仍保持在约 $600mA \cdot h/g$。然而，当 S 面积负载量高达 $4.7mg/cm^2$ 时，在 $1000mA/g$ 电流密度下充放电几乎没有容量，这是

因为纯 S 电极的电导率和 Li⁺ 电导率较差。高 S 负载 Al-S-VGCF 电极的倍率性能仍需进一步提高。

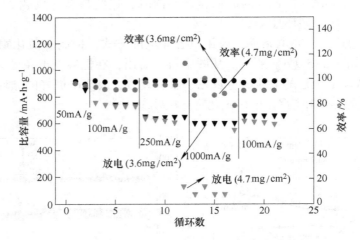

图 6-6　高 S 负载 Al-S-VGCF 电极电池的倍率性能图

6.2.4　机理分析

Al-S-VGCF 电极优异的电化学性能可归因于其独特的双集流体电极结构。其中，高导电性的下集流体（Al 箔）为电子传输提供通道，而多孔结构的 VGCF 层上集流体除了能提供电子传输通道外，还作为电解液的储存器和多硫化物的物理陷阱。如图 6-7 所示，在充放电循环 100 圈后，S 物种均匀地分布在 VGCF 层中，被很好地抑制。另外，带负电荷的 VGCF 和 PEO 可以通过静电排斥抑制多硫化物的扩散而不影响 Li⁺ 迁移；同时，凝胶化的 PEO 减小了 VGCF 层的孔尺寸，进一步抑制多硫化物扩散，且吸附在 VGCF 层中的多硫化物能被再次利用。

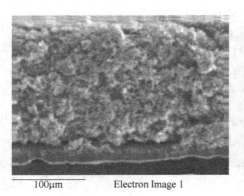
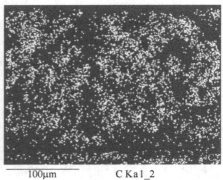

100μm　　　Electron Image 1　　　　　100μm　　　C Ka1_2

图 6-7 Al-S-VGCF 电极（S 面积负载量为约 5mg/cm²）
循环 100 圈后（充电态）的横截面元素 mapping 图

为了更直观观察 PEO 的作用，在充放电循环前和循环 100 圈后，分别对含有 PEO 和不含 PEO 的 Al-S-VGCF 电极进行元素 mapping 表征，结果如图 6-8 和图 6-9 所示。从图中可以看出，在循环 100 圈后，不含 PEO 的电极的 VGCF 层表面出现 S 物种的团聚，揭示出 PEO 可防止 S 物质在循环过程中团聚，这对于 Al-S-VGCF 电极电池的长期循环稳定性是十分关键的。为了进一步证明 PEO 改善电池电化学性能的重要性，在相同的条件下对不含 PEO 的 Al-S-VGCF 电极进行循环性能测试，结果如图 6-10 所示。从图中可以看到，不含 PEO 的电极的比容量在 40 个循环后缓慢衰减，这是由于 S 物种团聚而不再被利用造成的。此外，PEO 具有许多优异的性能，如优异的力学性能、较好的电化学和界面稳定性。综

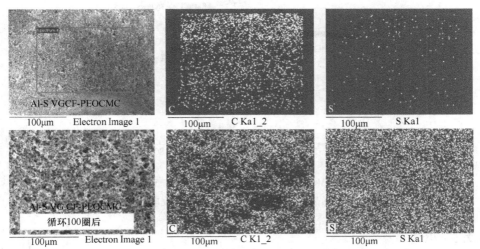

图 6-8 Al-S-VGCF-PEOCMC 电极（S 面积负载量为约 5mg/cm²）
循环前和循环 100 圈后（充电态）的表面元素 mapping 图

上，双集流体电极结构提供了快速的电子传输和较好的电解液浸润，确保了 S_8 和 Li_2S 之间的转换；同时，上集流体 VGCF 层能很好地抑制多硫化物的扩散穿梭，致使电池保持极好的循环稳定性。

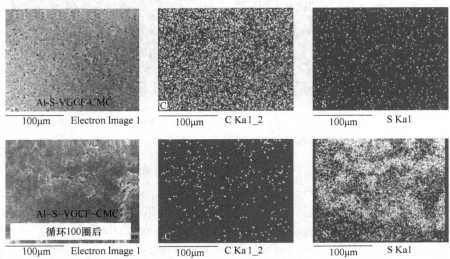

图 6-9   Al-S-VGCF-CMC 电极（S 面积负载量为约 $5mg/cm^2$）循环前和循环 100 圈后（充电态）的表面元素 mapping 图

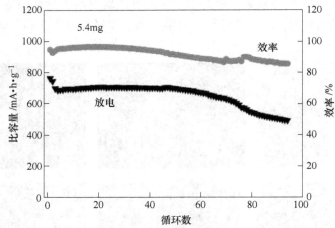

图 6-10   Al-S-VGCF-CMC 电极的循环性能图：首圈在 $50mA/g$ 电流密度下活化，然后在 $100mA/g$ 电流密度下充放电

6.2.5   小结

本节采用成熟、简单的刮涂法，成功设计构建了独特的三明治结构双集流体电极。受益于独特的双集流体电极设计，即使在超高 S 负载的情况下，其也表现

出高 S 利用率和较好的循环稳定性。即使在 S 负载量为约 $5mg/cm^2$ 的情况下，双集流体电极的可逆比容量高达 $650mA \cdot h/g$，面积比容量高达 $3mA \cdot h/cm^2$，同时具有良好的循环稳定性。本节还通过采用恒定容量充电的方式抑制因多硫化物溶解穿梭引起的电化学副反应，从而改善了电池的循环寿命，几乎没有容量衰减。此外，此双集流体电极构建简单、易操作，有望商业化。本研究工作可能会打开一个可行和有效的研究思路，即使用 Li^+ 导电聚合物构建优异的硫正极上集流体。

6.3 静电纺丝法构建双集流体硫正极

6.3.1 设计思想

基于用刮涂法构建双集流体硫正极的成功，本节主要内容是利用静电纺丝技术，直接在硫正极上构筑多功能上集流体层，以提高锂硫电池电化学性能。具体内容包括以下几点：

（1）将静电纺丝技术作为一种简单有效的方法，直接在硫正极上形成上集流体层，并探索其可行性；

（2）测试多功能上集流体层对锂硫电池电化学性能的影响，包括活性物质利用率、循环性能和倍率性能等；

（3）探究多功能上集流体层对电化学过程的影响，包括电子和离子传输、多硫化锂扩散、电极反应动力学等。

图 6-11 所示为电池构型的设计思想图。对于传统锂硫电池构型，由于硫正极与电解液直接接触，形成的多硫化锂很容易从正极扩散到电解液，甚至穿过隔膜到达负极，并与锂金属负极发生反应，导致锂硫电池面临很低的活性物质利用率、快速的容量衰减和严重的锂负极腐蚀等一系列问题。对比而言，当在硫正极和电解液之间形成多功能上集流体层时，由于该界面层具有吸附多硫化锂和提供电子传输的作用，能够有效固定多硫化锂并将其循环利用，故可增强活性物质利用率和电化学稳定性。静电纺丝技术常用于制备各种高分子聚合物纤维，包括聚氧化乙烯、聚丙烯腈（PAN）、聚苯胺等。根据之前文献报道，PAN 能够抑制多硫化锂的溶解和传输，而且 PAN 作为常用的静电纺丝聚合物，制备工艺成熟，因此选取 PAN 作为纺丝聚合物进行研究。但是，高分子聚合物纤维具有导电性差的问题，如果直接使用聚合物纤维作为中间层，还需要经过煅烧以获得具有一定导电性的碳纤维。因此，在本节介绍利用氮掺杂的碳材料（NC）和高分子聚合物共纺的策略，直接在硫正极上形成界面层，该方法极大地减少操作步骤，并且有利于为硫正极和界面层提供良好的接触。在该界面层中，聚合物作为结构骨架，用于形成具有三维网络多孔结构的聚合物纤维；NC 均匀分散在聚合物纤维上，不仅能够提高导电性，而且 N 原子的引入有利于碳基底为多硫化锂提供一定的吸附位点。

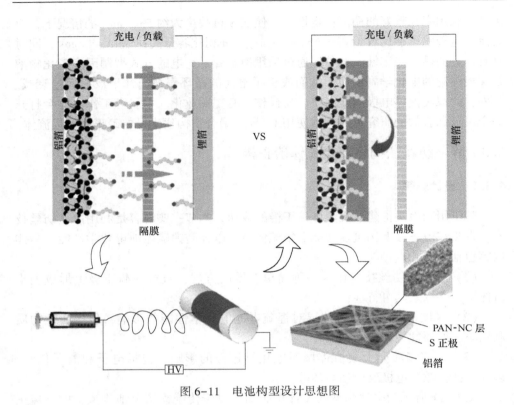

图 6-11　电池构型设计思想图

6.3.2　形貌和结构表征

　　首先，为了检验 NC 的共纺是否能够增强 PAN 纤维的导电性，对纯的 PAN、炭黑和静电纺丝得到的 PAN-NC 纤维进行了四探针阻抗测试。结果见表 6-1，可以看到，对比纯的 PAN，加入 NC 共纺之后的纤维导电率有了明显提高，由 $7.0 \times 10^{-3} S/m$ 提高到 $3.3 \times 10^{2} S/m$。

　　其次，根据 Lewis 酸碱相互作用，N 原子的加入能够改变碳材料表面的碱性，从而为多硫化锂提供增强的吸附作用。为了验证制备的 NC 对多硫化锂的吸附作用，对 NC 的结构进行了一系列表征测试。一方面，元素分析用于确定 N 原子的百分含量，结果表明 NC 中 N 的含量为 2.6%；另一方面，XPS 用于进一步分析掺杂 N 的化学状态。如图 6-12（a）所示，原始炭黑的 C 1s 的 XPS 谱峰中只有一个峰，位于 288.6eV，归属于 C—C 键。引入 N 原子之后（图 6-12（b）），从 C 1s 的 XPS 谱峰中可以得到另一个额外的峰，位于 286.3eV，归属于 C-N 键，而且 NC 中检测到 N 1s 的 XPS 谱峰（图 6-2（c）），说明 N 掺杂到炭黑基底上。进一步对掺杂 N 的种类进行分析，结果如图 6-2（d）所示，可以看到吡啶 N 和吡咯 N 占主要成分，最后为石墨化 N。理论计算证明，相比于石墨化的 N，吡啶

N 和吡咯 N 能够为多硫化锂提供更强的吸附作用。

表 6-1 四探针电阻测试

材料	$\rho/\Omega \cdot cm$	$\sigma/S \cdot m^{-1}$
PAN	14265	7.0×10^{-3}
NC	0.1	1.0×10^{3}
NC-PAN	0.3	3.3×10^{2}

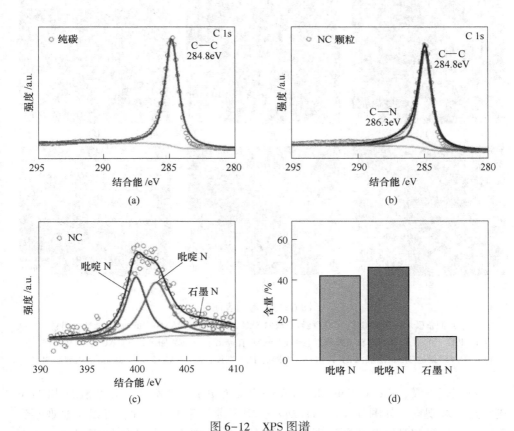

图 6-12 XPS 图谱

（a）原始炭黑材料的 C 1s；（b）NC 颗粒的 C 1s；（c）NC 颗粒的 N 1s；（d）相应 N 含量

图 6-13（a）所示为制备电极的光学照片，可以看到，原始硫正极的表面呈现黑色，当只有纯的 PAN 作为纺丝纤维时，电极表面为灰白色。当采用 NC 和 PAN 共纺时，所得的 PAN-NC@Cathod 电极表面为黑色，并且表现出良好的机械柔韧性和强的附着力，从而能够有效缓解充放电过程中的体积膨胀。

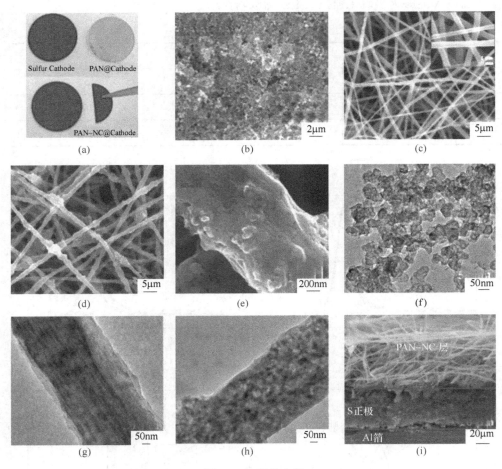

图 6-13 形貌表征

（a）制备极片的光学图片；（b）纯硫正极的 SEM 图谱；（c）PAN@ Cathode 的 SEM 图谱；
（d）PAN-NC 在低倍下的 SEM 图谱；（e）PAN-NC 在高倍下的 SEM 图谱；（f）NC 的 TEM 图谱；
（g）PAN 纤维的 TEM 图谱；（h）PAN-NC 纤维的 TEM 图谱；（i）PAN-NC@ Cathode 的横截面 SEM

对纯硫正极、PAN@ Cathode、PAN-NC@ Cathode 的表面，采用 SEM 和 TEM
进行进一步观察。如图 6-13（b）所示，对于纯的硫正极极片，可以明显观察到
硫粉、乙炔黑和黏结剂的颗粒混合。当只有 PAN 作为上集流体界面层时，表面
呈现纤维交织形成的多孔网络形貌，并且 PAN 纤维表面光滑（图 6-13（c））。
当采用 NC 和 PAN 共纺作为上集流体界面层时，可以看到 PAN 纤维表面变得粗
糙，这可能是由于 NC 颗粒附着在纤维上导致的（图 6-13（d）~（e））。进一步
采用 TEM 进行观察可以看到，原 NC 颗粒尺寸在 35 nm 左右（图 6-13（f）），小
颗粒的 NC 有益于其在纤维上的均匀分布。对比纯的 PAN 纤维（图 6-13（g））

和 PAN-NC 纤维（图 6-13（h））可以明显看到，NC 颗粒均匀分布在 PAN 纤维上，从而有利于提供均匀的电子传递和化学吸附作用。对 PAN-NC@Cathode 极片的横截面进行进一步 SEM 观察（图 6-13（i）），可以确定纯硫极片的厚度为 60μm 左右，PAN-NC 上集流体纤维层的厚度为 50μm 左右。对纺丝前后的极片称量，发现界面层质量在 0.14mg/cm² 左右。从表 6-2 可以看出，与之前报道文献对比，采用静电纺丝技术制备的硫正极上集流体界面层具有质量轻的特点。从以上形貌表征可以看出，制备的 PAN-NC 界面层呈现多孔导电网络结构，其 PAN 作为结构支撑骨架，而 NC 颗粒作为电子传输通道，均匀分布在 PAN 纤维上。

表 6-2　中间层的质量与报道类似文献对比

中间层	方法	质量/mg·cm⁻²
管状聚吡咯膜	1. 加热自分解 2. 真空抽滤	1.00
TiO₂-CNF	1. 静电纺丝，热处理 2. 涂敷，热处理	0.50~0.60
V₂O₅-CNF	1. 静电纺丝，热处理 2. 溶剂热，热处理	1.00
PAN-NC 本工作	静电纺丝	0.14

6.3.3　电化学性能分析

在进行电化学性能测试之前先测试了 PAN-NC 上集流体界面层对电解液浸润性和 Li^+ 扩散的影响。首先，进行了氮的等温吸脱附曲线测试（图 6-14），结果表明 PAN-NC 比表面积和孔体积分别为 14.77m²/g 和 0.085cm³/g，孔径呈现宽的分布范围，从 15~65nm。其次，进行了接触角测试，以电解液作为测试溶液，即 1mol/L 的 LiTFSI 溶解于体积比为 1:1 的 DOL 和 DME 并添加 1% 的 LiNO₃。如图 6-15 所示，对于硫正极、PAN@Cathode 和 PAN-NC@Cathode，可以看到加入电解液之后溶液立即完全浸入到极片上，接触角为 0°，反映了 PAN 和 PAN-NC 上集流体界面层对电解液良好的浸润性。作为对比，可以看到常用的中间插层碳纸其电解液浸润性很差，接触角为 50.8°。得益于 PAN-NC 上集流体界面层对电解液良好的浸润性，测得电解液保液率为 780（±10%），这有利于提供有效的 Li^+ 传输通道。

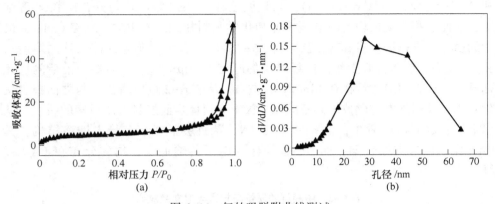

图 6-14 氮的吸脱附曲线测试

（a）PAN-NC 纤维；（b）对应的孔径分布

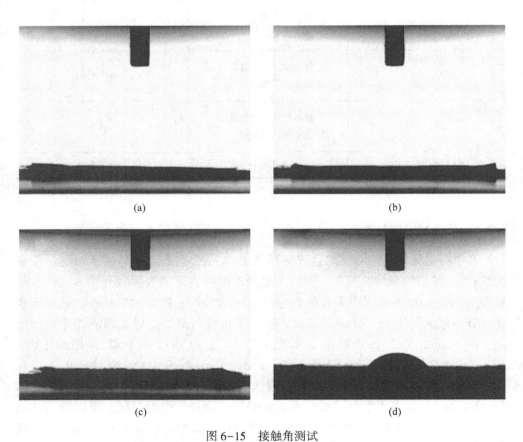

图 6-15 接触角测试

（a）纯硫极片；（b）PAN-NC@Cathode；（c）PAN@Cathode；（d）碳纸

为了验证这一假设，测试了不同扫速的 CV 曲线，以测量 Li⁺ 扩散系数，结果如图 6-16 所示，具体计算方法根 Randles-Sevcik 公式（方程 6-1）：

$$I_p = 0.4463nFAC(nFvD/RT)^{1/2} \qquad (6-1)$$

式中，I_p 代表峰电流，A；n 代表电子转移数；F 代表法拉第常数，96485C/mol；A 代表电极面积；C 代表 Li⁺ 浓度，mol/cm³；R 是气体常数，8.314J/（K·mol）；T 是温度，K；D 是 Li⁺ 扩散系数，cm²/s；v 代表扫描速度，V/s。

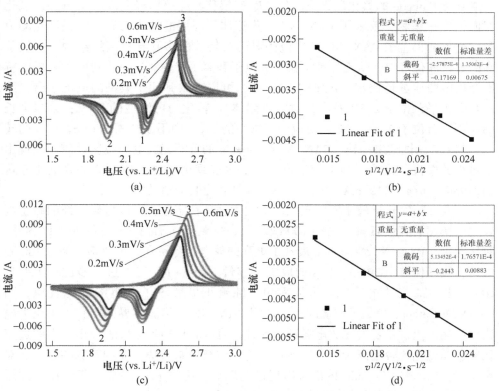

图 6-16　不同扫速 CV 曲线和对应的 i_{pa}-$v^{1/2}$ 散射点以及拟合的直线
（a）（b）硫正极；（c）（d）PAN-NC@ Cathode

结果表明，原始硫正极的 D_{Li}^+ 为 4.0×10^{-7} cm²/s，而当采用 PAN-NC 纺丝纤维作为上集流体界面层时，可以获得的更高的 D_{Li}^+，为 8.1×10^{-7} cm²/s，从而证明具有多孔网络结构的 PAN-NC 上集流体界面层有利于提供高的电解液保液率，从而促进更快的 Li⁺ 传输。

为了测试设计的 PAN-NC 上集流体界面对硫正极的影响，对纯硫正极和 PANNC@ Cathode 进行了一系列电化学性能测试和比较。首先，比较了两种电极的首圈 CV 曲线，以观察 PAN-NC 上集流体界面层对硫正极的氧化还原反应过程的影响。如图 6-17（a）所示，两种电极都展示了典型的锂硫电池的 CV 曲线，即两个还原峰和一个氧化峰，第一个还原峰位于 2.3V 左右，代表固体 S_8 转化为高阶多硫化锂（Li_2S_x，$4 \leqslant x \leqslant 8$）；第二个还原峰位于 2.0V 左右，代表最终还原产物 Li_2S_2/Li_2S 的生成；位于 2.5V 左右的氧化峰代表还原产物向 S_8/Li_2S_8 的转化。在 CV 曲线中没有观察到新的氧化还原峰，说明 PAN-NC 纤维上集流体界面层在充放电过程中保持一定的电化学稳定性。值得注意的是，与纯硫正极相比，PANNC@Cathode 的氧化还原峰的位置略有偏移，即还原峰向高电位偏移，氧化峰向低电位偏移，反映了 PAN-NC 上集流体界面层的加入有利于增强反应动力学，这可能得益于 PAN-NC 上集流体界面层特殊的多孔导电网络结构，提供了高的电解液保液率，从而保证了快速的电子和离子传输。进一步对两种电极的首圈充放电曲线进行比较（图 6-17（b）），可以观察到两个典型的放电平台，第一个电压平台位于 2.3V 左右，对应于固体 S_8 转化为可溶性的 Li_2S_8；第二个长的电压平台位于 2.1V 左右，对应于可溶性的 Li_2S_4 向不溶性固体 Li_2S_2/Li_2S 的转化。与 CV 测试结果一致，PAN-NC@Cathode 的首圈充放电曲线比纯硫的表现出了更小的极化。此外，PAN-NC@Cathode 也表现出了比纯硫更高的放电比容量（1279mA·h/g vs 1157mA·h/g），说明其具有更高的活性物质利用率。

图 6-17（c）比较了不同正极的电化学循环稳定性，可以看到，纯的硫正极表现出快速的容量衰减，循环 100 圈之后，只剩下 467mA·h/g 的放电比容量。对比而言，PAN-NC@Cathode 展现了更高的放电比容量和库伦效率，循环 100 圈之后，能够保持 1029mA·h/g 的放电比容量。图 6-17（d）进一步比较了循环 100 圈之后的充放电曲线，可以看出，纯硫正极展现了严重的极化现象，而 PANNC@Cathode 得到了明显改善，说明 PAN-NC 上集流体界面层有利于减少电化学极化，提供稳定的充放电循环。此外，可以看出纯硫电极表现出一定的过充现象，即充电比容量高于放电比容量，这种过充现象反映了穿梭效应的存在。对比而言，PAN-NC@Cathode 没有出现过充现象，说明 PAN-NC 上集流体界面层对于抑制多硫化锂的溶解和穿梭起到一定作用。

图 6-17（e）比较了两种电极在不同电流密度下的倍率性能，包括 100mA/g、200mA/g、500mA/g、1000mA/g 和 2000mA/g。可以看到，纯的硫正极展现了很差的倍率性能和快速的容量衰减，在电流密度为 2000mA/g 时，只有 457mA·h/g 的放电比容量，而且从图 6-17（f）相应的充放电曲线中可以看到严重的极化现象。当加入 PAN-NC 上集流体界面层之后，表现出更高的放电比容量，在电流密度为 100mA/g、200mA/g、500mA/g、1000mA/g 和 2000mA/g 下，放电比容量分别为 1281mA·h/g、956mA·h/g、857mA·h/g 和 675mA·h/g，当电流密度返回到 200mA/g 时，仍然能够保持 1019mA·h/g 的放电比容量。而且从图 6-17（f）相应的充放电曲线中可以看到即使在高的电流密度 2000mA/g 下，

PANNC@ Cathode仍然保持稳定的充放电曲线，这可能得益于 PAN-NC 上集流体界面层三维网络多孔结构，有利于降低电极电流密度。

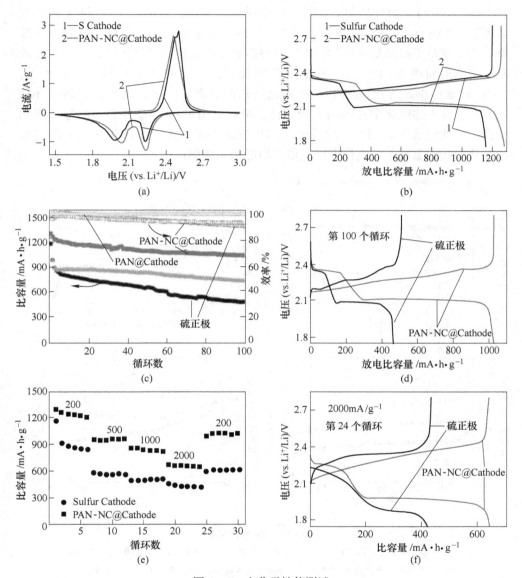

图 6-17　电化学性能测试

（a）0.1mV/s 下的 CV 曲线；（b）200mA/g 下的首圈充放电曲线；（c）200mA/g 下的循环性能；

（d）100 圈之后的放电曲线；（e）倍率性能；（f）2000mA/g 下的充放电曲线

为了进一步验证提高的倍率性能和循环稳定性，对 PAN-NC@ Cathode 在更高电流密度下的电化学性能进行了测试。如图 6-18（a）所示，可以看到在电流密度为 500mA/g 下，PAN-NC@ Cathode 展现了稳定的循环性能和高的库伦效率，循环 20 圈之后，仍然保持 807mA·h/g 稳定的放电比容量和典型的充放电曲线（图 6-18（b））。而且从图 6-18（c）中还可以看出，即使在 2000mA/g 的电流密度下，PANNC@ Cathode 仍然表现出了比纯硫正极更高的放电比容量和库伦效率。为了满足更高能量密度的需求，对更高载量硫正极极片进行了循环稳定性的测试，结果如图 6-18（d）所示。可以看到，在高的硫负载量 4mg/cm² 下，PAN-NC@ Cathode 仍然表现比纯硫正极更高的放电比容量和更加稳定的循环稳定性。综合上述电化学性能测试和表征，可以看出 PAN-NC 界面层的加入有利于提高活性物质的利用率、增强电化学反应动力学、抑制多硫化锂的溶解和穿梭，从而获得更高的放电比容量、倍率性能和循环稳定性。

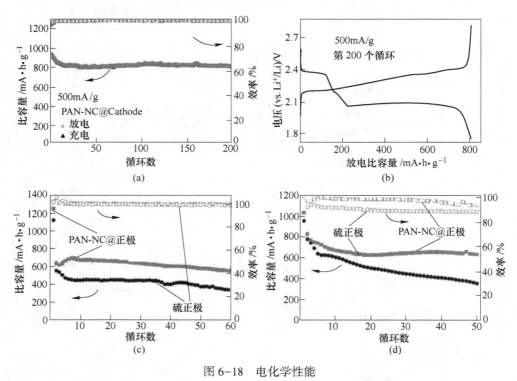

图 6-18　电化学性能

（a）500mA/g 下的 PAN-NC@ Cathode 的循环性能；（b）对应 200 圈之后的充放电曲线；
（c）2000mA/g 下的循环性能；（d）硫载量为 4mg/cm² 下，200mA/g 下的循环性能

6.3.4　机理研究

为了更好地理解 PAN-NC 上集流体纺丝纤维对电化学性能的作用机制，首先对循环前后的电池进行了 EIS 测试（图 6-19），结果表明所有 Nyquist 曲线都

在高频区有一个半圆，低频区有一条直线，高频区半圆与电荷传递阻抗有关。如图 6-19（a）所示，对于原始的正极，可以看到 PAN-NC@Cathode 表现出比纯硫正极更小的半圆，反映了更低的电荷传递阻抗，这也很好解释了 PAN-NC@Cathode 表现出更高活性物质利用率的原因。循环 100 圈之后（图 6-19（b）），纯硫正极的电荷传递阻抗明显增加，可能与活性物质硫不断溶解和沉积有关。对比而言，PANNC@Cathode 的界面传递阻抗变化不大且比纯硫正极小很多，说明 PAN-NC 上集流体界面层的加入能够保证稳定的电荷传递。

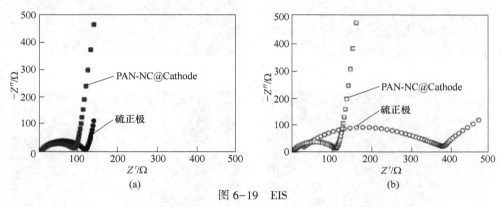

图 6-19 EIS
（a）循环前的电池；（b）循环 100 圈之后的电池

为了验证这一观点，对循环 100 圈之后正极极片的表面形貌进行了观察。从图 6-20（a）可以看到，纯的硫正极极片表面发生了严重的团聚现象，这也很好地解释了 EIS 测试中阻抗增加的原因，严重的团聚现象会影响电子接触和 Li$^+$ 传输，导致容量快速衰减。对比而言，从图 6-20（b）～（c）可以看到，PANNC@Cathode 仍然保持良好的多孔网络纤维状，从而保证电解液很好地渗入和 Li$^+$ 传输。进一步从元素面扫图中（图 6-20（d）～（f））可以看到，C、S 和 N 元素均匀分布在纤维上，S 元素的存在说明 PAN-NC 上集流体界面层能够吸附溶解的多硫化锂，元素均匀的分布保证了活性物质硫能够重复循环利用。从上述 SEM 分析结果可以看出，PAN-NC 上集流体界面层在循环过程中既能够保持稳定的结构，从而为 Li$^+$ 和电子提供连续不断的传输通道；又能够吸附多硫化锂，从而保证活性物质的循环再利用。

为了进一步获得 PAN-NC 纤维和多硫化锂相互作用的相关信息，采用 XPS 分析全放电状态下的正极极片（图 6-21）。从 Li 1s 的 XPS 谱图中（图 6-21（a））可以看到纯的硫正极有一个峰，位于 55.4 eV，归属于 Li—S 键。对比而言，PANNC@Cathode 出现了一个新的峰，位于 56.3 eV，可以归因于 Li—N 键，证明了 PAN-NC 纤维对多硫化锂的化学吸附作用。在 S 2p 的 XPS 谱图中（图 6-21（b）），仔细分峰可以得到 4 个 XPS 峰，分别归属于 Li$_2$S（160.2eV）、Li$_2$S$_2$

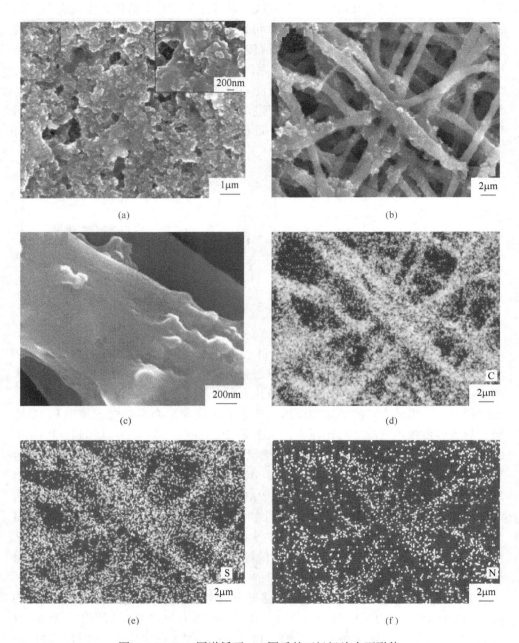

图 6-20　SEM 图谱循环 100 圈后的正极极片表面形貌

（a）硫正极（插图为大倍率下）；（b）PANNC@ Cathode 在低倍下；

（c）PAN-NC@ Cathode 在高倍下；（d）PANNC@ Cathode 的 C 元素面扫；

（e）PAN-NC@ Cathode 的 S 元素面扫；（f）PAN-NC@ Cathode 的 N 元素面扫

（161.9eV），多硫化锂（161.1 和 161.8eV）和硫酸盐（167eV）。对比可以看到，PAN-NC@Cathode 中硫的 XPS 峰强度比纯硫中弱很多，表明更少的多硫化锂扩散。这可能是由于 PAN-NC 上集流体界面层能够吸附多硫化锂，从而有效减少了多硫化锂的溶解和扩散。

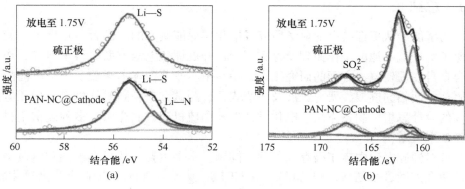

图 6-21　XPS 谱图在放电状态下的正极极片
（a）Li 1s；（b）S 2p

6.3.5　小结

在本节内容介绍中，利用静电纺丝技术在硫正极上直接构筑 PAN-NC 多功能上集流体界面层，该上集流体界面层的加入有利于增强活性物质利用率、倍率性能和循环稳定性。第一，采用静电纺丝技术制备得到的 PAN-NC 上集流体界面层具有多孔网络结构，能够提供良好的电解液浸润性和机械性能，从而缓冲体积膨胀，保证快速的电子和离子传输通道。第二，电化学测试结果表明，PAN-NC@Cathode 展现出高的首次放电比容量（1279mA·h/g），在电流密度为200mA/g 下，循环 100 圈，仍然可保持 1030mA·h/g 的放电比容量。第三，进一步机理研究发现 PAN-NC 上集流体界面层展现了良好的多硫化锂吸附性和电子导电性。通过本部分研究工作，揭示了静电纺丝技术可以用于直接在硫正极上形成上集流体界面层，为上集流体界面层的构筑提供了新的方法和技术路线。

7 总结与展望

7.1 总结

为了能给从事锂硫电池科学研究或电化学储能研究的工作者一点启示，使其快速了解锂硫电池的工作原理及存在问题，开展锂硫电池方面的科学研究，作者结合自身在锂硫电池方面的研究工作，撰写了本专著。本书涵盖了锂硫电池的工作原理、面临的挑战、研究进展及一些表征、测试方法，同时从材料结构和电极结构的设计思想、制备方法、电化学性能及固硫机理方面介绍了多种硫宿主材料和新型电极结构。

针对锂硫电池中硫正极存在的固有问题，本书主要是从材料改性和电极结构设计两个方面进行创新，构筑稳定的硫正极，从而改善锂硫电池的电化学性能。在研究过程中，利用电化学分析、XPS 及非原位 SEM 等实验测试，并结合第一性原理计算，对材料结构和电化学性能之间的构效关系进行研究。

（1）在材料改性方面：基于化学吸附和空间限域作用，设计硫宿主材料，以达到从源头上抑制多硫化锂溶解和穿梭的目的，主要工作如下：

1）通过简便球磨和溶液包覆的方法成功制备了近球形 S-CNT 复合材料（S-CNT-PEG-NNH），在提高硫正极导电性的同时抑制多硫化物的穿梭。研究表明，此复合材料的活性物质利用率和容量保持率得以改善。在 200mA/g 的电流密度下充放电时，首次放电比容量为 974mA·h/g，200 次循环后的比容量为 575mA·h/g，容量保持率为 59.0%。此复合材料中 CNT 形成的多孔导电网络能确保连续的 e^-/Li^+ 传输路径、适应大的体积效应，最重要的是 CNT 缠绕形成的孔结构、PEG 和层状的镍基氢氧化物（NNH）中极性基团能很好地抑制多硫化物的溶出。

2）利用一种简便的方法成功制备了 S-prGO-PDA 复合材料，利用部分还原氧化石墨烯的含氧官能团增加碳基底对多硫化物的作用力，同时，单分散的 S 纳米颗粒提高了硫的利用率。研究结果表明：prGO 的还原程度决定 S-prGO 复合材料硫正极的电化学性能，即控制 prGO 的还原程度，使 prGO 的固 S 能力和导电能力达到平衡，硫正极才能获得较好的电化学性能。控制好 prGO 的还原程度，S-prGO-PDA 复合材料表现出较好的循环性能和库伦效率。当以 200mA/g 的电流密度循环 100 圈后，S-prGO-PDA 复合材料的比容量仍保持在 650mA·h/g 左右且库伦效率保持在 98%。

3）基于上述工作，发现简单的化学键合作用不能完全固定硫物质，因此在提供一定化学吸附作用的同时构建空间限域作用，设计双掺杂空心碳球作为硫宿主材料，以达到稳定硫正极的目的。电化学性能测试表明，制备的 S/HDCSs800

表现出增强的倍率性能和循环稳定性，在 0.2 C 电流密度下，循环 200 圈，放电比容量仍然保持 851mA·h/g，每圈容量衰减率为 0.08%。进一步 XPS 分析表明，N/O 双掺杂的碳材料与硫复合时，有利于形成 S—O 和 S—C 健，从而促进硫吸附在空心碳球基底中，达到空间限域硫的目的。此外，基于第一性原理计算比较了不同类型碳表面与各种硫分子的相互作用力，发现与单掺杂碳相比，双掺杂碳基底能够提供更强的吸附能，为后续材料设计提供了理论依据。

4）通过六氯丁二烯的聚合和取代反应，成功制备了一种富含 S 的碳硫聚合物，通过化学限域作用抑制多硫化物溶解穿梭。通过各种物理化学表征表明，碳硫聚合物结构均一且含有 C—S 键。电化学研究结果表明，碳硫聚合物显示出与 S_8 类似的电化学活性，表现出优异的循环稳定性和高的库伦效率。这说明由于碳硫聚合物碳框架中存在 C—S 键，与 S 物种发生强烈化学相互作用，可以抑制多硫化物穿梭效应；同时，碳硫聚合物的 π 电子有利于加速电子和 Li^+ 的转移；此外，在制备过程中加入的石墨烯，可以提供快速的电子传输路径并适应 S 体积膨胀。因此，碳硫聚合物材料表现出较好的电化学性能。

5）基于上述研究，发现化学吸附和物理限域共同作用能够有效固定硫物质，但是由于制备的问题，存在活性物质硫从碳材料孔隙中溢出的现象。因此，在上述研究基础上，进一步利用喷雾干燥技术，将活性物质硫原位包覆在碳材料中，设计制备了 Li_2S/CNT/C-N/O 复合材料。利用 SEM、TEM、HRTEM 和 STEM 等技术，发现 CNT 和碳材料相互交联形成网络结构，而制备的 Li_2S 粒径在 50 nm 左右，且均匀包埋在 CNT/C-N/O 碳骨架中。电化学性能测试表明 Li_2S/CNT/C-N/O 复合材料表现出高的放电比容量、循环稳定性和倍率性能，首圈放电比容量达到 1014mA·h/g，在 200mA/g 的电流密度下，循环 200 圈，仍然能够保持 671mA·h/g 的放电比容量，且每圈容量衰减率为 0.03%。此外，利用原位 EIS 分析其充放电过程中的离子和电荷传递的变化，发现相比于商业化的 Li_2S，制备的 Li_2S/CNT/C-N/O 复合材料表现出更小的 R_s 和 R_{ct} 以及更大的 Li^+ 扩散系数，特别是在首次充放电过程中多硫化锂成核阶段。因此，构筑的 Li_2S/CNT/C-N/O 有利于提高电化学反应动力学和活性物质利用率，从而降低首次充电活化电位。

（2）在电极结构设计方面，基于上述工作，发现从材料改性出发，虽然能有效固定硫物质，但是硫的含量受到限制，即在高硫负载量下，活性物质硫仍然会溶解到电解液中。因此，基于将溶解的多硫化锂吸附再利用的思路，从电极结构设计出发，为硫正极设计多功能界面层（上集流体），从而进一步提高锂硫电池的能量密度，主要工作如下：

1）通过成熟、简单的刮涂法，成功构建了一种双集流体硫正极，在提高硫正极单位面积硫负载的同时改善其循环性能。其中使用 Al 箔作为下集流体、含聚环氧乙烷（PEO）关键组分的 VGCF 层作为上集流体。研究结果表明，双集流体硫正极表现出高 S 利用率和较好的循环稳定性。即使在 S 负载量为约 $5mg/cm^2$ 的情况下，双集流体电极的可逆比容量高达 $650mA \cdot h/g$，面积比容量高达 $3mA \cdot h/cm^2$，同时具有良好的循环稳定性。这说明此双集流体硫正极与常规硫电极结构相比，由于下集流体 Al 箔和上集流体 VGCF 层与 S 活性物质层紧密接触，可以从下到上充当双集流体，加速电子传输到 S 层；同时它们也可以作为物理阻挡层缓冲循环过程中硫正极的体积变化。此外，包含 PEO 关键组分的上集流体 VGCF 层可以有效储存溶解的多硫化物，使其保留在正极区域内，抑制穿梭效应。因此，此双集流体硫正极获得了较好的电化学性能。此双集流体硫正极具有高 S 面积负载、高面积容量和长循环寿命，且实施成本低，可适用于工业生产。同时，本研究工作可能会引入一个可行和有效的概念，即使用 Li^+ 导电聚合物构建优异的硫正极上集流体。

2）利用静电纺丝技术在硫正极上直接构筑 PAN-NC 上集流体多功能界面层。采用 SEM 观察，发现制备的 PAN-NC 上集流体界面层展现了三维网络多孔结构，其中 PAN 作为纺丝纤维聚合物，可以提供结构支撑骨架，而 NC 颗粒在 PAN 纤维上呈现均匀的分布，增强电子导电性和多硫化锂亲和性的作用。电化学性能测试表明，PANNC 界面层的构筑有利于增强活性物质利用率、提高倍率性能和循环稳定性，首圈放电比容量达到 $1279mA \cdot h/g$，在 $200mA/h$ 的电流密度下，循环 100 圈，仍然保持 $1030mA \cdot h/g$ 的放电比容量。进一步机理探究发现 PAN-NC 界面层展现了良好的多硫化锂吸附性能和电子导电性。

综合上述分析，为改善锂硫电池的电化学性能，一方面从材料改性出发，基于化学吸附、物理空间限域作用和原位包覆等，层层递进，设计了多种硫宿主材料，从而将活性物质有效固定在正极；另一方面从电极结构设计出发，为硫正极构筑多功能上集流体界面保护层，从而进一步提高锂硫电池在高硫负载量下的循环稳定性和活性物质利用率。在研究过程中，探索了多种材料和技术手段在锂硫电池中的应用潜力，包括新型固硫材料、新型碳源前驱体、喷雾干燥技术和静电纺丝技术等，而且结合实验技术和理论方法，包括原位 EIS、非原位 SEM、XPS、扫描电化学工作站和第一性原理计算等，进一步揭示材料结构性质和电池构型对电化学反应机理的影响，为后续研究工作提供了实验参考和理论依据。综上所述，本书为推动锂硫电池的实用化进程提供了有益探索，包含设计思路、研究方法、实验结果和理论分析，为开发高比容量、高安全性能和长循环性能的锂硫电池提供了重要的借鉴意义。

7.2　展望

锂硫电池是极具发展潜力的下一代高能量密度电池体系，为了推动其实用化仍需要解决很多问题。本书虽然做了一些有益的探索，但是仍然存在很多需要改进的地方。锂硫电池要想商业化应用，未来还需解决的问题大致如下：

（1）硫宿主材料的选择。对于硫正极，由于导电性差和多硫化锂溶解的问题，需要使用大量导电添加剂或多硫化锂吸附剂等电化学惰性材料，这样不可避免地会降低活性物质在整个电池中的质量百分比，从而牺牲电池的质量能量密度。在研究中发现，极性化合物能够提供强的多硫化锂吸附能，但是存在导电性差和密度大的问题；碳基材料虽然能够保证一定导电性，但是对多硫化锂的吸附作用有限，且一般多孔碳材料结构蓬松，导致电池体积能量密度降低。因此，在设计硫宿主材料时，应当平衡导电性和多硫化锂吸附性的问题，设计多功能的硫宿主材料，从而保证在高的硫负载量的情况下仍然能够取得高的活性物质利用率。

（2）硫/碳复合正极与电池中其他硬件/组件（如电解质和负极）复杂的相互作用机理。可采用现代原位表征方法来阐明每个组件的作用。

（3）提高硫正极负载量。为提高锂硫电池的实际能量密度，在电池设计的时候应该保证高的硫质量含量（≥70%）和面积载量（≥4mg/cm²）。在研究过程中，发现采用传统涂敷方法，即直接在铝箔上涂敷活性材料，容易导致极片裂化甚至脱落，从而无法获得高的硫负载量。为此，可以使用改性集流体，如涂碳铝箔、三维集流体、自支撑集流体等，增加集流体与硫物质之间的黏着力，达到提高硫涂敷量的目的，但是在集流体的选择上，应当考虑质量密度、体积密度、稳定性和集耳焊接等因素。此外发现在高硫负载量下，电池极化、过充、容量衰减等问题也随之加剧，因此，除了提高硫负载量之外，还需要关注如何改善高负载下锂硫电池的电化学性能，包括长循环稳定性、活性物质利用率、倍率性能等。

（4）关注锂负极的问题。对于锂负极，由于 SEI 不稳定性，导致电解液和活性物质不断消耗，引起锂负极腐蚀，甚至产生锂枝晶等安全性问题。在高硫负载量下，锂负极的问题更为突出，而对锂负极界面进行改善能够显著提高锂硫电池的稳定性。因此，在电池设计的时候，应当同时关注硫正极和锂负极的问题。此外，在进行电化学性能评估时可以考虑使用限定的锂负极。

（5）控制和量化电解液用量。由于润湿大量多孔碳、多硫化锂溶解、锂负极反应等问题，因此需要大的电解质体积/硫比（通常大于 15∶1μL/mg）（通常在电极中大于 40%（质量分数））。经常使用过量的电解液进行电化学性能评估，不可避免地导致锂硫电池实际能量密度降低，特别是对于高硫负载电池。因此，在进行电化学性能测试时，应当控制电解液的用量，并将其量化，以便不同研究工作间进行比较和评估。

（6）控制成本。锂离子电池的成本约占整个动力电车的 50%，因此控制电池的成本能够有效降低动力电车的生产成本。在制备工艺方面，制备硫宿主材料通常工艺繁琐、成本较高且产率低，可能产生有毒前驱体和大量废物。在后续研究过程中应当考虑简化制备程序，以便实际应用过程中大规模生成。在材料方面，虽然使用硫正极能极大降低生成成本，但是在负极方面，金属锂的价格比传统石墨更贵。此外，锂硫电池使用的醚类电解液比大规模使用的碳酸酯类电解液价格更高，因此在开发锂硫电池过程中，应当控制电解液和锂负极的使用成本。

（7）锂硫电池电化学数据的可靠性和可比较性问题。如文献中经常将纯放电容量值作为电极材料的质量和有用性的指标，而对其合成方法不作评价。原则上需要根据使用的电流密度、测试的循环次数、使用的过量电解液、电极厚度等来记录电池容量，然而许多参数在学术文献中通常没有详细说明，尤其是电解液量和电极厚度，但这些参数对电池的影响也是至关重要的。未来需设置一套标准化的参数，表征电化学数据对于测量条件的敏感程度，并对制备的材料的电化学数据的可信程度给出评估。

参 考 文 献

［1］ 李泓，郑杰允. 发展下一代高能量密度动力锂电池［J］. 中国科学院战略性先导科技专项进展，2016，31：1120-1127.

［2］ Armand M，Tarascon M J. Researchers must find a sustainable way of providing the power our modern lifestyles demand［J］. Nature，2008，451：652-657.

［3］ Tarascon J M，Armand M. Issues and challenges facing rechargeable lithium batteries［J］. Nature，2001，414：359-367.

［4］ Goodenough J B，Kim Y. Challenges for Rechargeable Li Batteries［J］. Chemistry of Materials，2010，22：587-603.

［5］ Scrosati B，Hassoun J，Sun Y K. Lithium-ion batteries. A look into the future［J］. Energy & Environmental Science，2011，4：3287-3295.

［6］ Thackeray M M，Wolverton C. Isaacs E D. Electrical energy storage for transportation—approaching the limits of，and going beyond，lithium-ion batteries［J］. Energy & Environmental Science，2012，5：7854-7863.

［7］ Whittingham M S. Lithium Batteries and Cathode Materials［J］. Chemical reviews，2004，104：4271-4301.

［8］ Scrosati B，Garche J. Lithium batteries：Status，prospects and future［J］. Journal of Power Sources，2010，195：2419-2430.

［9］ Bruce P G，Freunberger S A. Hardwick L J，et al. Li-O_2 and Li-S batteries with high energy storage［J］. Nat Mater，2011（11）：19-29.

［10］ Ji X，Nazar L F. Advances in Li-S batteries［J］. Journal of Materials Chemistry，2010，20：9821-9286.

［11］ Fotouhi A，AugerD J，Propp K，et al. A review on electric vehicle battery modelling：From Lithium-ion toward Lithium-Sulphur［J］. Renewable and Sustainable Energy Reviews，2016，56：1008-1021.

［12］ MANTHIRAM A，FU Y，SU A S. Challenges and Prospects of Lithium – Sulfur Batteries［J］. ACCOUNTS OF CHEMICAL RESEARCH，2013，46：1125-1134.

［13］ Birk J R，Steunenberg R K. New Uses of Sulfur［J］. American Chemical Society，1975，140：186-202.

［14］ Yamin H，Peled E. Electrochemistry of a nonaqueous lithium/sulfur cell［J］. Journal of Power Sources，1983（9）：281-287.

［15］ Yamin H，Penciner J，Gorenshtain A，et al. The electrochemical behavior of polysulfides in tetrahydrofuran［J］. Journal of Power Sources，1985，14：129-134.

［16］ Peled Y S E，Gorenshtein A，Lavi Y. Lithium-Sulfur Battery：Evaluation of Dioxolane Based Electrolytes［J］. Journal of the Electrochemical Society，1989，136：1621-1625.

［17］ Ji X，Lee K T，Nazar L F. A highly ordered nanostructured carbon – sulphur cathode for lithium-sulphur batteries［J］. Nat Mater，2009，8：500-506.

［18］ Manthiram A，Fu Y，Chung S H，et al. Rechargeable lithium-sulfur batteries［J］. Chemical

Reviews, 2014, 114: 11751-11787.

[19] 董全峰, 王翀, 郑明森. 锂硫电池关键材料研究进展与展望 [J]. 化学进展, 2011, 23: 533-539.

[20] BACO R F, Fanelli R. THE VISCOSITY OF SULFUR [J]. J Am Chem Soc, 1943, 65: 639-648.

[21] Rauh R D, Shuker F S, Marston J M, et al. Formation of lithium polysulfides in aprotic media [J]. Journal of Inorganic and Nuclear Chemistry, 1977, 39: 1761-1766.

[22] Diao Y, Xie K, Hong X, et al. Analysis of the Sulfur Cathode Capacity Fading Mechanism and Review of the Latest Development for Li-S Battery [J]. Acta Chimica Sinica, 2013, 71: 508-518.

[23] Evers S, Nazar L F. New Approaches for High Energy Density Lithium-Sulfur Battery Cathodes [J]. ACCOUNTS OF CHEMICAL RESEARCH, 2012, 46: 1135-1143.

[24] Zhang S S. Liquid electrolyte lithium/sulfur battery: Fundamental chemistry, problems, and solutions [J]. Journal of Power Sources, 2013, 231: 153-162.

[25] Ahn W, Kim K B, Jung K N, et al. Synthesis and electrochemical properties of a sulfur-multi walled carbon nanotubes composite as a cathode material for lithium sulfur batteries [J]. Journal of Power Sources, 2012, 202: 394-399.

[26] Yuan L, Qiu X, Chen L, et al. New insight into the discharge process of sulfur cathode by electrochemical impedance spectroscopy [J]. Journal of Power Sources, 2009, 189: 127-132.

[27] Nelson J, Misra S, Yang Y, et al. In Operando X-ray diffraction and transmission X-ray microscopy of lithium sulfur batteries [J]. J Am Chem Soc, 2012, 134: 6337-6343.

[28] Kolosnitsyn V S, Kuzmina E V, Karaseva E V. On the reasons for low sulphur utilization in the lithium - sulphur batteries [J]. Journal of Power Sources, 2015, 274: 203-210.

[29] Sciamanna S F, Lynn S. Sulfur solubility in pure and mixed organic solvents [J]. Industrial & Ngineering Chemistry Research, 1988, 27: 485-491.

[30] Wang H, Sa N, He M, et al. In Situ NMR Observation of the Temporal Speciation of Lithium Sulfur Batteries during Electrochemical Cycling [J]. The Journal of Physical Chemistry C, 2017, 121: 6011-6017.

[31] Cheon S E, Ko K S, Cho J H, et al. Rechargeable Lithium Sulfur Battery [J]. Journal of the Electrochemical Society, 2003, 150: A796-A799.

[32] Choi Y J, Chung Y D. Baek C Y, et al. Effects of carbon coating on the electrochemical properties of sulfur cathode for lithium/sulfur cell [J]. Journal of Power Sources, 2008, 184: 548-552.

[33] Ryu H S, Guo Z, Ahn H J, et al. Investigation of discharge reaction mechanism of lithium | liquid electrolyte | sulfur battery [J]. Journal of Power Sources, 2009, 189: 1179-1183.

[34] Waluś S, Barchasz C, Bouchet R, et al. Lithium/Sulfur Batteries Upon Cycling: Structural Modifications and Species Quantification by In Situ and Operando X - Ray Diffraction Spectroscopy [J]. Advanced Energy Materials, 2015, 5: 1500165.

［35］Walus S, Barchasz C, Colin J F, et al. New insight into the working mechanism of lithium-sulfur batteries: in situ and operando X-ray diffraction characterization ［J］. Chemical Communications, 2013, 49: 7899-7901.

［36］Lowe M A, Gao J, Abruña H D. Mechanistic insights into operational lithium-sulfur batteries by in situ X-ray diffraction and absorption spectroscopy ［J］. RSC Advances, 2014, 4: 18347-18353.

［37］Kulisch J, Sommer H, Brezesinski T, et al. Simple cathode design for Li-S batteries: cell performance and mechanistic insights by in operando X-ray diffraction ［J］. Physical Chemistry Chemical Physics, 2014, 16: 18765-18771.

［38］Schneider A, Weidmann C, Suchomski C, et al. Ionic Liquid Derived Nitrogen-Enriched Carbon/Sulfur Composite Cathodes with Hierarchical Microstructure—A Step Toward Durable High-Energy and High-Performance Lithium-Sulfur Batteries ［J］. Chemistry of Materials, 2015, 27: 1674-1683.

［39］Cañas N A, Wolf S, Wagner N, et al. In-situ X-ray diffraction studies of lithium-sulfur batteries ［J］. Journal of Power Sources, 2013, 226: 313-319.

［40］Yu S H, Huang X, Schwarz K, et al. Direct visualization of sulfur cathodes: new insights into Li-S batteries via operando X-ray based methods ［J］. Energy & Environmental Science, 2018, 11: 202-210.

［41］Wang L, Zhang T, Yang S, et al. A quantum-chemical study on the discharge reaction mechanism of lithium-sulfur batteries ［J］. Journal of Energy Chemistry, 2013, 22: 72-77.

［42］Kumaresan K, Mikhaylik Y, White R E. A Mathematical Model for a Lithium-Sulfur Cell ［J］. Journal of the Electrochemical Society, 2008, 155: A576-A582.

［43］Feng Z, Kim C, Vijh A, et al. Unravelling the role of Li_2S_2 in lithium-sulfur batteries: A first principles study of its energetic and electronic properties ［J］. Journal of Power Sources, 2014, 272: 518-521.

［44］Paolella A, Zhu W, Marceau H, et al. Transient existence of crystalline lithium disulfide Li_2S_2 in a lithium-sulfur battery ［J］. Journal of Power Sources, 2016, 325: 641-645.

［45］Barchasz C, Molton F, Duboc C, et al. Lithium/sulfur cell discharge mechanism: An original approach for intermediate species identification ［J］. Analytical chemistry, 2012, 84: 3973-3980.

［46］Diao Y, Xie K, Xiong S, et al. Analysis of Polysulfide Dissolved in Electrolyte in Discharge-Charge Process of Li-S Battery ［J］. Journal of The Electrochemical Society, 2012, 159: A421-A425.

［47］Cuisinier M, Cabelguen P E, Evers S, et al. Sulfur Speciation in Li-S Batteries Determined by Operando X-ray Absorption Spectroscopy ［J］. The Journal of Physical Chemistry Letters, 2013, 4: 3227-3232.

［48］See K A, Leskes M, Griffin J M, et al. Ab initio structure search and in situ 7Li NMR studies of discharge products in the Li-S battery system ［J］. Journal of the American Chemical Society, 2014, 136: 16368-16377.

［49］ Park H, Koh H S, Siegel D J. First-Principles Study of Redox End Members in Lithium-Sulfur Batteries ［J］. The Journal of Physical Chemistry C, 2015, 119: 4675-4683.

［50］ Xiao J, Hu J Z, Chen H, et al. Following the transient reactions in lithium-sulfur batteries using an in situ nuclear magnetic resonance technique ［J］. Nano Letters, 2015, 15: 3309-3316.

［51］ Wang Q, Zheng J, Walter E, et al. Direct observation of sulfur radicals as reaction media in lithium sulfur batteries ［J］. Journal of the electrochemical society, 2015, 162: A474-A478.

［52］ Chivers T, Drummond I. Characterization of the trisulfur radical anion S3-in blue solutions of alkali polysulfides in hexamethylphosphoramide ［J］. Inorganic Chemistry, 1972, 11: 2525-2527.

［53］ Zhu W, Paolella A, Kim C S, et al. Investigation of the reaction mechanism of lithium sulfur batteries in different electrolyte systems by in situ Raman spectroscopy and in situ X-ray diffraction ［J］. Sustainable Energy & Fuels, 2017, 1: 737-747.

［54］ Wu H L, Huff L A, Gewirth A A. In situ Raman spectroscopy of sulfur speciation in lithium-sulfur batteries ［J］. ACS applied materials & interfaces, 2015, 7: 1709-1719.

［55］ Hagen M, Schiffels P, Hammer M, et al. In-situ Raman investigation of polysulfide formation in Li-S cells ［J］. Journal of The Electrochemical Society, 2013, 160: A1205-A1214.

［56］ Zou Q, Lu Y C. Solvent-Dictated Lithium Sulfur Redox Reactions: An Operando UV-vis Spectroscopic Study ［J］. The Journal of Physical Chemistry Letters, 2016, 7: 1518-1525.

［57］ Han D H, Kim B S, Choi S J, et al. Time-Resolved In Situ Spectroelectrochemical Study on Reduction of Sulfur in N, N ［sup'］ -Dimethylformamide ［J］. Journal of the Electrochemical Society, 2004, 151: E283-E290.

［58］ Zheng D, Zhang X, Wang J, et al. Reduction mechanism of sulfur in lithium - sulfur battery: From elemental sulfur to polysulfide ［J］. Journal of Power Sources, 2016, 301: 312-316.

［59］ Zheng D, Qu D, Yang X Q, et al. Quantitative and Qualitative Determination of Polysulfide Species in the Electrolyte of a Lithium-Sulfur Battery using HPLC ESI/MS with One-Step Derivatization ［J］. Advanced Energy Materials, 2015, 5.

［60］ Su Y S, Fu Y, Cochell T, et al. A strategic approach to recharging lithium-sulphur batteries for long cycle life ［J］. Nature communications, 2013, 4: 2985-2992.

［61］ Liang X, Hart C, Pang Q, et al. A Highly Efficient Polysulfide Mediator for Lithium-Sulfur Batteries ［J］. Nature communications, 2015, 6: 5682-5690.

［62］ Freiberg A T S, Siebel A, Berger A, et al. Insights into the Interconnection of the Electrodes and Electrolyte Species in Lithium - Sulfur Batteries Using Spatially Resolved Operando X-ray Absorption Spectroscopy and X-ray Fluorescence Mapping ［J］. The Journal of Physical Chemistry C, 2018, 122: 5303-5316.

［63］ Cuisinier M, Cabelguen P E, Adams B D, et al. Unique behaviour of nonsolvents for polysulphides in lithium - sulphur batteries ［J］. Energy & Environmental Science, 2014, 7: 2697-2705.

［64］ Wujcik K H, Pascal T A, Pemmaraju C D, et al. Characterization of Polysulfide Radicals

Present in an Ether−Based Electrolyte of a Lithium−Sulfur Battery during Initial Discharge Using In Situ X−Ray Absorption Spectroscopy Experiments and First−Principles Calculations [J]. Advanced Energy Materials, 2015, 5: 1500285.

[65] Patel M U, Demir Cakan R, Morcrette M, et al. Li−S battery analyzed by UV/Vis in operando mode [J]. Chem Sus Chem, 2013, 6: 1177−1181.

[66] Patel M U, Dominko R. Application of in operando UV/Vis spectroscopy in lithium−sulfur batteries [J]. Chem Sus Chem, 2014, 7: 2167−2175.

[67] Dominko R, Patel M U M, Bele M, et al. Sulphured Polyacrylonitrile Composite Analysed by in operando UV−Visible Spectroscopy and 4−electrode Swagelok Cell [J]. Acta Chimica Slovenica, 2016: 569−577.

[68] Cuisinier M, Hart C, Balasubramanian M, et al. Radical or Not Radical: Revisiting Lithium−Sulfur Electrochemistry in Nonaqueous Electrolytes [J]. Advanced Energy Materials, 2015, 5: 1401801.

[69] Gao J, Lowe M A, Kiya Y, et al. Effects of Liquid Electrolytes on the Charge − Discharge Performance of Rechargeable Lithium/Sulfur Batteries: Electrochemical and in−Situ X−ray Absorption Spectroscopic Studies [J]. The Journal of Physical Chemistry C, 2011, 115: 25132−25137.

[70] Manan N S, Aldous L, Alias Y, et al. Electrochemistry of sulfur and polysulfides in ionic liquids [J]. The Journal of Physical Chemistry B, 2011, 115: 13873−13879.

[71] Paris J, Plichon V. Electrochemical reduction of sulphur in dimethylacetamide [J]. Electrochimica Acta, 1981, 26: 1823−1829.

[72] Yang Y, Zheng G, Cui Y. A membrane−free lithium/polysulfide semi−liquid battery for large−scale energy storage [J]. Energy & Environmental Science, 2013, 6: 1552−1558.

[73] Giggenbach W. Blue solutions of sulfur in water at elevated temperatures [J]. Inorganic Chemistry, 1971, 10: 1306−1308.

[74] Giggenbach W. Optical spectra and equilibrium distribution of polysulfide ions in aqueous solution at 20. deg [J]. Inorganic Chemistry, 1972, 11: 1201−1207.

[75] Giggenbach W F. The blue supersulphide ion, S^{2-} [J]. Journal of the Chemical Society, Dalton Transactions, 1973: 729−731.

[76] Mikhaylik Y V, Akridge J R. Polysulfide Shuttle Study in the Li/S Battery System [J]. Journal of The Electrochemical Society, 2004, 151: A1969−A1976.

[77] Su Y S, Manthiram A. A facile in situ sulfur deposition route to obtain carbon−wrapped sulfur composite cathodes for lithium − sulfur batteries [J]. Electrochimica Acta, 2012, 77: 272−278.

[78] Zhang S S, Read J A. A new direction for the performance improvement of rechargeable lithium/sulfur batteries [J]. Journal of Power Sources, 2012, 200: 77−82.

[79] Diao Y, Xie K, Xiong S, et al. Shuttle phenomenon—The irreversible oxidation mechanism of sulfur active material in Li − S battery [J]. Journal of Power Sources, 2013, 235: 181−186.

［80］ Ryu H S, Ahn H J, Kim K W, et al. Self-discharge characteristics of lithium/sulfur batteries using TEGDME liquid electrolyte ［J］. Electrochimica Acta, 2006, 52: 1563-1566.

［81］ Ryu H, Ahn H, Kim K, et al. Self-discharge of lithium – sulfur cells using stainless-steel current-collectors ［J］. Journal of Power Sources, 2005, 140: 365-369.

［82］ Zhang S S. Role of LiNO$_3$ in rechargeable lithium/sulfur battery ［J］. Electrochimica Acta, 2012, 70: 344-348.

［83］ 熊仕昭, 谢凯, 洪晓斌, 等. 温度和添加剂对锂硫电池自放电的影响 ［J］. 电池工业, 2010, 15: 363-366.

［84］ Aurbach D, Pollak E, Elazari R, et al. On the Surface Chemical Aspects of Very High Energy Density, Rechargeable Li – Sulfur Batteries ［J］. Journal of The Electrochemical Society, 2009, 156: A694-A702.

［85］ Jeon B H, Yeon J H, Kim K M, et al. Preparation and electrochemical properties of lithium-sulfur polymer batteries ［J］. Journal of Power Sources, 2002, 109: 89-97.

［86］ Cheon S E, Choi S S, Han J S, et al. Capacity Fading Mechanisms on Cycling a High-Capacity Secondary Sulfur Cathode ［J］. Journal of The Electrochemical Society, 2004, 151: A2067-A2073.

［87］ Elazari R, Salitra G, Talyosef Y, et al. Morphological and Structural Studies of Composite Sulfur Electrodes upon Cycling by HRTEM, AFM and Raman Spectroscopy ［J］. Journal of The Electrochemical Society, 2010, 157: A1131-A1138.

［88］ He X, Ren J, Wang L, et al. Expansion and shrinkage of the sulfur composite electrode in rechargeable lithium batteries ［J］. Journal of Power Sources, 2009, 190: 154-156.

［89］ Diao Y, Xie K, Xiong S, et al. Insights into Li-S Battery Cathode Capacity Fading Mechanisms: Irreversible Oxidation of Active Mass during Cycling ［J］. Journal of the Electrochemical Society, 2012, 159: A1816-A1821.

［90］ Barghamadi M, Best A S, Bhatt A I, et al. Lithium-sulfur batteries—The solution is in the electrolyte, but is the electrolyte a solution? ［J］. Energy & Environmental Science, 2014, 7: 3902-3920.

［91］ Borchardt L, Oschatz M, Kaskel S. Carbon Materials for Lithium Sulfur Batteries-Ten Critical Questions ［J］. Chemistry, 2016, 22: 7324-7351.

［92］ Yang Y, Zheng G, Cui Y. Nanostructured sulfur cathodes ［J］. Chem Soc Rev, 2013, 42: 3018-3032.

［93］ Yin Y X, Xin S, Guo Y G, et al. Lithium-sulfur batteries: electrochemistry, materials, and prospects ［J］. Angew Chem Int Ed, 2013, 52: 13186-13200.

［94］ Manthiram A, Chung S H, Zu C. Lithium-sulfur batteries: Progress and prospects ［J］. Advanced materials, 2015, 27: 1980-2006.

［95］ Ma L, Hendrickson K E, Wei S, et al. Nanomaterials: Science and applications in the lithium-sulfur battery ［J］. Nano Today, 2015, 10: 315-338.

［96］ Lin J C, Yang J H, Chang T K, et al. On the structure of micrometer copper features fabricated by intermittent micro-anode guided electroplating ［J］. Electrochimica Acta, 2009, 54:

5703-5708.

[97] Wang C, Chen J J, Shi Y N, et al. Preparation and performance of a core - shell carbon/sulfur material for lithium/sulfur battery [J]. Electrochimica Acta, 2010, 55: 7010-7015.

[98] Xin S, Gu L, Zhao N H, et al. Smaller Sulfur Molecules Promise Better Lithium - Sulfur Batteries [J]. J Am Chem Soc, 2012, 134: 18510-18513.

[99] Zhang B, Qin X, Li G R, et al. Enhancement of long stability of sulfur cathode by encapsulating sulfur into micropores of carbon spheres [J]. Energy & Environmental Science, 2010, 3: 1531-1537.

[100] Jayaprakash N, Shen J, Moganty S S, et al. Porous hollow carbon@ sulfur composites for high-power lithium-sulfur batteries [J]. Angew Chem Int Ed, 2011, 50: 5904-5908.

[101] He G, Evers S, Liang X, et al. Tailoring porosity in carbon nanospheres for lithium - sulfur battery cathodes [J]. ACS Nano, 2013, 7, 10920-10930.

[102] Li X, Cao Y, Qi W, et al. Optimization of mesoporous carbon structures for lithium - sulfur battery applications [J]. Journal of Materials Chemistry, 2011, 21: 16603-16610.

[103] Li D, Han F, Wang S, et al. High sulfur loading cathodes fabricated using peapodlike, large pore volume mesoporous carbon for lithium-sulfur battery [J]. ACS Appl Mater Interfaces, 2013, 5: 2208-2213.

[104] Tao X, Chen X, Xia Y, et al. Highly mesoporous carbon foams synthesized by a facile, cost -effective and template-free Pechini method for advanced lithium—sulfur batteries [J]. Journal of Materials Chemistry A, 2013, 1: 3295-3301.

[105] Zhang C, Wu H Bin, Yuan C, et al. Confining Sulfur in Double-Shelled Hollow Carbon Spheres for Lithium-Sulfur Batteries [J]. Angew. Chem. Int. Ed., 2012, 51: 9592-9595.

[106] Brun N, Sakaushi K, Yu L, et al. Hydrothermal carbon-based nanostructured hollow spheres as electrode materials for high - power lithium - sulfur batteries [J]. Physical chemistry chemical physics : PCCP, 2013, 15: 6080-6087.

[107] Yuan L, Yuan H, Qiu X, et al. Improvement of cycle property of sulfur-coated multi-walled carbon nanotubes composite cathode for lithium/sulfur batteries [J]. Journal of Power Sources, 2009, 189: 1141-1146.

[108] Jiajia C, Xin J, Qiujie S, et al. The preparation of nano-sulfur/MWCNTs and its electrochemical performance [J]. Electrochimica Acta, 2010, 55: 8062-8066.

[109] Wei W, Wang J, Zhou L, et al. CNT enhanced sulfur composite cathode material for high rate lithium battery [J]. Electrochemistry Communications, 2011, 13: 399-402.

[110] Chen J J, Zhang Q, Shi Y N, et al. A hierarchical architecture S/MWCNT nanomicrosphere with large pores for lithium sulfur batteries [J]. Physical chemistry chemical physics : PCCP, 2012, 14: 5376-5382.

[111] Su Y S, Fu Y, Manthiram A. Self-weaving sulfur-carbon composite cathodes for high rate lithium- sulfur batteries [J]. Physical chemistry chemical physics : PCCP, 2012, 14: 14495-14499.

[112] Guo J, Xu Y, Wang C. Sulfur-impregnated disordered carbon nanotubes cathode for lithium-

sulfur batteries [J]. Nano Lett, 2011, 11: 4288-4294.

[113] Choi Y J, Kim K W, Ahn H J, et al. Improvement of cycle property of sulfur electrode for lithium/sulfur battery [J]. Journal of Alloys and Compounds, 2008, 449: 313-316.

[114] Zheng G, Yang Y, Cha J J, et al. Hollow carbon nanofiber-encapsulated sulfur cathodes for high specific capacity rechargeable lithium batteries [J]. Nano Lett, 201, 11: 4462-4467.

[115] Ji L, Rao M, Aloni S, et al. Porous carbon nanofiber – sulfur composite electrodes for lithium/sulfur cells [J]. Energy & Environmental Science, 2011, 4: 5053-5059.

[116] Rao M, Song X, Cairns E J. Nano-carbon/sulfur composite cathode materials with carbon nanofiber as electrical conductor for advanced secondary lithium/sulfur cells [J]. Journal of Power Sources, 2012, 205: 474-478.

[117] Ji L, Rao M, Zheng H, et al. Graphene oxide as a sulfur immobilizer in high performance lithium/sulfur cells [J]. J Am Chem Soc, 2011, 133: 18522-18525.

[118] Evers S, Nazar L F. Graphene-enveloped sulfur in a one pot reaction: a cathode with good coulombic efficiency and high practical sulfur content [J]. Chem Commun (Camb), 2012, 48: 1233-1235.

[119] Li N, Zheng M, Lu H, et al. High-rate lithium-sulfur batteries promoted by reduced graphene oxide coating [J]. Chem Commun (Camb), 2012, 48: 4106-4108.

[120] Huang J Q, Liu X F, Zhang Q, et al. Entrapment of sulfur in hierarchical porous graphene for lithium-sulfur batteries with high rate performance from-40 to 60°C [J]. Nano Energy, 2013, 2: 314-321.

[121] Han S C, Song M S, Lee H, et al. Effect of Multiwalled Carbon Nanotubes on Electrochemical Properties of Lithium/Sulfur Rechargeable Batteries [J]. Journal of The Electrochemical Society, 2003, 150: A889-A893.

[122] Wang J L, Yang J, Xie J Y, et al. Sulfur – carbon nano-composite as cathode for rechargeable lithium battery based on gel electrolyte [J]. Electrochemistry Communications, 2002, 4: 499-502.

[123] He G, Ji X, Nazar L. High "C" rate Li-S cathodes: sulfur imbibed bimodal porous carbons [J]. Energy & Environmental Science, 2011, 4: 2878-2883.

[124] Fu Y, Su Y S, Manthiram A. Highly reversible lithium/dissolved polysulfide batteries with carbon nanotube electrodes [J]. Angew Chem Int Ed, 2013, 52: 6930-6935.

[125] Su Y S, Manthiram A. A new approach to improve cycle performance of rechargeable lithium-sulfur batteries by inserting a free – standing MWCNT interlayer [J]. Chem Commun (Camb), 2012, 48: 8817-8819.

[126] Zhang S S, Tran D T. A proof-of-concept lithium/sulfur liquid battery with exceptionally high capacity density [J]. Journal of Power Sources, 2012, 211: 169-172.

[127] Lee J, Kim J, Hyeon T. Recent Progress in the Synthesis of Porous Carbon Materials [J]. Advanced materials, 2006, 18: 2073-2094.

[128] Su Y S, Manthiram A. Lithium-sulphur batteries with a microporous carbon paper as a bifunctional interlayer [J]. Nature communications, 2012, 3: 1166-1172.

[129] Liang C, Dudney N J, Howe J Y. Hierarchically Structured Sulfur/Carbon Nanocomposite Material for High－Energy Lithium Battery [J]. Chemistry of Materials, 2009, 21: 4724-4730.

[130] Zheng W, Liu Y W, Hu X G, et al. Novel nanosized adsorbing sulfur composite cathode materials for the advanced secondary lithium batteries [J]. Electrochimica Acta, 2006, 51: 1330-1335.

[131] Wu H B, Wei S, Zhang L, et al. Embedding sulfur in MOF-derived microporous carbon polyhedrons for lithium-sulfur batteries [J]. Chemistry, 2013, 19: 10804-10808.

[132] Li Z, Yuan L, Yi Z, et al. Insight into the Electrode Mechanism in Lithium-Sulfur Batteries with Ordered Microporous Carbon Confined Sulfur as the Cathode [J]. Advanced Energy Materials, 2014, 4: 1301473.

[133] Xu Y, Wen Y, Zhu Y, et al. Confined Sulfur in Microporous Carbon Renders Superior Cycling Stability in Li/S Batteries [J]. Advanced Functional Materials, 2015, 25: 4312-4320.

[134] Li Z, Jiang Y, Yuan L, et al. A highly ordered meso@ microporous carbon-supported sulfur @ smaller sulfur core-shell structured cathode for Li-S batteries [J]. ACS Nano, 2014, 8: 9295-9303.

[135] Jung D S, Hwang T H, Lee J H, et al. Hierarchical porous carbon by ultrasonic spray pyrolysis yields stable cycling in lithiumsulfur battery [J]. Nano Letters, 2014, 14: 4418-4425.

[136] Ma P C, Siddiqui N A, Marom G, et al. Dispersion and functionalization of carbon nanotubes for polymer－based nanocomposites: A review [J]. Composites Part A: Applied Science and Manufacturing, 2010, 41: 1345-1367.

[137] Wang C, Wan W, Chen J T, et al. Dual core － shell structured sulfur cathode composite synthesized by a one-pot route for lithium sulfur batteries [J]. Journal of Materials Chemistry A, 2013, 1: 1716-1723.

[138] Wang C, Chen H, Dong W, et al. Sulfur-amine chemistrybased synthesis of multi－walled carbon nanotube-sulfur composites for high performance Li-S batteries [J]. Chemical Communications, 2014, 50: 1202-1204.

[139] Wu F, Chen J, Li L, et al. Improvement of Rate and Cycle Performance by Rapid Polyaniline Coating of a MWCNT/Sulfur Cathode [J]. The Journal of Physical Chemistry C, 2011, 115: 24411-24417.

[140] Zhang S M, Zhang Q, Huang J Q, et al. Composite Cathodes Containing SWCNT@ S Coaxial Nanocables: Facile Synthesis, Surface Modification, and Enhanced Performance for Li－Ion Storage [J]. Particle & Particle Systems Characterization, 2013, 30: 158-165.

[141] Xiao Z, Yang Z, Nie H, et al. Porous carbon nanotubes etched by water steam for high-rate large-capacity lithium—sulfur batteries [J]. Journal of Materials Chemistry A, 2014, 2: 8683-8689.

[142] Yuan Z, Peng H J, Huang J Q, et al. Hierarchical Free-Standing Carbon-Nanotube Paper Electrodes with Ultrahigh Sulfur-Loading for Lithium-Sulfur Batteries [J]. Advanced Func-

tional Materials, 2014, 24: 6105-6112.

[143] GEIM A K, NOVOSELOV K S. The rise of graphene [J]. Nature Materials, 2007, 6: 183-191.

[144] Wang J Z, Lu L, Choucair M, et al. Sulfur graphene composite for rechargeable lithium batteries [J]. Journal of Power Sources, 2011, 196: 7030-7034.

[145] Cao Y, Li X, Aksay I A, et al. Sandwich-type functionalized graphene sheet sulfur nanocomposite for rechargeable lithium batteries [J]. Physical chemistry chemical physics, 2011, 13: 7660-7665.

[146] Wang H, Yang Y, Liang Y, et al. GrapheneWrapped Sulfur Particles as a Rechargeable Lithium - Sulfur Battery Cathode Material with High Capacity and Cycling Stability [J]. Nano Letters, 2011, 11: 2644-2647.

[147] Zhang F F, Zhang X B, Dong Y H, et al. Facile and effective synthesis of reduced graphene oxide encapsulated sulfur via oil/water system for high performance lithium sulfur cells [J]. Journal of Materials Chemistry, 2012, 22: 11452-11454.

[148] Zhou G, Li L, Ma C, et al. A graphene foam electrode with high sulfur loading for flexible and high energy Li-S batteries [J]. Nano Energy, 2015, 11: 356-365.

[149] Hu G, Xu C, Sun Z, et al. 3D Graphene Foam Reduced Graphene Oxide Hybrid Nested Hierarchical Networks for High-Performance Li-S Batteries [J]. Advanced Materials, 2016, 28: 1603-1609.

[150] Zhou G, Paek E, Hwang G S, et al. Long life Li/polysulphide batteries with high sulphur loading enabled by lightweight three-dimensional nitrogen/sulphur-codoped graphene sponge [J]. Nature communications, 2015, 6: 7760-7771.

[151] Zhou G, Paek E, Hwang G S, et al. High Performance Lithium Sulfur Batteries with a Self-Supported, 3D Li$_2$S-Doped Graphene Aerogel Cathodes [J]. Advanced Energy Materials, 2016, 6: 1501355.

[152] Han K, Shen J, Hao S, et al. Free-standing nitrogendoped graphene paper as electrodes for high performance lithium/dissolved polysulfide batteries [J]. Chem Sus Chem, 2014, 7: 2545-2553.

[153] Pang Q, Liang X, Kwok C Y, et al. Advances in lithium - sulfur batteries based on multifunctional cathodes and electrolytes [J]. Nature Energy, 2016, 1: 16132-16143.

[154] Schuster J, He G, Mandlmeier B, et al. Spherical ordered mesoporous carbon nanoparticles with high porosity for lithium - sulfur batteries [J]. Angew Chem Int Ed, 2012, 51: 3591-3595.

[155] Chen S R, Zhai Y P, Xu G L, et al. Ordered mesoporous carbon/sulfur nanocomposite of high performances as cathode for lithium—sulfur battery [J]. Electrochimica Acta, 2011, 56: 9549-9555.

[156] Xi K, Cao S, Peng X, et al. Carbon with hierarchical pores from carbonized metal organic frameworks for lithium sulphur batteries [J]. Chem Commun (Camb), 2013, 49: 2192-2194.

[157] Wei S, Zhang H, Huang Y, et al. Pig bone derived hierarchical porous carbon and its enhanced cycling performance of lithium—sulfur batteries [J]. Energy & Environmental Science, 2011, 4: 736-740.

[158] Li G, Sun J, Hou W, et al. Three-dimensional porous carbon composites containing high sulfur nanoparticle content for high-performance lithium-sulfur batteries [J]. Nature Communications, 2016, 7: 10601-10611.

[159] Xue M, Chen C, Ren Z, et al. A novel mangosteen peels derived hierarchical porous carbon for lithium sulfur battery [J]. Materials Letters, 2017, 209: 594-597.

[160] Li Z, Wu H B, Lou X W. Rational designs and engineering of hollow micro-/nanostructures as sulfur hosts for advanced lithium-sulfur batteries [J]. Energy & Environmental Science, 2016, 9: 3061-3070.

[161] Wang Z, Dong Y, Li H, et al. Enhancing lithium-sulphur battery performance by strongly binding the discharge products on amino-functionalized reduced graphene oxide [J]. Nature Communications, 2014, 5: 5002-5010.

[162] Ma L, Zhuang H L, Wei S, et al. Enhanced Li-S Batteries Using Amine-Functionalized Carbon Nanotubes in the Cathode [J]. ACS Nano, 2016, 10: 1050-1059.

[163] Zu C, Su Y S, Fu Y, et al. Improved lithium-sulfur cells with a treated carbon paper interlayer [J]. Physical Chemistry Chemical Physics : PCCP, 2013, 15: 2291-2297.

[164] Deng Z, Zhang Z, Lai Y, et al. Electrochemical Impedance Spectroscopy Study of a Lithium/Sulfur Battery: Modeling and Analysis of Capacity Fading [J]. Journal of the Electrochemical Society, 2013, 160: A553-A558.

[165] Barghamadi M, Kapoor A, Wen C. A Review on Li-S Batteries as a High Efficiency Rechargeable Lithium Battery [J]. Journal of the Electrochemical Society, 2013, 160: A1256-A1263.

[166] Song J, Xu T, Gordin M L, et al. Nitrogen-Doped Mesoporous Carbon Promoted Chemical Adsorption of Sulfur and Fabrication of High-Areal-Capacity Sulfur Cathode with Exceptional Cycling Stability for Lithium-Sulfur Batteries [J]. Advanced Functional Materials, 2014, 24: 1243-1250.

[167] Tang C, Zhang Q, Zhao M Q, et al. Nitrogen-doped aligned carbon nanotube/graphene sandwiches: facile catalytic growth on bifunctional natural catalysts and their applications as scaffolds for high-rate lithium-sulfur batteries [J]. Advanced materials, 2014, 26: 6100-6105.

[168] Qiu Y, Li W, Zhao W, et al. High-rate, ultralong cycle-life lithium/sulfur batteries enabled by nitrogen-doped graphene [J]. Nano Lett, 2014, 14: 4821-4827.

[169] Zhou G, Zhao Y, Manthiram A. Dual-Confined Flexible Sulfur Cathodes Encapsulated in Nitrogen-Doped Double-Shelled Hollow Carbon Spheres and Wrapped with Graphene for Li-S Batteries [J]. Advanced Energy Materials, 2015, 5: 1402263-1402273.

[170] Song J, Yu Z, Gordin M L, et al. Advanced Sulfur Cathode Enabled by Highly Crumpled Nitrogen-Doped Graphene Sheets for High-Energy-Density Lithium-Sulfur Batteries [J]. Nano

Lett, 2016, 16: 864-870.

[171] Pei F, An T, Zang J, et al. From Hollow Carbon Spheres to N-Doped Hollow Porous Carbon Bowls: Rational Design of Hollow Carbon Host for Li-S Batteries [J]. Advanced Energy Materials, 2016, 6: 1502539-1502547.

[172] Ding Y L, Kopold P, Hahn K, et al. Facile Solid State Growth of 3D Well Interconnected Nitrogen Rich Carbon Nanotube Graphene Hybrid Architectures for Lithium-Sulfur Batteries [J]. Advanced Functional Materials, 2016, 26: 1112-1119.

[173] Ai F, Liu N, Wang W, et al. Heteroatoms-Doped Porous Carbon Derived from Tuna Bone for High Performance Li-S Batteries [J]. Electrochimica Acta, 2017, 258: 80-89.

[174] Zhang Y, Sun K, Liang Z, et al. N-doped yolk-shell hollow carbon sphere wrapped with graphene as sulfur host for high-performance lithium-sulfur batteries [J]. Applied Surface Science, 2018, 427: 823-829.

[175] Li X, Fu N, Zou J, et al. Sulfur impregnated N-doped hollow carbon nanofibers as cathode for lithium-sulfur batteries [J]. Materials Letters, 2017, 209: 505-508.

[176] Yang C P, Yin Y X, Ye H, et al. Insight into the effect of boron doping on sulfur/carbon cathode in lithium-sulfur batteries [J]. ACS Appl Mater Interfaces, 2014, 6: 8789-8795.

[177] Song J, Gordin M L, Xu T, et al. Strong lithium polysulfide chemisorption on electroactive sites of nitrogen doped carbon composites for high performance lithium sulfur battery cathodes [J]. Angew Chem Int Ed, 2015, 54: 4325-4329.

[178] Zhang S, Tsuzuki S, Ueno K, et al. Upper limit of nitrogen content in carbon materials [J]. Angew Chem Int Ed, 2015, 54: 1318-1322.

[179] Liu J, Li W, Duan L, et al. A Graphene like Oxygenated Carbon Nitride Material for Improved Cycle-Life Lithium/Sulfur Batteries [J]. Nano Lett, 2015, 15: 5137-5142.

[180] Pang Q, Nazar L F. Long Life and High Areal Capacity Li-S Batteries Enabled by a Light-Weight Polar Host with Intrinsic Polysulfide Adsorption [J]. ACS Nano, 2016, 10: 4111-4118.

[181] Yin L C, Liang J, Zhou G M, et al. Understanding the Interactions Between Lithium Polysulfides and N-doped Graphene Using Density Functional Theory Calculations [J]. Nano Energy, 2016, 25: 203-210.

[182] Sun F, Wang J, Chen H, et al. High efficiency immobilization of sulfur on nitrogen-enriched mesoporous carbons for Li-S batteries [J]. ACS applied materials & Interfaces, 2013, 5: 5630-5638.

[183] Hou T Z, Chen X, Peng H J, et al. Design Principles for Heteroatom Doped Nanocarbon to Achieve Strong Anchoring of Polysulfides for Lithium-Sulfur Batteries [J]. Small, 2016, 12: 3283-3291.

[184] Mi K, Chen S, Xi B, et al. Sole Chemical Confinement of Polysulfides on Nonporous Nitrogen/Oxygen Dual Doped Carbon at the Kilogram Scale for Lithium-Sulfur Batteries [J]. Advanced Functional Materials, 2016: 27, 1-13.

[185] Wang X, Gao T, Han F, et al. Stabilizing High Sulfur Loading Li-S Batteries by Chemisorp-

tion of Polysulfide on Three-Dimensional Current Collector [J]. Nano Energy, 2016, 30: 700-708.

[186] Chen H, Xiong Y, Yu T, et al. Boron and nitrogen co-doped porous carbon with a high concentration of boron and its superior capacitive behavior [J]. Carbon, 2017, 113: 266-273.

[187] Pang Q, Tang J, Huang H, et al. A Nitrogen and Sulfur Dual-Doped Carbon Derived from Polyrhodanine@ Cellulose for Advanced Lithium-Sulfur Batteries [J]. Advanced materials, 2015, 27: 6021-6028.

[188] Wang J, Chen J, Konstantinov K, et al. Sulphur-polypyrrole composite positive electrode materials for rechargeable lithium batteries [J]. Electrochimica Acta, 2006, 51: 4634-4638.

[189] Li W, Zhang Q, Zheng G, et al. Understanding the role of different conductive polymers in improving the nanostructured sulfur cathode performance [J]. Nano Lett, 2013, 13: 5534-5540.

[190] Fu Y, Manthiram A. Orthorhombic Bipyramidal Sulfur Coated with Polypyrrole Nanolayers As a Cathode Material for Lithium—Sulfur Batteries [J]. The Journal of Physical Chemistry C, 2012, 116: 8910-8915.

[191] Fu Y, Manthiram A. Enhanced Cyclability of Lithium - Sulfur Batteries by a Polymer Acid-Doped Polypyrrole Mixed Ionic-Electronic Conductor [J]. Chemistry of Materials, 2012, 24: 3081-3087.

[192] Xiao L, Cao Y, Xiao J, et al. A soft approach to encapsulate sulfur: polyaniline nanotubes for lithium - sulfur batteries with long cycle life [J]. Advanced Materials, 2012, 24: 1176-1181.

[193] Zhou W, Yu Y, Chen H, et al. Yolk-shell structure of polyaniline-coated sulfur for lithium-sulfur batteries [J]. J Am Chem Soc, 2013, 135: 16736-16743.

[194] Wu F, Wu S, Chen R, et al. Sulfur-Polythiophene Composite Cathode Materials for Rechargeable Lithium Batteries [J]. Electrochemical and Solid - State Letters, 2010, 13: A29-A31.

[195] Wu F, Chen J, Chen R, et al. Sulfur/Polythiophene with a Core/Shell Structure: Synthesis and Electrochemical Properties of the Cathode for Rechargeable Lithium Batteries [J]. The Journal of Physical Chemistry C, 2011, 115: 6057-6063.

[196] Li W, Zheng G, Yang Y, et al. High-performance hollow sulfur nanostructured battery cathode through a scalable, room temperature, one - step, bottom - up approach [J]. PNAS, 2013, 110: 7148-7153.

[197] Wang J, Yang J, Wan C, et al. Sulfur Composite Cathode Materials for Rechargeable Lithium Batteries [J]. Advanced Functional Materials, 2003, 13: 487-492.

[198] Yin L, Wang J, Yang J, et al. A novel pyrolyzed polyacrylonitrile - sulfur @ MWCNT composite cathode material for high-rate rechargeable lithium/sulfur batteries [J]. Journal of Materials Chemistry, 2011, 21: 6807-6810.

[199] Fu Y, Su Y S, Manthiram A. Sulfur-carbon nanocomposite cathodes improved by an amphiphilic block copolymer for high-rate lithium-sulfur batteries [J]. ACS Appl Mater Inter-

faces, 2012, 4: 6046-6052.

[200] Zheng G, Zhang Q, Cha J J, et al. Amphiphilic surface modification of hollow carbon nanofibers for improved cycle life of lithium sulfur batteries [J]. Nano Lett, 2013, 13: 1265-1270.

[201] Li Y J, Fan J M, Zheng M S, et al. A novel synergistic composite with multifunctional effects for high-performance Li-S batteries [J]. Energy & Environmental Science, 2016, 9: 1998-2004.

[202] Wang Z, Li X, Cui Y, et al. A Metal Organic Framework with Open Metal Sites for Enhanced Confinement of Sulfur and Lithium Sulfur Battery of Long Cycling Life [J]. Crystal Growth & Design, 2013, 13: 5116-5120.

[203] Song M S, Han S C, Kim H S, et al. Effects of Nanosized Adsorbing Material on Electrochemical Properties of Sulfur Cathodes for Li/S Secondary Batteries [J]. Journal of The Electrochemical Society, 2004, 151: A791-A795.

[204] Zhang Y, Zhao Y, Yermukhambetova A, et al. Ternary sulfur/polyacrylonitrile/$Mg_{0.6}Ni_{0.4}O$ composite cathodes for high performance lithium/sulfur batteries [J]. Journal of Materials Chemistry A, 2013, 1: 295-301.

[205] Fan Q, Liu W, Weng Z, et al. Ternary Hybrid Material for High-Performance Lithium-Sulfur Battery [J]. J Am Chem Soc, 2015, 137: 12946-12953.

[206] Ji X, Evers S, Black R, et al. Stabilizing lithium-sulphur cathodes using polysulphide reservoirs [J]. Nature Communications, 2011, 2: 325-332.

[207] Yermukhambetova A, Bakenov Z, Zhang Y, et al. Examining the effect of nanosized $Mg_{0.6}Ni_{0.4}O$ and Al_2O_3 additives on S/polyaniline cathodes for lithium - sulphur batteries [J]. Journal of Electroanalytical Chemistry, 2016, 780: 407-415.

[208] Yu M, Yuan W, Li C, et al. Performance enhancement of a graphene - sulfur composite as a lithium—sulfur battery electrode by coating with an ultrathin Al_2O_3 film via atomic layer deposition [J]. Journal of Materials Chemistry A, 2014, 2: 7360-7366.

[209] Evers S, Yim T, Nazar L F. Understanding the Nature of Absorption/Adsorption in Nanoporous Polysulfide Sorbents for the Li-S Battery [J]. The Journal of Physical Chemistry C, 2012, 116: 19653-19658.

[210] Pang Q, Kundu D, Cuisinier M, et al. Surface-enhanced redox chemistry of polysulphides on a metallic and polar host for lithium - sulphur batteries [J]. Nature Communications, 2014, 5: 4759-4767.

[211] Xu G, Yuan J, Tao X, et al. Absorption mechanism of carbon-nanotube paper-titanium dioxide as a multifunctional barrier material for lithium-sulfur batteries [J]. Nano Research, 2015, 8: 3066-3074.

[212] Wei Seh Z, Li W, Cha J J, et al. Sulphur-TiO_2 yolk - shell nanoarchitecture with internal void space for long-cycle lithium - sulphur batteries [J]. Nature communications, 2013, 4: 1331-1337.

[213] Tao X, Wang J, Ying Z, et al. Strong Sulfur Binding with Conducting Magnéli - Phase

Ti_nO_{2n-1} Nanomaterials for Improving Lithium−Sulfur Batteries [J]. Nano Letters, 2014, 14: 5288−5294.

[214] Tao X, Wang J, Liu C, et al. Balancing surface adsorption and diffusion of lithium−polysulfides on nonconductive oxides for lithium−sulfur battery design [J]. Nature communications, 2016, 7: 11203−11212.

[215] Li J, Ding B, Xu G, et al. Enhanced cycling performance and electrochemical reversibility of a novel sulfur−impregnated mesoporous hollow TiO_2 sphere cathode for advanced Li−S batteries [J]. Nanoscale, 2013, 5: 5743−5746.

[216] Ma X Z, Jin B, Wang H Y, et al. S−TiO_2 composite cathode materials for lithium/sulfur batteries [J]. Journal of Electroanalytical Chemistry, 2015, 736: 127−131.

[217] Xie K, Han Y, Wei W, et al. Fabrication of a novel TiO_2/S composite cathode for high performance lithium−sulfur batteries [J]. RSC Advances, 2015, 5: 77348−77353.

[218] Liang X, Kwok C Y, Lodi Marzano F, et al. Tuning Transition Metal Oxide−Sulfur Interactions for Long Life Lithium Sulfur Batteries: The "Goldilocks" Principle [J]. Advanced Energy Materials, 2015, 6: 1501636.

[219] Wu D S, Shi F, Zhou G, et al. Quantitative investigation of polysulfide adsorption capability of candidate materials for Li − S batteries [J]. Energy Storage Materials, 2018, 13: 241−246.

[220] Trevey J E, Stoldt C R, Lee S H. High Power Nanocomposite TiS_2 Cathodes for All−Solid−State Lithium Batteries [J]. Journal of The Electrochemical Society, 2011, 158: A1282−A1289.

[221] Yuan Z, Peng H J, Hou T Z, et al. Powering Lithium−Sulfur Battery Performance by Propelling Polysulfide Redox at Sulfiphilic Hosts [J]. Nano Lett, 2016, 16: 519−527.

[222] Xu H, Manthiram A. Hollow cobalt sulfide polyhedra−enabled long−life, high areal−capacity lithium−sulfur batteries [J]. Nano Energy, 2017, 33: 124−129.

[223] Pang Q, Kundu D, Nazar L F. A graphene−like metallic cathode host for long−life and high−loading lithium − sulfur batteries [J]. Materials Horizons, 2016, 3: 130−136.

[224] Zhou J, Lin N, Cai W L, et al. Synthesis of S/CoS 2 Nanoparticles−Embedded N−doped Carbon Polyhedrons from Polyhedrons ZIF−67 and their Properties in Lithium−Sulfur Batteries [J]. Electrochimica Acta, 2016, 218: 243−251.

[225] Ma Z, Li Z, Hu K, et al. The enhancement of polysulfide absorbsion in LiS batteries by hierarchically porous CoS_2/carbon paper interlayer [J]: Journal of Power Sources, 2016, 325: 71−78.

[226] Pu J, Shen Z, Zheng J, et al. Multifunctional Co_3S_4@ sulfur nanotubes for enhanced lithium−sulfur battery performance [J]. Nano Energy, 2017, 37: 7−14.

[227] Chen X, Peng H J, Zhang R, et al. An Analogous Periodic Law for Strong Anchoring of Polysulfides on Polar Hosts in Lithium Sulfur Batteries: S− or Li−Binding on First−Row Transition−Metal Sulfides? [J]. ACS Energy Letters, 2017, 2: 795−801.

[228] Liang Y, Tao Z, Chen J. Organic Electrode Materials for Rechargeable Lithium Batteries

[J]. Advanced Energy Materials, 2012, 2: 742-769.

[229] Chung W J, Griebel J J, Kim E T, et al. The use of elemental sulfur as an alternative feedstock for polymeric materials [J]. Nat Chem, 2013, 5: 518-524.

[230] Duan B, Wang W, Wang A, et al. Carbyne polysulfide as a novel cathode material for lithium/sulfur batteries [J]. Journal of Materials Chemistry A, 2013, 1: 13261-13267.

[231] Sun Z, Xiao M, Wang S, et al. Sulfur-rich polymeric materials with semi-interpenetrating network structure as a novel lithium - sulfur cathode [J]. Journal of Materials Chemistry A, 2014, 2: 9280-9286.

[232] Hu G, Sun Z, Shi C, et al. A Sulfur Rich Copolymer@ CNT Hybrid Cathode with Dual-Confinement of Polysulfides for High Performance Lithium-Sulfur Batteries [J]. Advanced materials, 2017, 29: 1603835-1603841.

[233] Yang Y, McDowell M T, Jackson A, et al. New nanostructured Li_2S/silicon rechargeable battery with high specific energy [J]. Nano Lett, 2010, 10: 1486-1491.

[234] Hassoun J, Scrosati B. A high performance polymer tin sulfur lithium ion battery [J]. Angew Chem Int Ed, 2010, 49: 2371-2374.

[235] Cunningham P T, Johnson S A, Phase C E J. Equilibria in Lithium-Chalcogen Systems II. Lithium-Sulfur [J]. Journal of The Electrochemical Society, 1972, 119: 1448-1450.

[236] Obrovac M N, Dahn J R. Electrochemically Active Lithia/Metal and Lithium Sulfide/Metal Composites [J]. Electrochemical and Solid-State Letters, 2002, 5: 70-73.

[237] Hayashi A, Ohtsubo R, Tatsumisago M. Electrochemical performance of all - solid - state lithium batteries with mechanochemically activated Li_2S - Cu composite electrodes [J]. Solid State Ionics, 2008, 179: 1702-1705.

[238] Yang Y, Zheng G, Misra S, et al. High-capacity micrometer-sized Li_2S particles as cathode materials for advanced rechargeable lithium-ion batteries [J]. J Am Chem Soc, 2012, 134: 15387-15394.

[239] Zu C, Klein M, Manthiram A. Activated Li_2S as a High-Performance Cathode for Rechargeable Lithium-Sulfur Batteries [J]. The journal of physical chemistry letters, 2014, 5: 3986-3991.

[240] Guo J, Yang Z, Yu Y, et al. Lithium-sulfur battery cathode enabled by lithium-nitrile interaction [J]. J. Am. Chem. Soc., 2013, 135: 763-767.

[241] Vizintin A, Chabanne L, Tchernychova E, et al. The mechanism of Li_2S activation in lithium-sulfur batteries: Can we avoid the polysulfide formation? [J]. Journal of Power Sources, 2017, 344: 208-217.

[242] Hassoun J, Sun Y K, Scrosati B. Rechargeable lithium sulfide electrode for a polymer tin/sulfur lithium-ion battery [J]. Journal of Power Sources, 2011, 196: 343-348.

[243] Barchasz C, Mesguich F, Dijon J, et al. Novel positive electrode architecture for rechargeable lithium/sulfur batteries [J]. Journal of Power Sources, 2012, 211: 19-26.

[244] Chung S H, Manthiram A. Lithium-sulfur batteries with superior cycle stability by employing porous current collectors [J]. Electrochimica Acta, 2013, 107: 569-576.

[245] Huang Y, Sun J, Wang W, et al. Discharge Process of the Sulfur Cathode with a Gelatin Binder [J]. Journal of the Electrochemical Society, 2008, 155: A764-A767.

[246] Sun J, Huang Y, Wang W, et al. Application of gelatin as a binder for the sulfur cathode in lithium-sulfur batteries [J]. Electrochimica Acta, 2008, 53: 7084-7088.

[247] Wang Y, Huang Y, Wang W, et al. Structural change of the porous sulfur cathode using gelatin as a binder during discharge and charge [J]. Electrochimica Acta, 2009, 54: 4062-4066.

[248] He M, Yuan L X, Zhang W X, et al. Enhanced Cyclability for Sulfur Cathode Achieved by a Water - Soluble Binder [J]. The Journal of Physical Chemistry C, 2011, 115: 15703-15709.

[249] Zhang Z, Bao W, Lu H, et al. Water-Soluble Polyacrylic Acid as a Binder for Sulfur Cathode in Lithium-Sulfur Battery [J]. ECS Electrochemistry Letters, 2012, 1: A34-A37.

[250] Wang J, Yao Z, Monroe C W, et al. Carbonyl-β-Cyclodextrin as a Novel Binder for Sulfur Composite Cathodes in Rechargeable Lithium Batteries [J]. Advanced Functional Materials, 2013, 23: 1194-1201.

[251] Chen W, Qian T, Xiong J, et al. A New Type of Multifunctional Polar Binder: Toward Practical Application of High Energy Lithium Sulfur Batteries [J]. Advanced materials, 2017, 29: 1605160-1605167.

[252] Chew S Y, Ng S H, Wang J, et al. Flexible free-standing carbon nanotube films for model lithium-ion batteries [J]. Carbon, 2009, 47: 2976-2983.

[253] Ng S H, Wang J, Guo Z P, et al. Single wall carbon nanotube paper as anode for lithium-ion battery [J]. Electrochimica Acta, 2005, 51: 23-28.

[254] Elazari R, Salitra G, Garsuch A, et al. Sulfur-impregnated activated carbon fiber cloth as a binder-free cathode for rechargeable Li-S batteries [J]. Advanced materials, 2011, 23: 5641-5644.

[255] Dorfler S, Hagen M, Althues H, et al. High capacity vertical aligned carbon nanotube/sulfur composite cathodes for lithium-sulfur batteries [J]. Chem Commun (Camb), 2012, 48: 4097-4099.

[256] Huang J Q, Zhang B, Xu Z L, et al. Novel interlayer made from Fe_3C/carbon nanofiber webs for high performance lithium-sulfur batteries [J]. Journal of Power Sources, 2015, 285: 43-50.

[257] Wang X, Wang Z, Chen L. Reduced graphene oxide film as a shuttle-inhibiting interlayer in a lithium-sulfur battery [J]. Journal of Power Sources, 2013, 242: 65-69.

[258] Chung S H, Manthiram A. A hierarchical carbonized paper with controllable thickness as a modulable interlayer system for high performance Li - S batteries [J]. Chem Commun (Camb), 2014, 50: 4184-4187.

[259] Qie L, Manthiram A. High-Energy-Density Lithium-Sulfur Batteries Based on Blade-Cast Pure Sulfur Electrodes [J]. ACS Energy Letters, 2016, 1: 46-51.

[260] Rauh R D, Abraham K M, Pearson G F, et al. A Lithium/Dissolved Sulfur Battery with an

Organic Electrolyte [J]. Journal of the Electrochemical Society, 1979, 126: 523-527.

[261] Demir Cakan R, Morcrette M. Gangulibabu, et al. Li-S batteries: simple approaches for superior performance [J]. Energy & Environmental Science, 2013, 6: 176-182.

[262] Su Y S, Fu Y, Guo B, et al. Fast, reversible lithium storage with a sulfur/long-chain-polysulfide redox couple [J]. Chemistry, 2013, 19: 8621-8626.

[263] Yang K, Zhang S, Han D, et al. Multifunctional Lithium-Sulfur Battery Separator [J]. Progress in Chemistry 2018, 30: 1942-1959.

[264] Chung S H, Manthiram A. Bifunctional Separator with a Light-Weight Carbon-Coating for Dynamically and Statically Stable Lithium-Sulfur Batteries [J]. Adv Funct Mater, 2014, 24: 5299-5306.

[265] Liu N, Huang B, Wang W, et al. Modified Separator Using Thin Carbon Layer Obtained from Its Cathode for Advanced Lithium Sulfur Batteries [J]. ACS Appl. Mater. Interfaces, 2016, 8: 16101-16107.

[266] Balach J, Jaumann T, Klose M, et al. Functional Mesoporous Carbon Coated Separator for Long-Life, High-Energy Lithium-Sulfur Batteries [J]. Advanced Functional Materials, 2015, 25: 5285-5291.

[267] Xu G, Yan Q B, Wang S, et al. A thin multifunctional coating on a separator improves the cyclability and safety of lithium sulfur batteries [J]. Chem Sci, 2017, 8: 6619-6625.

[268] Zhang Z, Wang G, Lai Y, et al. Nitrogen-doped porous hollow carbon sphere-decorated separators for advanced lithiumesulfur batteries [J]. Journal of Power Sources 2015, 300: 157-163.

[269] Ren Y X, Zhao T S, Liu M, et al. A self cleaning Li-S battery enabled by a bifunctional redox mediator [J]. Journal of Power Sources, 2017, 361: 203-210.

[270] Jin Z, Xie K, Hong X, et al. Application of lithiated Nafion ionomer film as functional separator for lithium sulfur cells [J]. Journal of Power Sources, 2012, 218: 163-167.

[271] Huang J Q, Zhang Q, Peng H J, et al. Ionic shield for polysulfides towards highly-stable lithium-sulfur batteries [J]. Energy Environ. Sci., 2014, 7: 347-353.

[272] Zeng F, Jin Z, Yuan K, et al. High performance lithium-sulfur batteries with a permselective sulfonated acetylene black modified separator [J]. J Mater Chem A, 2016, 4: 12319-12327.

[273] Lu Y, Gu S, Guo J, et al. Sulfonic Groups Originated Dual Functional Interlayer for High Performance Lithium-Sulfur Battery [J]. ACS Appl. Mater. Interfaces, 2017, 9: 1 4878-14888.

[274] Li C, Ward A L, Doris S E, et al. Polysul de-Blocking Microporous Polymer Membrane Tailored for Hybrid Li-Sulfur Flow Batteries [J]. Nano Lett., 2015, 15: 5724-5729.

[275] Zhu P, Zhu J, Zang J, et al. A novel bi-functional double-layer rGO PVDFPVDF composite nanofiber membrane separator with enhanced thermal stability and effective polysulfide inhibition for high-performance lithium - sulfur batteries [J]. J Mater Chem A, 2017, 5: 15096-15104.

[276] Wu F, Ye Y, Chen R, et al. Systematic Effect for an Ultralong Cycle Lithium–Sulfur Battery [J]. Nano Lett., 2015, 15: 7431–7439.

[277] Kim J S, Hwang T H, Kim B G, et al. Lithium–Sulfur Battery with a High Areal Energy Density [J]. Adv. Funct. Mater., 2014, 24: 5359–5367.

[278] Xin S, Yin Y X, Wan L J, et al. Encapsulation of Sulfur in a Hollow Porous Carbon Substrate for Superior Li–S Batteries with Long Lifespan [J]. Particle & Particle Systems Characterization, 2013, 30: 321–325.

[279] Zhang Z, Li Z, Hao F, et al. 3D Interconnected Porous Carbon Aerogels as Sulfur Immobilizers for Sulfur Impregnation for Lithium–Sulfur Batteries with High Rate Capability and Cycling Stability [J]. Advanced Functional Materials, 2014, 24: 2500–2509.

[280] Li X, Banis M, Lushington A, et al. A compatible carbonate electrolyte with lithium anode for high performance lithium sulfur battery [J]. Nature communications, 2018, 9: 4509–4518.

[281] Wang L, He X, Li J, et al. Charge/discharge characteristics of sulfurized polyacrylonitrile composite with different sulfur content in carbonate based electrolyte for lithium batteries [J]. Electrochimica Acta, 2012, 72: 114–119.

[282] Yin L, Wang J, Lin F, et al. Polyacrylonitrile/graphene composite as a precursor to a sulfur–based cathode material for high–rate rechargeable Li–S batteries [J]. Energy & Environmental Science, 2012, 5: 6966–6972.

[283] Chen Z, Zhou J, Guo Y, et al. A compatible carbonate electrolyte with lithium anode for high performance lithium sulfur battery [J]. Electrochimica Acta, 2018, 282: 555–562.

[284] Yim T, Park M S, Yu J S, et al. Effect of chemical reactivity of polysulfide toward carbonate–based electrolyte on the electrochemical performance of Li–S batteries [J]. Electrochimica Acta, 2013, 107: 454–460.

[285] Choi J W, Kim J K, Cheruvally G, et al. Rechargeable lithium/sulfur battery with suitable mixed liquid electrolytes [J]. Electrochimica Acta, 2007, 52: 2075–2082.

[286] Barchasz C, Leprêtre J C, Patoux S, et al. Revisiting TEGDME/DIOX binary electrolytes for lithium/sulfur batteries: importance of solvation ability and additives [J]. Journal of the Electrochemical Society 2013, 160: A430–A436.

[287] Barchasz C, Leprêtre J C, Patoux S, et al. Electrochemical properties of ether–based electrolytes for lithium/sulfur rechargeable batteries [J]. Electrochemica Acta, 2013, 89: 737–743.

[288] Chang D R, Lee S H, Kim S W, et al. Binary electrolyte based on tetra (ethylene glycol) dimethyl ether and 1, 3–dioxolane for lithium–sulfur battery [J]. Journal of Power Sources, 2002, 112: 452–460.

[289] Weng W, Pol V G, Amine K. Ultrasound assisted design of sulfur/carbon cathodes with partially fluorinated ether electrolytes for highly efficient Li/S batteries [J]. Advanced Materials, 2013, 25: 1608–1615.

[290] Azimi N, Xue Z, Rago N D, et al. Fluorinated electrolytes for Li–S battery: Suppressing the

self-discharge with an electrolyte containing fluoroether solvent [J]. Journal of the Electro-chemical Society, 2015, 162: A64-A68.

[291] Azimi N, Weng W, Takoudis C, et al. Improved performance of lithium – sulfur battery with fluorinated electrolyte [J]. Electrochemistry Communications, 2013, 37: 96-99.

[292] Yoon S, Lee Y H, Shin K H, et al. Binary sulfone/ether-based electrolytes for rechargeable lithium-sulfur batteries [J]. Electrochimica Acta, 2014, 145: 170-176.

[293] Kolosnitsyn V, Karaseva E, Seung D, et al. Cycling a sulfur electrode in mixed electrolytes based on sulfolane: Effect of ethers [J]. Russian journal of electrochemistry, 2002, 38: 1314-1318.

[294] Liao C, Guo B, Sun X G, et al. Synergistic effects of mixing sulfone and ionic liquid as safe electrolytes for lithium sulfur batteries [J]. Chem Sus Chem, 2015, 8: 353-360.

[295] Yuan L X, Feng J K, Ai X P, et al. Improved dischargeability and reversibility of sulfur cathode in a novel ionic liquid electrolyte [J]. Electrochemistry Communications, 2006, 8: 610-614.

[296] Park J W, Yamauchi K, Takashima E, et al. Solvent Effect of Room Temperature Ionic Liq-uids on Electrochemical Reactions in Lithium – Sulfur Batteries [J]. The Journal of Physical Chemistry C, 2013, 117: 4431-4440.

[297] Ueno K, Yoshida K, Tsuchiya M, et al. Glyme lithium salt equimolar molten mixtures: con-centrated solutions or solvate ionic liquids? [J]. The Journal of Physical Chemistry B,, 2012, 116: 11323-11331.

[298] Ueno K, Park J W, Yamazaki A, et al. Anionic Effects on Solvate Ionic Liquid Electrolytes in Rechargeable Lithium—Sulfur Batteries [J]. The Journal of Physical Chemistry C, 2013, 117: 20509-20516.

[299] Wang J, Chew S Y, Zhao Z W, et al. Sulfur—mesoporous carbon composites in conjunction with a novel ionic liquid electrolyte for lithium rechargeable batteries [J]. Carbon, 2008, 46: 229-235.

[300] Yan Y, Yin Y X, Xin S, et al. High safety lithium-sulfur battery with prelithiated Si/C an-ode and ionic liquid electrolyte [J]. Electrochimica Acta, 2013, 91: 58-61.

[301] Guo T, Ben T, Bi Z, et al. Highly dispersed sulfur in a porous aromatic framework as a cath-ode for lithium-sulfur batteries [J]. Chem Commun (Camb), 2013, 49: 4905-4907.

[302] Scheers J, Fantini S, Johansson P. A review of electrolytes for lithium-sulphur batteries [J]. Journal of Power Sources, 2014, 255: 204-218.

[303] Wang E Y X, Mori S. Inhibition of anodic corrosion of aluminum cathode current collector on recharging in lithium imide electrolytes [J]. Electrochemica Acta, 2000, 45: 2677-2684.

[304] Matsumoto K, Inoue K, Nakahara K, et al. Suppression of aluminum corrosion by using high concentration LiTFSI electrolyte [J]. Journal of Power Sources, 2013, 231: 234-238.

[305] Wang L, Ye Y, Chen N, et al. Development and Challenges of Functional Electrolytes for High Performance Lithium – Sulfur Batteries [J]. Advanced Functional Materials, 2018, 28: 1800919.

[306] Suo L, Hu Y S, Li H, et al. A new class of Solvent-in-Salt electrolyte for high-energy rechargeable metallic lithium batteries [J]. Nature communications, 2013, 4: 1481-1490.

[307] Shin E S, Kim K, Oh S H, et al. Polysulfide dissolution control: the common ion effect [J]. Chemical Communications, 2013, 49: 2004-2006.

[308] Li N W, Shi Y, Yin Y X, et al. A Flexible Solid Electrolyte Interphase Layer for Long-Life Lithium Metal Anodes [J]. Angewandte Chemie, 2018, 57: 1505-1509.

[309] Ma L, Kim M S, Archer L A. Stable Artificial Solid Electrolyte Interphases for Lithium Batteries [J]. Chemistry of Materials, 2017, 29: 4181-4189.

[310] Liu M, Ren Y X, Jiang H R, et al. An efficient Li$_2$S-based lithiumion sulfur battery realized by a bifunctional electrolyte additive [J]. Nano Energy, 2017, 40: 240-247.

[311] Zhao Q, Tu Z, Wei S, et al. Building Organic/Inorganic Hybrid Interphases for Fast Interfacial Transport in Rechargeable Metal Batteries [J]. Angewandte Chemie, 2018, 57: 992-996.

[312] Lee D J, Agostini M, Park J W, et al. Progress in lithium-sulfur batteries: the effective role of a polysulfide-added electrolyte as buffer to prevent cathode dissolution [J]. Chem Sus Chem, 2013, 6: 2245-2248.

[313] Yang W, Yang W, Song A, et al. Pyrrole as a promising electrolyte additive to trap polysulfides for lithium-sulfur batteries [J]. Journal of Power Sources, 2017, 348: 175-182.

[314] Wu H L, Shin M, Liu Y M, et al. Thiol-based electrolyte additives for high-performance lithium-sulfur batteries [J]. Nano Energy, 2017, 32: 50-58.

[315] Liang X, Wen Z, Liu Y, et al. Improved cycling performances of lithium sulfur batteries with LiNO$_3$-modified electrolyte [J]. Journal of Power Sources, 2011, 196: 9839-9843.

[316] Xiong S, Xie K, Diao Y, et al. Properties of surface film on lithium anode with LiNO$_3$ as lithium salt in electrolyte solution for lithium – sulfur batteries [J]. Electrochimica Acta, 2012, 83: 78-86.

[317] Zhang S S. Effect of Discharge Cutoff Voltage on Reversibility of Lithium/Sulfur Batteries with LiNO$_3$ – Contained Electrolyte [J]. Journal of The Electrochemical Society, 2012, 159: A920-A923.

[318] Adams B D, Carino E V, Connell J G, et al. Long term stability of Li-S batteries using high concentration lithium nitrate electrolytes [J]. Nano Energy, 2017, 40: 607-617.

[319] Li G, Gao Y, He X, et al. Organosulfide – plasticized solid – electrolyte interphase layer enables stable lithium metal anodes for long-cycle lithium-sulfur batteries [J]. Nature Communications, 2017, 8: 850-859.

[320] Agostini M, Xiong S, Matic A, et al. Polysulfide-containing Glyme-based Electrolytes for Lithium Sulfur Battery [J]. Chemistry of Materials, 2015, 27: 4604-4611.

[321] Li W, Yao H, Yan K, et al. The Synergetic Effect of Lithium Polysulfide and Lithium Nitrate to Prevent Lithium Dendrite Growth [J]. Nature Communications, 2015, 6: 7436-7444.

[322] Hassoun J, Scrosati B. Moving to a solid-state configuration: A valid approach to making lithium-sulfur batteries viable for practical applications [J]. Advanced materials, 2010, 22:

5198-5201.

[323] Hayashi A, Ohtomo T, Mizuno F, et al. All-solid-state Li/S batteries with highly conductive glass-ceramic electrolytes [J]. Electrochemistry Communications, 2003, 5: 701-705.

[324] Nagao M, Hayashi A, Tatsumisago M. Sulfur—carbon composite electrode for all-solid-state Li/S battery with $Li_2S-P_2S_5$ solid electrolyte [J]. Electrochimica Acta, 2011, 56: 6055-6059.

[325] Trevey J E, Gilsdorf J R, Stoldt C R, et al. Electrochemical Investigation of All-Solid-State Lithium Batteries with a High Capacity Sulfur-Based Electrode [J]. Journal of the Electrochemical Society, 2012, 159: A1019-A1022.

[326] Trevey J E, Jung Y S, Lee S H. High lithium ion conducting $Li_2S-GeS_2-P_2S_5$ glass-ceramic solid electrolyte with sulfur additive for all solid-state lithium secondary batteries [J]. Electrochimica Acta, 2011, 56: 4243-4247.

[327] Lee Y M, Choi N S, Park J H, et al. Electrochemical performance of lithium/sulfur batteries with protected Li anodes [J]. Journal of Power Sources, 2003, 119-121: 964-972.

[328] Hassoun J, Kim J, Lee D J, et al. A contribution to the progress of high energy batteries: A metal-free, lithium-ion, silicon-sulfur battery [J]. Journal of Power Sources, 2012, 202: 308-313.

[329] Peled E, Golodnitsky D, Ardel G. Advanced model for solid electrolyte interphase electrodes in liquid and polymer electrolytes [J]. Journal of the Electrochemical Society, 1997, 144: L208-L210.

[330] Cohen Y S, Cohen Y, Aurbach D. Micromorphological studies of lithium electrodes in alkyl carbonate solutions using in situ atomic force microscopy [J]. The Journal of Physical Chemistry B, 2000, 104: 12282-12291.

[331] Tao T, Lu S, Fan Y, et al. Anode Improvement in Rechargeable Lithium-Sulfur Batteries [J]. Advanced materials, 2017, 29: 1700542.

[332] Kozen A C, Lin C F, Pearse A J, et al. Next-Generation Lithium Metal Anode Engineering via Atomic Layer Deposition [J]. ACS Nano, 2015, 9: 5884-5892.

[333] Yan C, Cheng X B, Yao Y X, et al. An Armored Mixed Conductor Interphase on a Dendrite-Free Lithium-Metal Anode [J]. Advanced Materials, 2018: 1804461.

[334] Ma G, Wen Z, Wu M, et al. A lithium anode protection guided highly-stable lithium-sulfur battery [J]. Chemical Communications, 2014, 50: 14209-14212.

[335] Pang Q, Liang X, Shyamsunder A, et al. An In Vivo Formed Solid Electrolyte Surface Layer Enables Stable Plating of Li Metal [J]. Joule, 2017, 1: 871-886.

[336] Li N W, Yin Y X, Yang C P, et al. An Artificial Solid Electrolyte Interphase Layer for Stable Lithium Metal Anodes [J]. Advanced Materials, 2016, 28: 1853-1858.

[337] Cao Y, Meng X, Elam J W. Atomic Layer Deposition of Li_xAl_yS Solid-State Electrolytes for Stabilizing Lithium Metal Anodes [J]. ChemElectroChem, 2016, 3: 858-863.

[338] Richards W D, Miara L J, Wang Y, et al. Interface Stability in Solid-State Batteries [J]. Chemistry of Materials, 2015, 28: 266-273.

[339] Monroe C, Newman J. Dendrite Growth in Lithium/Polymer Systems [J]. Journal of The Electrochemical Society, 2003, 150: A1377-A1384.

[340] Ozhabes Y, Gunceler D, Arias T A. Stability and surface diffusion at lithium-electrolyte interphases with connections to dendrite suppression [J]. arXiv preprint arXiv: 1504. 05799, 2015: 1-7.

[341] Qian J, Xu W, Bhattacharya P, et al. Dendrite-free Li deposition using trace-amounts of water as an electrolyte additive [J]. Nano Energy, 2015, 15: 135-144.

[342] Choudhury S, Archer L A. Lithium Fluoride Additives for Stable Cycling of Lithium Batteries at High Current Densities [J]. Advanced Electronic Materials, 2016, 2: 1500246.

[343] Yuan Y, Wu F, Bai Y, et al. Regulating Li deposition by constructing LiF-rich host for dendrite-free lithium metal anode [J]. Energy Storage Materials, 2019, 16: 411-418.

[344] Lin D, Liu Y, Chen W, et al. Conformal Lithium Fluoride Protection Layer on Three-Dimensional Lithium by Nonhazardous Gaseous Reagent Freon [J]. Nano Letters, 2017, 17: 3731-3737.

[345] Wang Y, Sahadeo E, Rubloff G, et al. High-capacity lithium sulfur battery and beyond: A review of metal anode protection layers and perspective of solid-state electrolytes [J]. Journal of Materials Science, 2018, 54: 3671-3693.

[346] Liu Y, Lin D, Liang Z, et al. Lithium-coated polymeric matrix as a minimum volume-change and dendrite-free lithium metal anode [J]. Nature communications, 2016, 7: 10992-11000.

[347] Luo J, Fang C C, Wu N L. High Polarity Poly (vinylidene difluoride) Thin Coating for Dendrite-Free and High-Performance Lithium Metal Anodes [J]. Advanced Energy Materials, 2018, 8: 1701482.

[348] Zheng G, Wang C, Pei A, et al. High-Performance Lithium Metal Negative Electrode with a Soft and Flowable Polymer Coating [J]. ACS Energy Letters, 2016, 1: 1247-1255.

[349] Ma G, Wen Z, Wang Q, et al. Enhanced cycle performance of a Li‐S battery based on a protected lithium anode [J]. Journal of Materials Chemistry A, 2014, 2: 19355-19359.

[350] Liu K, Pei A, Lee H R, et al. Lithium Metal Anodes with an Adaptive "Solid-Liquid" Interfacial Protective Layer [J]. Journal of the American Chemical Society, 2017, 139: 4815-4820.

[351] Aurbach D. Review of selected electrode-solution interactions which determine the performance of Li and Li ion batteries [J]. Journal of Power Sources, 2000, 89: 206-218.

[352] Kozen A C, Lin C F, Zhao O, et al. Stabilization of Lithium Metal Anodes by Hybrid Artificial Solid Electrolyte Interphase [J]. Chemistry of Materials, 2017, 29: 6298-6307.

[353] Xu R, Zhang X Q, Cheng X B, et al. Artificial Soft-Rigid Protective Layer for Dendrite-Free Lithium Metal Anode [J]. Advanced Functional Materials, 2018, 28: 1705838.

[354] Liu Y, Lin D, Yuen P Y, et al. An Artificial Solid Electrolyte Interphase with High Li-Ion Conductivity, Mechanical Strength, and Flexibility for Stable Lithium Metal Anodes [J]. Advanced Materials, 2017, 29: 1605531.

[355] Yan C, Cheng X B, Tian Y, et al. DualLayered Film Protected Lithium Metal Anode to Enable Dendrite-Free Lithium Deposition [J]. Advanced materials, 2018, 30: 1707629.

[356] Gu Y, Wang W W, Li Y J, et al. Designable ultra smooth ultrathin solid electrolyte interphases of three alkali metal anodes [J]. Nature communications, 2018, 9: 1339-1387.

[357] Wang S, Langrish T. A review of process simulations and the use of additives in spray drying [J]. Food Research International, 2009, 42: 13-25.

[358] Murugesan R, Orsat V. Spray Drying for the Production of Nutraceutical Ingredients—A Review [J]. Food and Bioprocess Technology, 2011, 5: 3-14.

[359] 黄立新, 王宗濂, 唐金鑫. 我国喷雾干燥技术研究及进展 [J]. 化学工程, 2001, 29: 51-55.

[360] Jung D S, Hwang T H, Park S B, et al. Spray drying method for large scale and highperformance silicon negative electrodes in Li ion batteries [J]. Nano Letters, 2013, 13: 2092-2097.

[361] Zhou G W, Wang J, Gao P, et al. Facile Spray Drying Route for the Three Dimensional Graphene-Encapsulated Fe_2O_3 Nanoparticles for Lithium Ion Battery Anodes [J]. Industrial & Engineering Chemistry Research, 2012, 52: 1197-1204.

[362] Zhu G N, Liu H J, Zhuang J H, et al. Carbon-coated nano-sized $Li_4Ti_5O_{12}$ nanoporous micro-sphere as anode material for high rate lithium-ion batteries [J]. Energy & Environmental Science, 2011, 4: 4016-4022.

[363] Huang Z M, Zhang Y Z, Kotaki M, et al. A Review on Polymer Nanofibers by Electrospinning and Their Applications in Nanocomposites [J]. Composites Science and Technology, 2003, 63: 2223-2253.

[364] Zong X, Kim K, Fang D, et al. Structure and process relationship of electrospun bioabsorbable nanofiber membranes [J]. Polymer, 2002, 43: 4403-4412.

[365] Hwang T H, Lee Y M, Kong B S, et al. Electrospun core shell fibers for robust silicon nanoparticle based lithium ion battery anodes [J]. Nano Letters, 2012, 12: 802-807.

[366] Singhal R, Chung S H, Manthiram A, et al. A Free Standing Carbon Nanofiber Interlayer for High Performance Lithium-Sulfur Batteries [J]. Journal of Materials Chemistry A, 2015, 3: 4530-4538.

[367] Gopalan A, Santhosh P, Manesh K, et al. Development of electrospun PVdF - PAN membrane based polymer electrolytes for lithium batteries [J]. Journal of Membrane Science, 2008, 325: 683-690.

[368] 朱琳. 扫描电子显微镜及其在材料科学中的应用 [J]. 吉林化工学院学报, 2007, 24: 81-84.

[369] 孟庆昌. 透射电子显微学 [M]. 哈尔滨: 哈尔滨工业大学出版社, 1998.

[370] 武汉大学. 分析化学 [M]. 北京: 高等教育出版社, 2007.

[371] 黄可龙, 王兆翔, 刘素琴. 锂离子电池原理与关键技术 [M]. 北京: 化学工业出版社, 2008.

[372] 梁栋材. X 射线晶体学基础 [M]. 北京: 科学出版社, 1991.

［373］ 刘蔚华，陈远. 方法大辞典［M］. 济南：山东人民出版社，1991.

［374］ 成青. 热重分析技术及其在高分子材料领域的应用［J］. 广东化工，2008，35：50-52.

［375］ 马礼敦. 高等结构分析［M］. 上海：复旦大学出版社，2006.

［376］ 张雁，尹利辉，冯芳. 拉曼光谱分析法的应用介绍［J］. 药物分析杂志，2009，29：1236-1241.

［377］ 蔡称心，陈洪渊. 快扫描循环伏安法及其在电化学中的应用［J］. 分析科学学报，1993，9：56-62.

［378］ 田昭武. 电化学研究方法［M］. 北京：科学出版社，1984.

［379］ 扈显琦，梁成浩. 交流阻抗技术的发展与应用［J］. 腐蚀与防护，2004，25：57-61.

［380］ Zhou G, Wang D W, Li F, et al. A flexible nanostructured sulphur-carbon nanotube cathode with high rate performance for Li-S batteries［J］. Energy & Environmental Science, 2012, 5：8901-8906.

［381］ Jiang J, Zhu J, Ai W, et al. Encapsulation of sulfur with thin-layered nickel-based hydroxides for long – cyclic lithium – sulfur cells［J］. Nature communications, 2015, 6：8622-8631.

［382］ Huang J Q, Zhang Q, Zhang S M, et al. Aligned sulfur-coated carbon nanotubes with a polyethylene glycol barrier at one end for use as a high efficiency sulfur cathode［J］. Carbon, 2013, 58：99-106.

［383］ Liu G, Su Z, He D, et al. Wet ball-milling synthesis of high performance sulfur-based composite cathodes：The influences of solvents and ball-milling speed［J］. Electrochimica Acta, 2014, 149：136-143.

［384］ Zhang Y, Li K, Ji P, et al. Silicon-multi-walled carbon nanotubes-carbon microspherical composite as high-performance anode for lithium-ion batteries［J］. Journal of Materials Science, 2016, 52：3630-3641.

［385］ Xu J, Shui J, Wang L, et al. Sulfur – Graphene Nanostructured Cathodes via Ball-Milling for High-Performance Lithium – Sulfur Batteries［J］. ACS Nano, 2014, 8：10920-10930.

［386］ Zhou Guangmin, Yin Lichang, Wang Dawei, et al. Fibrous hybrid of graphene and sulfur nanocrystals for high performance lithium – sulfur batteries［J］. ACS Nano, 2013, 7：5367-5375.

［387］ Chen H, Wang C, Dong W, et al. Monodispersed sulfur nanoparticles for lithium-sulfur batteries with theoretical performance［J］. Nano Lett, 2015, 15：798-802.

［388］ Bai J, Jiang X. A facile one-pot synthesis of copper sulfide-decorated reduced graphene oxide composites for enhanced detecting of H_2O_2 in biological environments［J］. Analytical Chemistry, 2013, 85：8095-8101.

［389］ Zhang Y, Tian J, Li H, et al. Biomolecule-assisted, environmentally friendly, one-pot synthesis of CuS/reduced graphene oxide nanocomposites with enhanced photocatalytic performance［J］. Langmuir：The ACS Journal of Surfaces and Colloids, 2012, 28：12893-12900.

［390］ Zhang X J, Wang G S, Wei Y Z, et al. Polymer-composite with high dielectric constant and enhanced absorption properties based on graphene-CuS nanocomposites and polyvinylidene fluoride［J］. Journal of Materials Chemistry A, 2013, 1: 12115-12122.

［391］ Fei L, Li X, Bi W, et al. Graphene/sulfur hybrid nanosheets from a space-confined "sauna" reaction for high performance lithium-sulfur batteries［J］. Advanced materials, 2015, 27: 5936-5942.

［392］ Yang C P, Yin Y X, Ye H, et al. Insight into the effect of boron doping on sulfur/carbon cathode in lithium-sulfur batteries［J］. ACS Applied Materials & Interfaces, 2014, 6: 8789-8795.

［393］ Zhou L, Lin X, Huang T, et al. Nitrogen doped porous carbon nanofiber webs/sulfur composites as cathode materials for lithium-sulfur batteries［J］. Electrochemica Acta, 2014, 116: 210-216.

［394］ Wang X, Lou M, Yuan X, et al. Nitrogen and oxygen dual doped carbon nanohorn for electrochemical capacitors［J］. Carbon, 2017, 118: 511-516.

［395］ Lee H, Dellatore S M, Miller W M, et al. Mussel inspired surface chemistry for multifunctional coatings［J］. Science, 2007, 318: 426-430.

［396］ Liu R, Mahurin S M, Li C, et al. Dopamine as a carbon source: the controlled synthesis of hollow carbon spheres and yolk-structured carbon nanocomposites［J］. Angewandte Chemie, 2011, 50: 6799-6802.

［397］ Lai X, Halpert J E, Wang D. Recent advances in micro-/nano-structured hollow spheres for energy applications: From simple to complex systems［J］. Energy & Environmental Science, 2012, 5: 5604-5618.

［398］ Zhou G, Yin L C, Wang D W, et al. Fibrous hybrid of graphene and sulfur nanocrystals for high performance lithium-sulfur batteries［J］. ACS Nano, 2013, 7: 5367-5375.

［399］ Chai L, Wang J, Wang H, et al. Porous carbonized graphene embedded fungus film as an interlayer for superior Li-S batteries［J］. Nano Energy, 2015, 17: 224-232.

［400］ Li W, Zhang Z, Kang W, et al. Rice like Sulfur/Polyaniline Nanorods Wrapped with Reduced Graphene Oxide Nanosheets as High Performance Cathode for Lithium Sulfur Batteries［J］. Chem Electro Chem, 2016, 3: 999-1005.

［401］ Chen J J. Yuan R M, Feng J M, et al. Conductive Lewis Base Matrix to Recover the Missing Link of Li_2S_8 during the Sulfur Redox Cycle in Li-S Battery［J］. Chemistry of Materials, 2015, 27: 2048-2055.

［402］ You Y, Yao H R, Xin S, et al. Subzero Temperature Cathode for a Sodium-Ion Battery［J］. Advanced materials, 2016, 28: 7243-7248.

［403］ Wang Jiulin, Yang Jun, Xie Jingying, et al. A Novel Conductive Polymer Sulfur Composite Cathode Material for Rechargeable Lithium Batteries［J］. Advanced materials, 2002, 14: 963-965.

［404］ Peng H J, Huang J Q, Liu X Y, et al. Healing High Loading Sulfur Electrodes with Unprecedented Long Cycling Life: Spatial Heterogeneity Control［J］. J. Am. Chem. Soc., 2017,

139: 8458-8466.

[405] Ma J, Fang Za, Yan Y, et al. Novel Large Scale Synthesis of a C/S Nanocomposite with Mixed Conducting Networks through a Spray Drying Approach for Li－S Batteries [J]. Advanced Energy Materials, 2015, 5: 1500046-1500052.

[406] Nitze F, Agostini M, Lundin F, et al. A binder-free sulfur/reduced graphene oxide aerogel as high performance electrode materials for lithium sulfur batteries [J]. SCIENTIFIC RE-PORTS, 2016, 6: 39615-39622.

[407] Takeuchi T, Sakaebe H, Kageyama H, et al. Preparation of electrochemically active lithium sulfide—carbon composites using spark－plasma－sintering process [J]. Journal of Power Sources, 2010, 195: 2928-2934.

[408] Cai K, Song M K, Cairns E J, et al. Nanostructured $Li_{(2)}S-C$ composites as cathode material for high-energy lithium/sulfur batteries [J]. Nano Lett, 2012, 12: 6474-6479.

[409] Kohl M, Brückner J, Bauer I, et al. Synthesis of highly electrochemically active Li_2S nanoparticles for lithium－sulfur－batteries [J]. Journal of Materials Chemistry A, 2015, 3: 16307-16312.

[410] Liu J, Nara H, Yokoshima T, et al. Micro scale Li_2S-C composite preparation from Li_2SO_4 for cathode of lithium ion battery [J]. Electrochemica Acta, 2015, 183: 70-77.

[411] Yang Y, Li J, Huang J, et al. Polystyrene-template-assisted synthesis of Li_3VO_4/C/rGO ternary composite with honeycomb-like structure for durable high rate lithium ion battery anode materials [J]. Electrochimica Acta, 2017, 247: 771-778.

[412] Wang D H, Xia X H, Xie D, et al. Rational insitu construction of three dimensional reduced graphene oxide supported Li_2S/C composite as enhanced cathode for rechargeable lithium－sulfur batteries [J]. Journal of Power Sources, 2015, 299: 293-300.

[413] Zhang J, Shi Y, Ding Y, et al. A Conductive Molecular Framework Derived Li_2S/N, P-Co-doped Carbon Cathode for Advanced Lithium－Sulfur Batteries [J]. Advanced Energy Materials 2017, 7: 1602876.

[414] Kolosnitsyn V S, Kuzmina E V, Karaseva E V, et al. A study of the electrochemical processes in lithium－sulphur cells by impedance spectroscopy [J]. Journal of Power Sources, 2011, 196: 1478-1482.

[415] Li Z, Zhang J T, Chen Y M, et al. Pie-like electrode design for high energy density lithium -sulfur batteries [J]. Nature communications, 2015, 6: 8850-8858.

[416] Chung S H, Chang C H, Manthiram A. Robust, Ultra-Tough Flexible Cathodes for High-Energy Li-S Batteries [J]. Small, 2016, 12: 939-950.

[417] Zewde B W, Admassie S, Zimmermann J, et al. Enhanced lithium battery with polyethylene oxide based electrolyte containing silane-Al_2O_3 ceramic filler [J]. ChemSusChem, 2013, 6: 1400-1405.

[418] Zewde B W, Elia G A, Admassie S, et al. Polyethylene oxide electrolyte added by silane-functionalized TiO_2 filler for lithium battery [J]. Solid State Ionics, 2014, 268: 174-178.

[419] Appetecchi G B, Hassoun J, Scrosati B, et al. Hot-pressed, solvent-free, nanocomposite,

PEO-based electrolyte membranes [J]. Journal of Power Sources, 2003, 124: 246-253.

[420] Zhu J, Chen C, Lu Y, et al. Highly porous polyacrylonitrile/graphene oxide membrane separator exhibiting excellent anti-self-discharge feature for high-performance lithium-sulfur batteries [J]. Carbon, 2016, 101: 272-280.

[421] Zhang Y, Zhao Y, Bakenov Z, et al. Effect of graphene on sulfur/polyacrylonitrile nanocomposite cathode in high performance lithium/sulfur batteries [J]. Journal of The Electrochemical Society, 2013, 160: A1194-A1198.

附　　录

附录Ⅰ　化学电源基本术语和定义

1.1　一次电池

一次电池是放电后不能再充电使其复原的电池，是一种高能化学原电池。

1.2　二次电池

二次电池又称为充电电池或蓄电池，是指在电池放电后可通过充电的方式使活性物质激活而继续使用的电池。

1.3　正极

放电时，电子从外部电路流入、电位较高的电极。

1.4　负极

放电时，电子从外部电路流出、电位较低的电极。

1.5　阴极

发生还原反应的电极。

1.6　阳极

发生氧化反应的电极。

1.7　嵌入

锂进入到正极材料的过程。

1.8　脱嵌

锂从正极材料出来的过程。

1.9　倍率

用来表示电池充放电能力倍率。1C 表示电池 1h 完全放电时电流强度。

1.10　标称电压

电池 0.2C 放电时全过程的平均电压。

1.11　标称容量

电池 0.2C 放电时的放电容量。

1.12　开路电压

电池没有负荷时正负极两端的电压。

1.13　闭路电压

也称为工作电压，是电池有负荷时正负极两端的电压。

1.14　终止电压

规定的电池放电终止时的闭路电压。

1.15　内阻

电池正负极两端之间的电阻。由欧姆内阻与极化内阻两部分组成。电池内阻值大，会导致电池放电工作电压降低，放电时间缩短。内阻大小主要受电池的材料、制造工艺、电池结构等因素的影响。电池内阻是衡量电池性能的一个重要参数。

1.16　电池容量

电池的容量有额定容量和实际容量之分。锂离子电池规定在常温、恒压（4.2V）、恒流（1C）控制的充电条件下充电 3h，再以 0.2C 放电至 2.75V 时，所放出的电量为其额定容量。电池的实际容量是指电池在一定的放电条件下所放出的实际电量，主要受放电倍率和温度的影响。容量单位：$mA \cdot h$、$A \cdot h$。

1.17　理论比容量

假定电极上的活性物质全部参加电池反应，按照法拉第电解定律计算，电极应能放出的电量称为电极的理论容量。电池的单位质量的正负极活性物质的理论容量称为电池的理论比容量，以 $mA \cdot h/g$ 或 $A \cdot h/kg$ 表示。

1.18　理论能量密度

假定电极上的活性物质全部参加电池反应，按照 Gibbs 自由能计算，电极应能放出的电能称为电极的理论能量。电池的单位质量的正负极活性物质的理论能量称为电池的理论能量密度，以 $W \cdot h/g$ 或 $kW \cdot h/kg$ 表示。

1.19 循环寿命

在一定条件下，将充电电池进行反复充放电，当容量等电池性能达到规定的要求以下时所能发生的充放电次数。锂离子电池 GB 规定，1C 条件下电池循环 500 次后容量保持率在 60% 以上。

1.20 容量密度

单位质量或单位体积所能释放出的电量，一般用 $m \cdot Ah/kg$ 或 $mA \cdot h/L$ 表示。

1.21 能量密度

单位质量或单位体积所能释放出的能量，一般用 $W \cdot h/kg$ 或 $W \cdot h/L$ 表示。

1.22 库伦效率

在一定的充放电条件下，放电时释放出来的电荷与充电时充入的电荷的百分比，也叫充放电效率。

1.23 贮存寿命

规定条件下电池的贮存时间。在该贮存期结束时，电池仍具有规定的放电容量。

1.24 充电

利用外部电源将电池的电压和容量升上去的过程，此时电能转化为化学能。

1.25 充电特性

电池充电时所表现出来的特性，如充电曲线、充电容量、充电速率、充电深度、充电时间等。

1.26 充电曲线

电池充电时，其电压随着时间的变化曲线。

1.27 恒压充电

在恒定电压下进行充电的过程。

1.28 恒流充电

在恒定电流下进行充电的过程。

1.29　过充电

超过规定的充电终止电压而继续充电的过程，此时电池的使用寿命受到影响。而在锂硫电池中，过充电过程是由于"穿梭效应"而一直不能达到充电截止条件而一直充电的过程。

1.30　放电

电流从电池流经外部电路的过程。此时化学能转化为电能。

1.31　放电特性

电池放电时所表现出来的特性，如放电曲线、放电容量、放电速率、放电深度、放电时间等。

1.32　放电曲线

电池放电时，其电压随着时间的变化曲线。

1.33　放电容量

电池放电时释放出来的电荷量。一般用时间与电流的乘积表示。例如 $mA \cdot h$、$A \cdot h$（$1A \cdot h = 3600C$）。

1.34　放电速率

表示放电快慢的一种度量。所有的容量 1h 放电完毕，称为 1C 放电；5h 放电完毕，则称为 C/5 放电。

1.35　放电深度

表示放电程度的一种度量。为放电容量与总放电容量的百分比，简称 DOD。

1.36　过放电

指超过规定的终止电压，在低于终止电压时继续放电。此时，易发生漏液或电池的使用寿命受到影响。

1.37　自放电

电池在搁置过程中，没有与外部负荷相连接而产生容量损失的过程。

1.38　利用率

实际放电容量与理论放电容量的百分比。

1.39　内部短路

电池内部正极和负极形成电通路时的状态，主要是由于隔膜的破坏、混入导电性杂质、形成枝晶等造成的。

1.40　电池

装配有使用所必须的装置（如外壳、极端、标志及保护装置）的一个或多个单体电池。

1.41　扣式电池

外形复合 GB/T 8897.2—2013 中的图 3 和图 4，总高度小于直径的小圆形电池。

1.42　单体电池

直接把化学能转变成电能的一种电源，是由电极、电解质、容器、极端，通常还有隔离层组成的基本功能单元。

1.43　圆柱形电池

总高度等于或大于直径的圆柱体形状的电池或单体电池。

1.44　干电池

其电解液不能流动的原电池。

1.45　泄露

电解质、气体或其他物质从电池内意外逸出。

1.46　放电量检验

用以测定电池放电量的检验。

注：在下列情况下可规定做放电量检验，例如：应用检验过于复杂，难以重复进行；应用检验的放电时间不适用于例行检验。

1.47　电池极端

电池的导电部件，用以实现电池与外部导体的电连接。

附录 Ⅱ　锂硫电池商业化进程

锂硫（Li-S）电池具有较高的理论能量密度，2654W·h/kg 和 2800W·h/L，是传统锂离子电池理论能量密度的五倍以上。其中锂金属负极具有高的理论比容量（3862mA·h/g）和较低电化学还原电位（-3.04Vvs.SHE），硫正极理论容量为 1675mA·h/g，平均放电电压为 2.15V。Li-S 电池不含过渡金属，有望发展成为较低成本的储能系统。近年来，Li-S 电池获得了广泛关注，Li-S 电池研发公司英国 OXIS energy、美国 Sion Power 和国内的企业及研究单位均取得了较为突出的研发成果。本附录对目前锂硫电池的进展和发展前景进行简单总结和分析。

1　国外科研机构和相关企业

1.1　美国 Sion Power

Sion Power 是一家私营公司，总部位于亚利桑那州图森市，最初于 1989 年从布鲁克海文国家实验室分拆出。从那时起，该公司吸引了众多有影响力的科学家、工程师和合作伙伴，该企业的目标是开发出下一代可充电电池技术，一直研究到现在。

早在 2004 年，美国 Sion Power 公司对 Li-S 电池的比功率进行研究，发现 Li-S电池可以在 1000W/kg 下持续放电，器件的比能量大于 150W·h/kg，优于当时商品化锂离子电池的水平。在 2010 年，美国 Sion Power 公司以 Li-S 电池技术与 Airbus 合作，通过使用 Sion Power 公司独特的、可提供 350W·h/kg 的高能量密度 Li-S 电池，实现无人机"Zephyr 7"在平流层的飞行试验，创造三项世界纪录：超长滞空时间（超过 14 天 22 分钟）、超高飞行高度（超过 21km）、在超低温度下工作（-75℃），成为了 Li-S 电池研发的标杆。而目前锂离子电池是无法实现让大型无人机在高空低温环境下长时间滞空。因此在大翼展无人机领域，Li-S 电池具有较大的发展前景。

2012 年 2 月，德国化工巴斯夫出资 5000 万美元收购 Sion Power 公司股权，主要进行 Li-S 电池开发，当时的目标是提升动力电池能量密度 5 倍。经过一段时间的研发，该公司转型到采用固态电解质，正极采用过渡金属氧化物的金属锂电池方向。2016 年 12 月，Sion Power 公布了其所制备的下一代高能量密度锂电池，运用了独有 Licerion 复合隔膜专利技术，计划用于无人机和电动汽车上。基于 20A·h 电池容量设计，Sion Power 的 Licerion-Ion 电芯能量密度达到了 400W·h/kg，700W·h/L 的能量密度，在 1C 放电条件下可以循环 350 圈。

Licerion 技术是 Sion Power 与 BASF 技术合作的产品，可同时用于硫基和锂离子基正极的电池。所有 Licerion 产品还同时采用了 Sion Power 的受保护锂金属负极（PLA），独特的电解质配方和工程正极。单个 Licerion 单元，尺寸为 $10cm×$ $10cm×1cm$，容量为 $20A \cdot h$，可提供高的能量密度。Licerion 技术的核心是受保护的金属锂薄膜负极，具有多层次的物理和化学保护，由薄而化学稳定的陶瓷/聚合物复合屏障构成，根据 Sion Power 的描述，可减少寄生副反应，减轻重量，提高锂金属负极能量密度、循环寿命和安全性。这些负极与传统的锂离子嵌入正极配对（如 LFP 和 NMC），可以使电池的能量密度翻倍。它也适用于现有的电池组件制造工艺。

目前，作为 Li-S 电池技术曾经的倡导者，因为电池循环寿命较差，Sion Power 的研究重心已经不再是 Li-S 电池。而 Sion Power 通过前期积累的金属锂负极技术与通常用于锂离子电池的高能量 NCM 正极结合在一起，避免了硫正极材料较大体积膨胀变化所带来的循环性能较差，电芯实际应用受限的问题。该公司于 2018 年底从其 Tucson 工厂开始研制生产其 Licerion 可充电锂金属电池，针对无人机（UAV）和电动汽车（EV）市场，其宣传产品的技术指标达到了 $26A \cdot$ h、$500W \cdot h/kg$、$1000W \cdot h/L$ 和 450 圈的循环寿命。在 20C 的高倍率下仍可以提供超过 75% 的容量。专为电动汽车应用而设计的 Licerion EV 电池在 $420W \cdot h/$ kg 和 $700W \cdot h/L$ 的高能量密度下，在 2.6C 高放电倍率下可循环超过 800 圈，15min 即可将电池充满。值得注意的是，去年 11 月，Sion Power 的一款 $6A \cdot h$ Licerion 电池（$433W \cdot h/kg$ 和 $765W \cdot h/L$）通过了联合国关于锂电池的运输测试规定（UN DOT 38.3）。这是目前报道的所有高能量密度金属锂电池中唯一通过该运输测试要求的产品。目前该公司还在进一步开发能量密度高达 $700W \cdot h/kg$、$1400W \cdot h/L$ 的超高能量密度电池。

1.2　英国 OXIS energy

英国 OXIS 公司是国外专注于研发 Li-S 电池的企业之一。根据报道，目前 OXIS 已经研发出了标称电压为 2.1V，典型容量为 $14.7A \cdot h$ 的高能量密度型 Li-S 软包电池，在 0.1C 的放电倍率下质量能量密度达 $400W \cdot h/kg$，其体积能量密度为 $300W \cdot h/L$，循环寿命达到了 60~100 圈。该产品计划将在巴西和英国的制造工厂进行量产。与此同时，公司近期报道新款 Li-S 原型电池测试结果，能量密度达到 $471W \cdot h/kg$，该公司宣称在未来一年提升至 $500W \cdot h/kg$，并计划与客户和合作伙伴一起开发基于固态电解质的 Li-S 电池，开发目标定为 $600W \cdot h/kg$。OXIS 的研究科学家认为，他们有能力将质量和体积能量密度扩展到 $600W \cdot h/kg$ 和 $800W \cdot$ h/L，并能显著延长生命周期。超高能量密度的 Li-S 电池，OXIS 目前将在技术成熟度 TRL2 的基础上，2021 年提升至 TRL4。注：大规模量产的 TRL 是 9。

2　国内科研机构和相关企业

国内 Li-S 电池的开发自 2001 年王久林博士开始，2011 年以后成为研究热点。目前包括中科院大连化物所、中国防化科学研究院、北京理工大学、清华大学、中科院沈阳金属所、中南大学等在内的高校、科研机构均在 Li-S 电池领域取得了突破性研究成果，这里选择性总结。

2.1　中科派思（大化所陈剑研究员）

中科派思储能技术有限公司成立于 2016 年 8 月，是大连化物所实现 Li-S 电池技术产业化的合资公司，在全球率先尝试 Li-S 电池规模化生产。公司所研发生产的 Li-S 电池作为一种高能量密度的新型的一次或二次电池，具有替代商业化锂离子电池的潜力，未来目标应用场景包括储能、动力、3C 产品等领域。

作为中科派思的技术总监，大连化物所陈剑研究员于 2018 年 2 月带领的科研团队研制出能量密度达到 609W·h/kg 的新型 Li-S 电池。该电池也展示出了优异的环境适应性：在 -20℃的环境中，放电比能量达到 400W·h/kg；在 -60℃的极寒环境中仍可工作，表现出了显著优于锂离子电池的低温性能。此外，新研制的功率型 Li-S 二次电池的持续放电倍率大于 4C，瞬间脉冲放电可达 10C。其所研制的电池已通过了第三方安全性能测试，安全性满足使用要求。同年 11 月，我国第一架由 Li-S 电池驱动的大翼展无人机首飞成功。该无人机采用的 Li-S 电池系统由中科院大连化物所陈剑团队研发。无人机实现了长滞空连续飞行，获得了肯定与好评，标志着 Li-S 电池在实用化的道路上迈出了重要一步，寻找到了可行的目标市场。

2.2　大化所张华民研究团队

中国科学院大连化学物理研究所张华民研究团队在 2009 年开展了 Li-S 一次电池的器件研究工作，目标是满足航天航空、海洋探索、储备电源、便携电源等领域的潜在需求，在 2015 年报道了比能量为 500W·h/kg（654W·h/L）以上的软包装 Li-S 电池。所研制的 Li-S 一次软包电池在 0.001C 的倍率下可以达到 900W·h/kg 以上的比能量，是目前国际所报道的能量密度最高的一次 Li-S 电池。在有负极成膜添加剂存在的情况下，Li-S 电池在 400 天以上的搁置时间可保持 2.3V 以上的开路电压，这表明 Li-S 一次电池的自放电行为得到了有效抑制。

2.3　防化研究院王维坤和王安邦研究团队

防化研究院王维坤和王安邦研究团队所制备的 2.4A·h 电池，极片载硫 4.8mg/cm²，极片含硫 78%，电解液体积（微升）/S 质量（毫克）（E/S）比为 3.3，0.2C 充电、0.4C 放电的条件下，比能量达到 390W·h/kg，可以循环 100 周；制的 8.5A·h 电池，极片载硫 5.2mg/cm²，极片含硫 78%，E/S 比为 2.2，0.1C 充放电，比能量达到 575W·h/kg；制的 5A·h 电池，极片载硫 5.2mg/cm²，极片含硫78%，E/S 比为3.5，比能量达到400W·h/kg，1C放电容量是0.2C放电容量的90%。

2.4　上海空间电源研究所

上海空间电源研究所将硫材料与具有协同效应的电化学活性氟化碳材料复合制备双活性正极材料，采用电极热自造孔技术对电极造孔，解决了高单位面积硫载量下电极的放电活性难题，提高了电极传荷、传质能力。高性能硫碳复合材料在含硫量大于88%，极片硫载量大于 $6mg/cm^2$ 的条件下，放电比容量大于 $1200mA·h/g$，电池比能量达到480W·h/kg以上。该高比能量 Li-S 电池已完成工程样机研制，技术成熟度达到 TRL5 级，主要性能指标如下。

（1）能量型 Li-S 电池容量≥5A·h；比能量≥480W·h/kg@0.05C；循环寿命≥20次。

（2）寿命能 Li-S 电池容量≥5A·h；比能量≥330W·h/kg@0.1C；循环寿命≥100次（60%DOD）。

2.5　北京理工大学陈人杰研究团队

北京理工大学陈人杰研究团队利用双"费歇尔酯化"的模块组装方法，将分散的导电碳组装为椭球形的微米超结构，显著提高了硫正极单位面积的硫载量，电池能量密度达到545W·h/kg。

3　总结

通过以上对国内外 Li-S 电池主要科研机构和相关企业的进展可以看出，目前 Li-S 二次电池的质量能量密度可以达到 400~600W·h/kg（<0.1C），体积能量密度一般小于500W·h/L，循环寿命一般小于100圈。循环性差这一方面是由于硫正极巨大的体积膨胀变化等因素，正极在循环过程中结构容易崩塌。此外，高面积容量的金属锂循环过程中体积变化大，且直接和液态电解质反应，电芯容易跳水、循环性差，成为制约 Li-S 二次电池产业化发展的瓶颈之一。此外，硫正极具有高的孔隙率，导致电芯注液量高（30%~50%）。硫及其放电产物均为高的电子绝缘体，倍率性能也较差。

上述问题是否能够解决，能解决到什么程度，目前还需要大量的基础科学研究。一些重要的策略，例如硫正极与过渡金属硫化物复合，负极改为锂碳复合，隔膜改为功能陶瓷涂层或凝胶隔膜，并尝试引入硫化物固态电解质，都有可能分别解决上述技术问题，值得继续努力。此外，全寿命周期，不同工况下的安全性，高水平的电源管理技术，最优化的电芯结构设计等都还需要进一步开发，才有可能应用。同时，Li-S 二次电池也面临着采用高容量嵌入化合物类氧化物正极与金属锂组成的可充放金属锂二次电池的竞争，这类电池能够达到 500W · h/kg，同时还具有超过 1000W · h/L 的高体积能量密度，正负极的面容量和体积变化相对于 Li-S 电池都更小，如 Licerion 电池，循环性显著优于 Li-S 电池。据此可以初步判断，除非是对成本敏感的应用领域，否则在 600W · h/kg 以下，Li-S 二次电池没有明显的竞争优势。

附录Ⅲ　原电池　第 1 部分：总则（GB 8897. 1—2003）

1　范围

GB/T 8897 的本部分规定了原电池的电化学体系、尺寸、命名法、极端结构、标志、试验方法、性能、安全和环境等方面要求。

本部分适用于确保不同制造商生产的电池具有标准化的形状、配合和功能，能互换。

注：符合附录 A 的电池方可进入或保留在 GB/T 8897《原电池》系列标准中。

2　规范性引用文件（略）

3　术语和定义（略）

4　要求

4.1　通则

4.1.1　设计

原电池主要在民用市场上销售，近几年来，原电池在电化学性能和结构上更完善，例如，提高了容量和放电能力，不断满足以电池作电源的新型用电器具技术发展的需求。设计原电池时，应该考虑上述需求，特别要注意电池尺寸的一致性和稳定性、电池外形和电性能以及对环境的保护，并确保电池具有在正常使用和可预见的误用条件下的安全性能。

有关电器具设计的信息见附录 B。

4.1.2　电池尺寸

各种型号电池的尺寸在 GB/T 8897.2 或 GB/T 8897.3 中给出。

4.1.3　极端

极端应符合 GB/T 8897.2 中第 7 章的规定。

极端的外形应设计成能确保电池在任何时候都能形成并保持良好的电接触。

极端应由具有适当导电性和抗腐蚀性的材料制成。

4.1.3.1　抗接触压力

在 GB/T 8897.2 电池技术要求中提到的抗接触压力是指：将 10N 的力通过直径为 1mm 的钢球持续作用于电池的每个接触面的中央 10s，不应出现可能导致妨碍电池正常工作的明显变形。

注：例外情况见 GB/T 8897.3。

4.1.3.2　帽与底座型

此类极端用于 GB/T 8897.2 中图 1、图 2、图 3 或图 4 规定尺寸的电池，电池的圆柱面和正、负极端间绝缘。

4.1.3.3　帽与外壳型

此类极端用于 GB/T 8897.2 中图 2、图 3 或图 4 规定尺寸的电池，电池的圆柱面构成电池正极端的一部分。

4.1.3.4　螺栓型

由金属螺栓杆和金属螺母或带有绝缘的金属螺母组成。

4.1.3.5　平面接触型

采用适当的接触装置压在扁平的金属表面上形成电接触。

4.1.3.6　平面弹簧或螺旋弹簧型

由金属片或螺旋状绕制的金属线构成的、能提供接触压力的接触件。

4.1.3.7　插入式插座型

经适当组合，安装在绝缘的壳体或固定装置中的金属接触件，可插入配套插头的插脚。

4.1.3.8　字母扣

由作正极端的子扣（非弹性）和作负极端的母扣（有弹性）组成。

该极端应由合适的金属制成，使之与外电路相应部件连接时有良好的电接触。

4.1.3.8.1　接触件间距

子扣和母扣间的中心距在表 1 中给出。子扣总是用作电池的正极，母扣用作负极。

表 1　接触件中心距

标称电压/V	标准型/mm	小型/mm
9	35±0.4	12.7±0.25

4.1.3.8.2　子母扣的非弹性连接件（子扣）

未作规定的尺寸可自行决定。应选择适当的子扣形状使其尺寸符合规定的要求。

4.1.3.8.3　子母扣的弹性连接件（母扣）

对子母扣的弹性部分（母扣）的尺寸未作规定，母扣应具有的性质是：

a）适当的弹性，以确保其与标准化的子扣配合良好；

b）能保持良好的电接触。

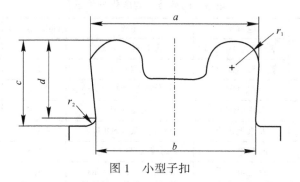

图1　小型子扣

表2　子母扣连接件

尺寸	标准型/mm	小型/mm
a	7.16±0.05	5.72±0.05
b	$6.65^{+0.07}_{-0.05}$	5.38±0.05
c	3.20±0.1	3.00±0.1
d	2.67±0.05	2.54±0.05
r_1	$0.61^{+0.05}_{-0.08}$	$0.9^{+0.1}_{-0.3}$
r_2	$0.4^{+0.3}_{0}$	$0.3^{+0.2}_{0}$

4.1.3.9　导线

为单股或多股可弯曲的带绝缘层的镀锡的铜导线。导线的绝缘层可为棉质编织层或适宜的塑料，正极端导线涂层应为红色，负极端为黑色。

4.1.3.10　弹簧夹

当外电路的相应部件不确定时，电池上通常采用弹簧夹以方便消费者使用。弹簧夹由黄铜弹簧片或具有相似性质的其他材料制成。

4.1.4　分类（电化学体系）

原电池按电化学体系分类。

除了锌-氯化铵、氯化锌-二氧化锰体系外，每一个体系用一个字母来表示。

表3中给出了迄今为止已标准化的电化学体系。

4.1.5　型号

根据原电池的外形尺寸参数、电化学体系（必要时，再加上修饰符）来确定电池的型号。型号系统（命名法）的详细说明见附录C。

表3　已标准化的电化学体系

字母	负极	电解质	正极	称准电压/V	最大开路电压/V
无字母	锌（Zn）	氯化铵、氯化锌	二氧化锰（MnO_2）	1.5	1.73
A	锌（Zn）	氯化铵、氯化锌	氧（O_2）	1.4	1.55
B	锂（Li）	有机电解质	一氟化碳聚合物（$CF)_x$	3.0	3.7
C	锂（Li）	有机电解质	二氧化锰（MnO_2）	3.0	3.7
E	锂（Li）	非水无机物	亚硫酰氯（$SOCl_2$）	3.6	3.9
F	锂（Li）	有机电解质	二硫化铁（FeS_2）	1.5	1.9
G	锂（Li）	有机电解质	氧化铜（Ⅱ）（CuO）	1.5	2.3
L	锌（Zn）	碱金属氢氧化物	二氧化锰（MnO_2）	1.5	1.68
P	锌（Zn）	碱金属氢氧化物	氧（O_2）	1.4	1.59
S	锌（Zn）	碱金属氢氧化物	氧化银（Ag_2O）	1.55	1.63
W	锂（Li）	有机电解质	二氧化硫（SO_2）	2.9	3.05
Y	锂（Li）	非水无机物	硫酰氯（SO_2Cl_2）	3.9	4.1
Z	锌（Zn）	碱金属氢氧化物	羟基氧化镍（NiOOH）	1.5	1.78

注1：标称电压值是不可检测的，仅供参考。

注2：最大开路电压（3.14）按5.5和6.8.1的规定测量。

注3：当表示一个电化学体系时，一般先列出负极，再列出正极，比如锂-二硫化铁。

4.1.6　标注

4.1.6.1　通则

除小电池外，每个电池上均应标明以下内容：

a）型号；

b）清晰地标明制造年、月和保质期，或标明保质期的截止期限；

c）极端的极性（适用时）；

d）标称电压；

e）含汞量（"低汞"或"无汞"）（适用时）；

f）制造厂或供应商的名称和地址；

g）执行标准编号；

h）商标；

i）安全使用注意事项（警示说明）。

注：4.1.6.1的b）、e）、f）、g）可标在电池的销售包装上（如对装、四个装、挂卡等）。应标我国的电池型号（即IEC型号）。如需加标其他国家或地区的俗称，可参照GB/T 8897.2—2013中的附录D。

4.1.6.2　小电池

a）当本条文被引用于GB/T 8897.2时：4.1.6.1的a）和c）应标在电池

上；4.1.6.1的b）、d）~i）可标在电池的销售包装上而不标在电池上。

b）对于P-体系的电池 4.1.6.1a）可标在电池、密封胶带或者包装上；4.1.6.1c）可标在电池的密封胶带上和/或电池上；4.1.6.1b）、d）、f）~i）可标在电池的销售包装上而不标在电池上。

c）应有防止误吞小电池的注意事项，详见 GB 8897.4 和 DB 8897.5。

4.1.6.3 关于废电池处理方法的标志

废电池处理方法的标注应符合当地法规要求，需要时可参照 IEC 614290。

4.1.7 电池电压的可互换性

目前在 GB/T 8897 中已经标准化了的原电池可按其标准放电电压 U_s（是根据可检验性的原理而引用的。标称电压和最大开路电压不符合这个要求）分类。对于一个新的电池体系，按下式确定其电压的可互换性：

$$n×0.85U_r \leqslant m×U_s \leqslant n×1.15U_r$$

式中：

n——以参考电压 U_r 为依据的串联单体电池数；

m——以标准放电电压 U_s 为依据的串联单体电池数。

目前，已经确定了符合上述公式的两个电压范围，是通过参考电压 U_r，即相应的电压范围的中点电压来确定的。

电压范围1，$U_r=1.4V$，即标准放电电压 $m×U_s$ 等于或者介于 $n×1.19$（V）到 $n×1.61$（V）之间的电池。

电压范围2，$U_r=3.2V$，即标准放电电压 $m×U_s$ 等于或者介于 $n×2.72$（V）到 $n×3.68$（V）之间的电池。

标准放电电压的定义相应的值及其确定方法参见附录F。

注：对于由一个单体电池组成的电池，以及由多个相同电压范围的单体电池组成的电池，其 m 和 n 是相等的；而对于由多个不同电压范围的单体电池组成的电池，其 m 和 n 的值则不同于那些已经标准化了的电池组。

电压范围1包含迄今已标准化的、标称电压为 1.5V 左右的电池，即"无字母"体系、"A""F""G""L""P""S"和"Z"体系的电池。

电压范围2包含迄今已标准化的、标称电压为 3V 左右的电池，即"B""C"和"E"体系的电池。

因为电压范围1和电压范围2的电池具有明显不同的放电电压，所以它们的外形设计成不可互换的。在对一个新的电化学体系标准化之前，应根据附录F给出的方法确定其标准放电电压，以判定它的电压可互换性。

警示：若不能符合这一要求，会给电池使用者带来安全方面的危害，如起火、爆炸、漏液和/或损坏器具。此要求从安全角度和使用角度来说都是必要的。

4.2　性能

4.2.1　放电性能

原电池的放电性能要求在 GB/T 8897.2 和 GB/T 8897.3 中规定。

4.2.2　尺寸稳定性

电池在本部分规定的标准条件下检验时，其尺寸应始终符合 GB/T 8897.2 和 GB/T 8897.3 中的相关规定。

注 1：B、C、G、L、P 和 S 体系的扣式电池，如果放电低于终止电压，会出现高度增加 0.25mm 的情况。

注 2：连续放电时，C 和 B 体系的某些扣式电池的高度可能会减小。

4.2.3　泄露

在本部分规定的标准条件下贮存和放电时，电池不应出现泄露。

4.2.4　开路电压极限值

电池的最大开路电压应不超过表 3 中给出的值。

4.2.5　放电量

电池初期和贮存期的放电时间应符合 GB/T 8897.2 的要求。

4.2.6　安全性

设计原电池时，应考虑 GB/T 8897.4 和 GB/T 8897.5 中所述的电池在指定使用和可预见的误用条件下的安全要求。

5　性能检验

5.1　通则

消费品性能测试标准方法（SMMP）的制定，参见附录 G。

5.2　放电检验

5.2.1　通则

本标准中的放电检验分为两类：

——应用检验；

——放电量检验。

两种检验的放电负荷电阻都应符合 6.4 中的规定。

负荷电阻和检验条件按如下：

5.2.2　应用检验

5.2.2.1　通则

应用检验的方法按以下步骤确定：

a）由电器具工作时的平均工作电压和平均电流计算出等效电阻；

b）从所有测得的电器具的数据中得出实用终止电压和等效电阻值；

c）规定这一数据的中值作为放电试验的电阻值和终止电压；

d）如果测得的数据集中成两组或分散成更多组，则需要再做一次以上的试验；

e）根据电器具每周的总使用时间来确定每天放电时间。

每天放电时间应选择6.5中的规定值，且最接近于每周总使用时间的七分之一。

注1：尽管在特定的情况下，采用恒电流或恒功率的检验方法更能代表实际的应用情况，但选择采用恒电阻的检验方法却可简化设计并确定检测设备其可靠性。

在将来，出现负荷条件交替变化的情况不可避免；随着技术的发展，出现某种类型的电器具的负载特性随时间而变化的情况亦将不可避免。

要精确测定电器具的实用终止电压并非总是可能的，所确定的放电条件不过是所选择的一种折中的方法，用来代表具有广泛分散特性的某一类电器具。

尽管有这些局限性，但按上述方法确定的应用检验的方法仍然是评价用于某类电器具的电池性能的最佳方法。

注2：为了减少应用检验的项目数，所规定的这些检验应当代表市售该型号电池80%的实际用途。

5.2.2.2 多个负载的应用检验

除另有规定外，具有多个负载的应用检验，在一个检验循环里，应按从最重负载到最轻负载的顺序检验。

5.2.3 放电量检验

进行放电量检验，应选择阻值适当的负荷电阻，使放电时间大约为30天。

如果在所要求的时间内不能获得电池的全部容量，则应选择6.4中阻值更高的负荷电阻，以便延长放电时间，但延长的时间应尽可能短。

5.3 放电性能/最小平均放电时间的符合性检验

为了检验电池放电性能的符合性，可选择 GB/T 8897.2 中规定的任何应用检验或放电量检验。

检验要求按如下步骤进行。

a）检验9个电池；

b）不排除任何结果计算平均值；

c）如果平均值大于或等于规定值，而且放电时间小于规定值之80%的电池数不大于1，则电池的放电量符合要求；

d）如果平均值小于规定值和（或）小于规定值之80%的电池数大于1，则另取9个样品电池再做检验并计算平均值；

e）如果第二次检测的平均值大于或等于规定值，而且放电时间小于规定值之80%的电池数不大于1，则电池的放电量符合要求；

　　f) 如果第二次检验的平均值小于规定值和（或）小于规定值之 80% 的电池数大于 1，则认为电池的放电量不符合要求，并且不允许再进行检验。

　　注：原电池的放电性能在 GB/T 8897.2 中规定。

5.4　最小平均放电时间规定值的计算方法

　　见附录 D。

5.5　开路电压检验

　　用 6.8.1 规定的电压测量仪表测量电池的开路电压。

5.6　电池尺寸测量

　　用 6.8.2 规定的量具测量电池的尺寸。

5.7　泄露和变形检验

　　电池在规定的环境条件下进行放电检验之后，以相同的方法继续放电，直到电池的闭路电压首次降至低于其标称电压之 40%。电池应满足 4.1.3、4.2.2 和 4.2.3 的要求。

　　注：手表电池应按 GB/T 8897.3—2013 中第 8 章的规定目视检验泄露情况。

6　性能检验的条件

6.1　放电前环境条件

　　除非另有规定，电池应在表 4 规定的条件下进行放电前贮存和放电检验。表中的放电条件又称为标准条件。

表 4　放电前贮存及放电检验条件

检验类型	贮存条件			放电条件	
	温度/℃	相对湿度[d]/%	贮存时间	温度/℃	相对湿度[d]/%
初始期放电检验	20±2[a]	55±20	最长为生产后 60d	20±2	55±20
贮存期放电检验	20±2[a]	55±20	贮存期限（至少 12 个月）	20±2	55±20
高温贮存后放电检验[b]	45±2[c]	55±20	13 周	20±2	55±20
[a] 短时间内，贮存温度可偏离上述要求但不可超过 20℃±5℃。					
[b] 当要求作高温贮存检验时进行该项检验，电池性能要求由供需双方商定。					
[c] 打开电池包装贮存。					
[d] "P" 体系电池的相对湿度为 55%±10%。					

6.2 贮存后放电检验的开始

贮存结束至开始放电检验的时间不应超过14d，在此期间电池应在20℃±2℃和55%±20%RH（"P"体系电池为55%±10%RH）的环境中保存。

高温贮存结束后，电池至少应在上述环境中放置1d再开始放电检验，以使电池和环境温湿达到平衡。

6.3 放电检验条件

电池应按GB/T 8897.2的规定进行放电，直至电池的闭路电压首次低于规定的终止电压。放电量可用放电时间、安时或瓦时来表示。

当GB/T 8897.2规定了一种以上的放电检验时，电池应满足所有的放电检验要求方可判为符合本部分。

6.4 负荷电阻

负荷电阻（包括外电路所有部分）的阻值应为GB/T 8897.2中规定的值，阻值与规定值之间的误差应不大于±0.5%。

拟定新的检验项目时，负荷电阻的阻值应尽可能是表5所列阻值之一，包括它们的十进位倍数和约数。

表5 新检验项目的负荷阻值 （Ω）

1.00	1.10	1.20	1.30	1.50	1.60	1.80	2.00
2.20	2.40	2.70	3.00	3.30	3.60	3.90	4.30
4.70	5.10	5.60	6.20	6.80	7.50	8.20	9.10

6.5 每天放电时间

每天放电时间按GB/T 8897.2的规定。

拟定新的检验项目时，每天的放电时间应尽可能采用表6所列的时间之一。

表6 新项目的每天放电时间

1min	5min	10min	30min	1h
2h	4h	12h	24h（连续放电）	—

必要时，每天的放电时间可在GB/T 8897.2中另行规定。

6.6　检验条件允许的偏差

除非另有规定，允许偏差应符合表 7 的规定。

表 7　检验条件允许偏差

参数	允许偏差	
温度	±2℃	
负荷	±0.5%	
电压	±0.5%	
相对湿度	±20%（"P"体系为±10%）	
时间	放电时间 t_d	允许偏差
	$0 < t_d \leqslant 2s$	±5%
	$2s < t_d \leqslant 100s$	±0.1s
	$t_d > 100s$	±0.1%

6.7　"P"体系电池的激活

从电池激活到开始进行电性能测量，至少应间隔 10min。

6.8　测量仪器和器具

6.8.1　电压测量

测量电压的仪器准确度应不低于 0.25%，精密度应不低于最后一位有效数值的 50%，内阻应不小于 $1M\Omega$。

6.8.2　尺寸测量

测量器具的准确度应不低于 0.25%，精密度应不低于最后一位有效数值的 50%。

7　抽样和质量保证

7.1　通则

由供需双方商定抽样方案或产品质量指数。当双方无协议时，可选用 7.1 或 7.2 的方案。

7.2　抽样

7.2.1　计数抽样检验

需要进行计数抽样检验时，应按 IEC 60410 的规定选择抽样方案，规定检验项目和可接收质量水平（AQL）（同型号的电池至少检验3只）。

7.2.2　计量抽样检验

需要进行计量抽样检验时，应按 ISO 3951 的规定选择抽样方案，规定检验项目、样本大小和可接收质量水平（AQL）。

7.3　产品质量指数

7.3.1　通则

建议使用以下指数之一作为评价和保证产品质量的方法。

7.3.2　能力指数（C_p）

C_p 是表征过程能力的一个指数。它说明了在样本过程标准差为 σ' 范围内允许偏差有多大。定义为 $C_p = (USL-LSL)/$ 过程宽度，式中的过程宽度用 $6R/d_2$ 表示。如果 $C_p \geq 1$ 并趋中，则表明该过程产品符合要求。但是当 $C_p = 1$ 时，有 2700×10^{-6} 件不合格。

注：USL 为上规格限；LSL 为下规格限；R 为过程宽度的平均值；d_2 为与 R 相关的公共统计数。

7.3.3　能力指数（C_{pk}）

C_{pk} 是另一个表征过程能力的指数，它说明了过程是否符合允许的偏差以及过程是否以目标值为中心。

和 C_p 一样，它是在假定样本来自一个稳定的过程且误差是随机变量的前提下，在样品变量范围为 R/d_2 时测得的。由控制图可知 $\sigma' = R/d_2$。

C_{pk} 是 $USL-X/3\sigma'$ 或 $X-LSL/3\sigma'$ 两者之中较小之值。

7.3.4　性能指数（P_p）

P_p 是一个过程性能指数，它说明了系统的总误差范围内的允许偏差有多大。它是系统实际性能的测定，因为所有的误差来源都包含在 σ'_T 中。σ'_T 是通过将所有的观察数据作为一个大的样本计算得出的。P_p 定义为 $(USL-LSL)/6\sigma'_T$。

7.3.5　性能指数（P_{pk}）

P_{pk} 是另一个过程性能指数。它和 P_p 一样，也是对系统实际性能的测定。但它又和 C_{pk} 一样，说明了过程的趋中程度。

P_{pk} 是 $USL-X/3\sigma'_T$ 或 $X-LSL/3\sigma'_T$ 两者之中的最小值。

式中的 σ'_T 包含了系统所有的误差来源。

8　电池包装

电池包装、运输、贮存、使用和处理的实用规程见附录 E。

附录 A(规范性附录)　　电池标准化指南

符合下列要求的电池或电化学体系方可进入或保留在 GB/T 8897《原电池》系列标准中:

a) 电池或同类电化学体系的电池批量生产;

b) 电池或同类电化学体系的电池在世界上几个市场有售;

c) 当前至少有两家独立的制造厂生产该电池,其专利权所有者应符合 ISO/IEC 指南第一部分 2.14 中涉及专利的相关条款的要求;

d) 电池至少在两个不同的国家生产,或者电池由其他独立的国际制造商购买并以它们公司的商标销售。

对任何新的电池或电化学体系进行标准化时,新工作提案应包含表 A.1 中的内容。

表 A.1　对新的电池或电化学体系标准化时应包含的内容

电池	电化学体系
符合上述 a) ~d) 项的声明	符合上述 a) 和 b) 项的声明
型号和电化学体系	推荐的型号字母
尺寸（包括附图）	负极
放电条件	正极
最小平均放电时间	标称电压
	最大开路电压
	电解质

附录 B（规范性附录）　电器具的设计

B.1　技术联系

建议生产电池作电源的电器具公司与电池行业保持紧密联系，从设计开始就应考虑现有的各种电池的性能。只要有可能，应尽量选择 GB/T 8897.2 以及我国的其他原电池国际标准和行业标准中已有型号的电池。电器具上应永久性标明能提供最佳性能的电池的型号和类型。

B.2　电池舱

电池舱应当方便好用，使电池能很方便地装入又不容易掉出来。设计电池舱及其正负极接触件的结构和尺寸时，应当使符合本部分的电池可以装入。即使有的国家标准或电池制造厂规定的电池公差比本部分要小，电器具的设计者也决不能忽视本部分规定的公差。

设计电池舱负极接触件的结构时应注意允许电池负极端有凹进。

供儿童使用的电器具的电池舱应坚固耐敲击。

应清楚标明所用电池的类型、正确的极性排列和装入的方向。

利用电池正极（+）和负极（-）极端形状和尺寸的不同来设计电池舱，防止电池倒置。与电池正负极接触的连接件的形状应明显不同，以避免装入电池时出错。

电池舱应与电路绝缘，且应位于适当的位置，使受损坏和受伤害的风险降至最低限度。只有电池的极端才能和电路形成物理接触。在选择极端接触件的材料和结构时，应确保在使用条件下，极端接触件能与电池形成并保持有效的电接触，即使是使用本部分允许的极限尺寸的电池也应如此。电池的极端和电器具的接触件应使用性能相似、低电阻值的材料。

不主张电池舱采用并联形式连接电池，因为在并联状况下，如果有电池装反就会具备充电条件。

使用"A"或"P"体系的空气去极化电池作为电源的器具，须有适当的空气入口。"A"体系电池在正常工作时最好处于直立位置。符合 GB/T 8897.2 中图4的"P"体系电池，其正极电接触件应当安排在电池的侧面，这样才不会堵住空气入口。

尽管电池的耐漏性能有了很大的改善，但泄漏偶尔还会发生。当无法将电池舱与器具完全隔开时，应将电池舱安排在适合的位置，使器具受损的可能性降到最小。

电池舱上应永久而清晰地标明电池的正确朝向。引起麻烦的最常见原因之一，就是一组电池中有一个电池倒置，可能导致电池泄漏、爆炸、着火。为了把这种危害性降到最小程度，电池舱应设计成一旦有电池倒置就不能形成电路。

电路只能与电池的电接触面相连接，不能与电池的任何其他部分形成物理接触。

强烈建议电器具的设计者们在设计电器具时参阅 GB 8897.4 和 GB 8897.5，对安全性作全面的考虑。

B.3　截止电压

为了防止因电池反极而造成泄漏，电器具的截止电压不应低于电池生产厂的推荐值。

附录C(规范性附录)　电池的型号体系（命名法）

该电池型号体系（命名法）尽可能明确地表征电池的外形尺寸、形状、电化学体系和标称电压，必要时还包括极端类型、放电能力及特性。

本附录分为两部分：

1990年10月以前使用的型号体系（命名法）；

1990年10月以后及现在和将来使用的型号体系（命名法）。

C.1　1990年10月前使用的电池型号体系

C.1.1　通则

本条款适用于1990年10月前已经标准化的所有电池，这些电池仍保留原来的型号。

C.1.2　单体电池

单体电池的型号用一个大写字母后跟一个数字来表示。字母R、F、S分别表示圆形、扁平形（叠层结构）和方形的单体电池。这个字母与其后的数字一起表示电池的标称尺寸（在开始采用该命名体系时，数字是按大小顺序排列的，但是由于有些型号已被删除或者在采用此有序的体系之前就已使用了不同的编号方法，使数字有空缺）。

对于由一个单体电池（cell）构成的电池（battery），表C.1、表C.2和表C.3列出的是电池（battery）的最大尺寸而不是单体电池（cell）的标称尺寸。需要注意的是，表C.1、表C.2和表C.3中不包含电化学体系的信息（无字母体系除外）或其他修饰符。电化学体系信息及其他信息见随后的C.1.2、C.1.3和C.1.4。表C.1、表C.2和表C.3仅提供单个的单体电池（cell）或单个的电池（battery）的外形尺寸代码。

某些在GB/T 8897.2中不使用的，但在其他国家的标准中使用的单体电池的尺寸也列在以上各表中。

C.1.3　电化学体系

除了锌-氯化铵、氯化锌-二氧化锰体系外，在字母R、F、S之前再加上一个字母表示电化学体系，这些字母见表3。

表 C.1　圆形单体电池和电池的外形型号和尺寸　　　　　　　　　mm

外形型号	单体电池（cell）的标称尺寸		电池（battery）的最大尺寸	
	直径	高度	直径	高度
R06	10	22	—	—
R03	—	—	10.5	44.5
R01	—	—	12.0	14.7
R0	11	19	—	—
R1	—	—	12.0	30.2
R3	13.5	25	—	—
R4	13.5	38	—	—
R6	—	—	14.5	50.5
R9	—	—	16.0	6.2
R10	—	—	21.8	37.3
R12	—	—	21.5	60.0
R14	—	—	26.2	50.0
R15	24	70	—	—
R17	25.5	17	—	—
R18	25.5	83	—	—
R19	32	17	—	—
R20	—	—	34.2	61.5
R22	32	75	—	—
R25	32	91	—	—
R26	32	105	—	—
R27	32	150	—	—
R40	—	—	67.0	172.0
R41	—	—	7.9	3.6
R42	—	—	11.6	3.6
R43	—	—	11.6	4.2
R44	—	—	11.6	5.4
R45	9.5	3.6	—	—
R48	—	—	7.9	5.4
R50	—	—	16.4	16.8
R51	16.5	50.0	—	—
R52	—	—	16.4	11.4
R53	—	—	23.2	6.1
R54	—	—	11.6	3.05
R55	—	—	11.6	2.1
R56	—	—	11.6	2.6
R57	—	—	9.5	2.7

表 C.1（续）

外形型号	单体电池（cell）的标称尺寸		电池（battery）的最大尺寸	
	直径	高度	直径	高度
R58	—	—	7.9	2.1
R59	—	—	7.9	2.6
R60	—	—	6.8	2.15
R61	7.8	39	—	—
R62	—	—	5.8	1.65
R63	—	—	5.8	2.15
R64	—	—	5.8	2.70
R65	—	—	6.8	1.65
R66	—	—	6.8	2.60
R67	—	—	7.9	1.65
R68	—	—	9.5	1.65
R69	—	—	9.5	2.10
R70	—	—	5.8	3.6

注：电池的完整尺寸在 GB/T 8897.2 和 GB/T 8897.3 中给出。

表 C.2　扁平形单体电池的外形型号和标称尺寸　　　　　　　mm

外形型号	直径	长度	宽度	厚度
F15		14.5	14.5	3.0
F16		14.5	14.5	4.5
F20		24	13.5	2.8
F22		24	13.5	6.0
F24		—	—	6.0
F25		23	23	6.0
F30		32	21	3.3
F40	23	32	21	5.3
F50		32	32	3.6
F70		43	43	5.6
F80		43	43	6.4
F90		43	43	7.9
F92		54	37	5.5
F95		54	38	7.9
F100		60	45	10.4

注：电池的完整尺寸在 GB/T 8897.2 中给出。

表 C.3　方形单体电池和电池的外形型号和尺寸　　　　　　　（mm）

外形型号	单体电池（cell）的标称尺寸			电池（battery）的最大尺寸		
	长	宽	高	长	宽	高
S4	—	—	—	57.0	57.0	125.0
S6	57	57	150	—	—	—
S8	—	—	—	85.0	85.0	200.0
S10	95	95	180	—	—	—
注：电池的完整尺寸在 GB/T 8897.2 中给出。						

C.1.4　电池

如果一个电池由一个单体电池构成，电池就使用这个单体电池的型号。

如果一个电池由一个以上的单体电池串联而成，则在单体电池的型号前加上串联的单体电池的个数。

如果单体电池并联，则在该单体电池的型号之后加上连字符"－"，再加上并联的单体电池的个数。

如果一个电池包含几个部分，则每个部分分别命名，各型号之间用斜线（"/"）隔开。

C.1.5　修饰符

为了明确表征电池的类型，通过在电池基本型号后另加字母 X 或 Y 来区分其变型，表示电池的排列或极端的差异；在电池基本型号后另加字母 P 或 S 表示不同的电性能特征。

C.1.6　示例

R20 由一个 R20 尺寸的锌–氯化铵、氯化锌–二氧化锰体系的单体电池构成的电池。

LR20 由一个 R20 尺寸的锌–碱金属氢氧化物–二氧化锰体系的单体电池构成的电池。

3R12 由三个 R12 尺寸的锌–氯化铵、氯化锌–二氧化锰体系的单体电池串联组成的电池。

4R25X 由四个 R25 尺寸的锌–氯化铵、氯化锌–二氧化锰体系的单体电池串联组成的电池、电池的极端为螺旋状弹簧接触件。

C. 2 1990 年 10 月后使用的电池型号体系

C. 2.1 通则

本条款适用于 1990 年 10 月后标准化的所有电池。

该型号体系（命名法）的基本原则是通过电池型号来表达电池的基本概念。对所有电池，包括圆形（R）和非圆形（P）的，均用表征圆柱体的直径和高度来表示。

本条款适用于由一个单体电池构成的电池和由多个单体电池串联和/或并联构成的电池。

例如：最大直径为 11.6mm，最大高度为 5.4mm 的电池，其外形尺寸型号为 R1154，在这个型号的前面再加上表示电池电化学体系的字母代码。

C. 2.2 圆形电池

C. 2.2.1 直径和高度小于 100mm 的圆形电池

C. 2.2.1.1 通则

直径和高度小于 100mm 的圆形电池的型号命名方法见图 C. 1。

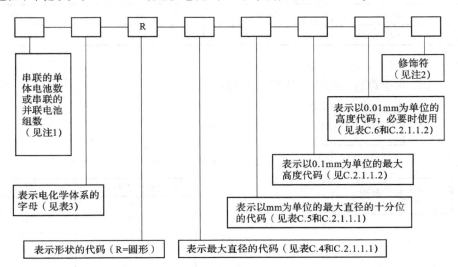

注1：并联的单体电池数或电池组数不注明。
注2：修饰符用来表示特殊极端结构、负载能力和其他特性。

图 C.1 直径和高度小于 100mm 的圆形电池的型号体系

C. 2.2.1.2 确定直径代码的方法

直径代码由最大直径确定。直径代码为：

a）推荐直径的代码按表 C.4 确定；

表 C.4　推荐直径的直径代码   （mm）

代码	推荐最大直径	代码	推荐最大直径
4	4.8	20	20.0
5	5.8	21	21.0
6	6.8	22	22.0
7	7.9	23	23.0
8	8.5	24	24.5
9	9.5	25	25.0
10	10.0	26	26.2
11	11.6	28	28.0
12	12.5	30	30.0
13	13.0	32	32.0
14	14.5	34	34.2
15	15.0	36	36.0
16	16.0	38	38.0
17	17.0	40	40.0
18	18.0	41	41.0
19	19.0	67	67.0

b）非推荐直径的代码按图 C.2 确定。

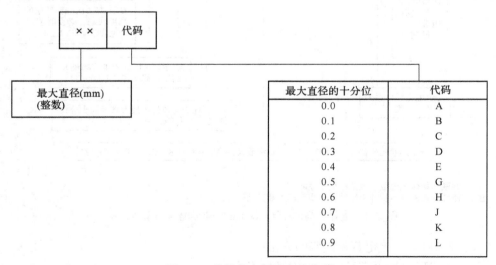

图 C.2　非推荐直径的直径代码

C.2.2.1.3　确定高度代码的方法

高度代码是数字，以十分之一毫米为单位的电池最大高度的整数部分来表示（如最大高度为 3.2mm，表示为 32）。最大高度规定如下：

a）平面接触型极端的电池，其最大高度是包括极端在内的总高度。

b）其他极端类型的电池，其最大高度为不包括极端在内的总高度（即从电池的台肩部到台肩部的距离）。

如果需要说明高度中毫米百分位部分，可按图 C.3 用一个代码来表示。

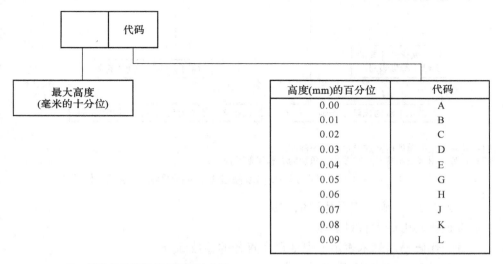

注：百分位的代码仅在必要时才用。

图 C.3　表示高度（mm）的百分位代码

示例 1：LR1154 由一个圆形单体电池或由一组并联的圆形单体电池构成的锌–碱金属氢氧化物–二氧化锰体系的电池，最大直径为 11.6mm（表 C.4），最大高度为 5.4mm。

示例 2：LR27A116 由一个圆形单体电池或由一组并联的圆形单体电池构成的锌–碱金属氢氧化物–二氧化锰体系的电池，最大直径为 27mm（图 C.2），最大高度为 11.6mm。

示例 3：LR2616J 由一个圆形单体电池或由一组并联的圆形单体电池构成的锌–碱金属氢氧化物–二氧化锰体系的电池，最大直径为 26.2mm（表 C.4），最大高度 1.67mm（图 C.3）。

C.2.2.2　直径和/或高度为 100mm 或超过 100mm 的圆形电池

C.2.2.2.1　通则

直径和/或高度为 100mm 或超过 100mm 的圆形电池的型号命名方法见图 C.4。

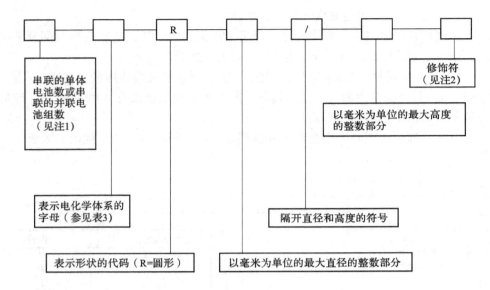

注1：并联连接的单体电池或电池组数不注明。
注2：修饰符用来表示特殊极端结构、负载能力和其他特性。

图 C.4　直径和/或高度为 100mm 或超过 100mm 的圆形电池型号体系

C.2.2.2.2　确定直径代码的方法

直径代码由最大直径确定。

直径代码是以毫米表示的电池最大直径的整数部分。

C.2.2.2.3　确定高度代码的方法

高度代码是以毫米表示的电池最大高度的整数部分。最大高度规定如下：

a）平面接触型极端的电池（如 GB/T 8897.2—2013 中图 1~图 4 所示电池），其最大高度是包括极端在内的高度。

b）其他极端类型的电池，其最大高度为不包括极端在内的总高度（即从电池台肩部到台肩部的距离）。

示例：5R184/177：由 5 个单体电池或由 5 个并联电池组串联构成的锌-氯化铵、氯化锌-二氧化锰体系的圆形电池，直径为 184.0mm，电池台肩部到台肩部的总高度为 177.0mm。

C.2.3　非圆形电池

C.2.3.1　通则

非圆形电池的型号如下命名：

假想一个圆柱形外壳，包围着电池除极端之外的整个表面（极端伸出该假想电池壳体）。

按电池的最大长度（l）和宽度（ω）尺寸计算对角线，即假想圆柱的直径。

用圆柱体的以毫米为单位的直径整数部分和以毫米为单位的最大高度整数部分来命名电池的型号。

最大高度规定如下：

a）平面接触型极端的电池，最大高度为包括极端在内的总高度。

b）对于其他类型极端的电池，最大高度为不包括极端在内的总高度（即从电池台肩部到台肩部的距离）。

注：当电池不同的面上有两个或两个以上的极端伸出时，适用于电压最高的那个极端。

C.2.3.2　尺寸小于100mm的非圆形电池

尺寸小于100mm的非圆形电池的型号命名方法见图C.5。

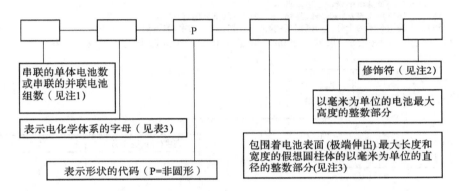

注1：并联的单体电池数或电池组数不注明。
注2：修饰符用来表示特殊极端结构、负载能力以及其他特性。
注3：当需用毫米的十分位来区别高度时，采用表C.5中的字母代码。
示例：
　6LP3146：由锌-碱金属氢氧化物-二氧化锰体系的6个单体电池或6个并联的电池组相串联构成的电池，其最大长度为26.5mm，最大宽度为17.5mm，最大高度为46.4mm。该电池表面（l和w）的直径的整数部分可按下式计算：$\sqrt{l^2+w^2}=31.8mm$；整数部分为31

图 C.5　尺寸小于100mm的非圆形电池的型号体系

C.2.3.3　尺寸为100mm或超过100mm的非圆形电池

尺寸为100mm或超过100mm的非圆形电池的型号命名方法见图C.6。

C.2.4　型号重复

万一出现两种或多种电池的假想包围圆柱同时具有相同的直径和高度，那么第二种电池的命名方法是在相同的电池型号后面加上"−1"，其余类推。

按C.2命名的圆形电池的型号和尺寸见表C.5。按C.2命名的非圆形电池的型号和尺寸见表C.6。

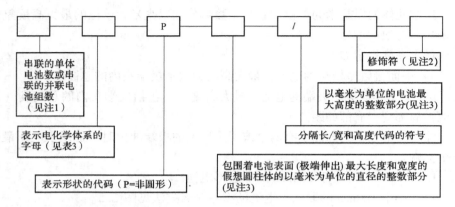

注1：并联的单体电池数或电池组数不注明。
注2：修饰符用来表示特殊极端结构、负载能力以及其他特性。
注3：当需用毫米的十分位来区别高度时，采用图C.7中的字母代码。

图 C.6　尺寸为 100mm 或超过 100mm 的非圆形电池的型号体系

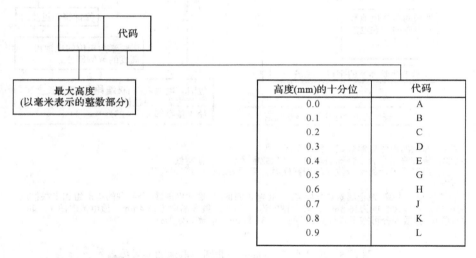

注：毫米的十分位代码仅在必需时用。
示例：
　6P222/162：由锌–氯化锌，氯化铵–二氧化锰体系的6个单体电池或6个并联电池组串联构成的电池，其最大长度192mm，最大宽度113mm，最大高度162mm。

图 C.7　表示高度（mm）的十分位代码

表 C.5　按 C.2 命名的圆形电池的型号和尺寸　　　　　　　　　　　　　　　　**mm**

外形型号	电池（battery）最大尺寸	
	直径	高度
R772	7.9	7.2
R1025	10.0	2.5
R1216	12.5	1.6
R1220	12.5	2.0

表 C.5（续）

外形型号	电池（battery）最大尺寸	
	直径	高度
R1225	12.5	2.5
R1616	16.0	1.6
R1620	16.0	2.0
R2012	20.0	1.2
R2016	20.0	1.6
R2020	20.0	2.0
R2025	20.0	2.5
R2032	20.0	3.2
R2320	23.0	2.0
R2325	23.0	2.5
R2330	23.0	3.0
R2354	23.0	5.4
R2420	24.5	2.0
R2425	24.5	2.5
R2430	24.5	3.0
R2450	24.5	5.0
R3032	30.0	3.2
R11108	11.6	10.8
2R13252	13.0	25.2
R12A604	12.0	60.4
R14250	14.5	25.0
R15H270	15.6	27.0
R17335	17.0	33.5
R17345	17.0	34.5
R17450	17.0	45.0

注：电池的完整尺寸在 GB/T 8897.2 和 GB/T 8897.3 中给出。

表 C.6　按 C.2 命名的非圆形电池的型号和尺寸　　　　　　　　（mm）

外形型号	原来的型号	电池最大尺寸		
		长	宽	高
2P3845	2R5	34.0	17.0	45.0
2P4036	R-P2	35.0	19.5	36.0

注 1：由于这两种型号早在电池标准化之前就已经使用和认可，所以电池实际使用的型号仍为 2R5 和 R-P2。

注 2：电池的完整尺寸在 GB/T 8897.2 中给出。

附录 D(规范性附录)　电池最小平均放电时间指标的计算方法

按以下方法计算电池的"最小平均放电时间"值：

a) 准备好随机选取的至少 10 周的放电数据。

b) 计算每组中 9 个样品电池的放电时间 X 的平均放电值 X。

注：如果在一组中有 X 值超出 3σ 的，则在计算 X 时剔除这些值。

c) 计算各组平均值 X 的平均值 X 和 σ_X。

最小平均放电时间由各个国家提出：

A：$X-3\sigma_X$

B：$X \times 0.85$

计算 A 的值和 B 的值，取两者中较大者确定为"最小平均放电时间"值。

附录 E（规范性附录） 原电池的包装、运输、贮存、使用和处理的实用规则

E.1 通则

原电池用户的高满意度源自电池生产、配送和使用过程中良好习惯和做法所产生的总效果。

本规则概括地阐述一些好的实践经验，以建议的形式提供给电池生产厂、批发商和用户。

E.2 包装

包装应恰当，以避免电池在运输、装卸和堆放过程中损坏。应选择适当的包装材料和包装设计，防止电池发生意外导电、极端腐蚀、受潮。

E.3 运输和装卸

应尽量使电池少受冲击和振动。例如不应从卡车上将电池箱抛下堆放处；不应将电池箱堆放得过高而超过底部箱子的承荷限度；应保护电池不受恶劣天气的影响。

E.4 存放和库存周转

存放区应清洁、凉爽、干燥、通风，不受气候的影响。

正常存放时，温度应在+10℃～+25℃，不可超过+30℃。应避免长时间处于极端湿度（相对湿度高于95%和低于40%），因为这种湿度对于电池和包装都有害。因此，电池不应存放在散热器或锅炉旁，不应直接置于阳光下。

虽然在室温下电池的贮存寿命比较长，但在采取了特殊的预防措施后，存放在更低温度下（-10℃～+10℃或低于-10℃的深度冷藏），贮存寿命可进一步改善。电池应密封在特殊保护包装中（如密封塑料袋之类），在温度回升至室温过程中仍应保留此包装，以保护电池避免受冷凝水影响。快速回升温度是有害的。

冷藏后恢复至室温的电池应尽快使用。

如果电池生产厂认为合适的话，电池可以安放在电器具中或放在包装中存放。

电池堆放高度显然取决于包装箱的强度。一般规定，纸质包装箱的堆放高度不应超过1.5m，木箱不应超过3m。

上述建议也适用于电池在长途运输中的存放条件。因此，电池应存放在远离

船舶发动机的地方，夏季不应长期滞留在不通风的金属棚车（集装箱）内。

生产出的电池应立即发送，由批发售中心周转到用户，可实行按顺序周转（先入库的电池先出库）。贮存区和陈列区应当规划好并在包装上作好标记。

E.5 销售点的陈列

打开电池包装后，应注意避免电池损伤和电接触，例如不应将电池乱堆在一起。

供出售的电池不可长时间暴露于阳光直射的橱窗中。

电池生产厂应提供足够的信息，使零售商能正确地为用户选配电池，为新购置的电器具首次选配电池时尤为重要。

测量仪表不能对不同牌号或不同厂家生产的好电池的性能进行可靠的比较，但是确实能检测出电池的严重缺陷。

E.6 选购、使用和处理

E.6.1 购买

应购买最适合于预期用途的、尺寸和类型合适的电池。许多电池生产厂提供各种尺寸的多种类型的电池。在销售点和电器具上应有说明或标明该器具最适用的电池类型。

当不能获得指定牌号、尺寸和类型的电池时，可根据表明电化学体系和尺寸的电池型号来选择替代电池。电池标签上应标明型号，还应清楚标明电压、生产商或供货商的名称或商标、生产时间（年和月）和保质期，或建议的使用期的截止期限，以及电池的极性（"+"和"-"）等。对于某些电池，上述信息中的一部分可标注在包装上（见4.1.6.2）。

E.6.2 安装

在电池装入电器具的电池舱之前，应检查电池和电器具的接触部件是否清洁、电池极性方向是否正确。必要时用湿布擦净，待干燥后再装入电池。

装电池时，极性（"+"和"-"）方向的正确性极为重要。应仔细阅读电器具的说明书（电器具应附有说明书），使用说明书推荐的电池；否则有可能发生电器具故障，电器具和/或电池的损坏。

E.6.3 使用

勿在严酷的条件下使用电器具，比如将电器具放在散热器旁或置于停放在阳光下的汽车里等。

及时将电池从已不能正常工作的电器具或长期不用的电器具（如摄像机、照相机闪光灯等）中取出是有益的。

确保在电器具使用后关闭电源。

电池应贮存在阴凉、干燥以及避免阳光直射的地方。

E.6.4　更换

应同时更换一组电池中所有的电池，新购电池不应和已部分耗电的电池混用，不同电化学体系、类型或牌号的电池不要混用；无视这些警告会使一组电池中的一些电池在使用中处于过放电状态，从而增加漏液的可能性。

E.6.5　处理

在不违背我国相关法规的情况下，原电池可作为公共垃圾处理。

锂原电池处理的注意事项详见 GB 8897.4。

水溶液电解质原电池处理的注意事项详见 GB 8897.5。

附录 F（规范性附录）　标准放电电压——定义和确定方法

F.1　定义

对于一个给定的电化学体系，其标准放电电压 U_s 是特定的。它是与电池大小和内部结构无关的特性电压，仅与电池的电荷迁移反应有关。标准放电电压 U_s 用式（F.1）定义。

$$U_s = C_s / t_s \times R_s \tag{F.1}$$

式中：

U_s——标准放电电压；

C_s——标准放电容量；

t_s——标准放电时间；

R_s——标准放电电阻。

F.2　确定方法

F.2.1　总则：C/R 图

通过 C/R 图（其中 C 为电池的放电容量，R 为放电电阻）来确定放电电压 U_d。见图 F.1，它表示了在正常情况下的放电容量 C 对放电电阻 R_d 的关系曲线，即 $C(R_d)/C_p$ 为 R_d 的函数。R_d 值较小时，$C(R_d)$ 值也较小，反之亦然。随着 R_d 逐渐增大，放电容量 $C(R_d)$ 也逐渐增大，直至最终达到一个平台，此时 $C(R_d)$ 成为常数，如式（F.2）：

$$C_p = 常数 \tag{F.2}$$

这意味着 $C(R_d)/C_p = 1$，如图 F.1 中的水平线所示。它进而表明容量 $C = f(R_d)$ 和终止电压 U_e 有关：U_e 值越大，放电过程中不能获得的那部分——ΔC 也越大。

在平台区，容量 C 和 R_d 无关。

放电电压由式（F.3）确定。

$$U_d = C_d / t_d \times R_d \tag{F.3}$$

式（F.3）中 C_d / t_d 的比值代表在给定的终止电压 $U_e =$ 常数的条件下，电池通过放电电阻 R_d 放电时的平均电流 i（平均）。这一关系可写作式（F.4）：

$$C_d = i（平均）\times t_s \tag{F.4}$$

当 $R_d = R_s$（标准放电电阻）时，式（F.3）变为式（F.1），相应的式（F.4）变为式（F.5）：

$$C_s = i（平均）\times t_s \tag{F.5}$$

i（平均）和 t_s 的确定方法见 F.2.3 和图 F.2。

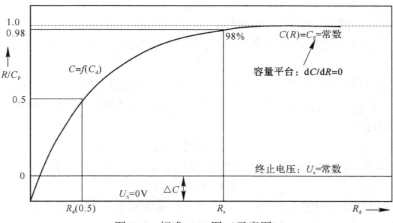

图 F.1　标准 C/R 图（示意图）

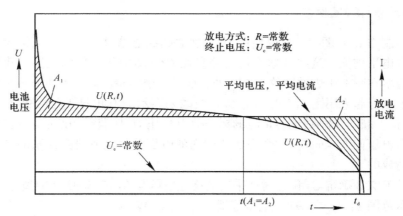

图 F.2　标准放电电压（示意图）

F.2.2　标准放电电阻 R_s 的确定

U_s 的确定最好是通过能获得 100% 放电量的放电电阻 R_d 来实现。但是这种放电的放电时间会很长。为减少时间，可通过式（F.6）得到 U_s 的一个不错的近似值。

$$C_s(R_s) = 0.98C_p \qquad\qquad (F.6)$$

这个公式表明：用获得的 98% 的放电量来确定标准放电电压 U_s 已具有足够的准确度，即让电池通过标准放电电阻 R_s 来放电。由于 $R_s \leqslant R_d$，U_s 实际为常数，所以系数为 0.98 或更大并不重要。在这种条件下，准确获得 98% 的放电量并非十分重要。

F.2.3　标准放电量 C_s 和标准放电时间 t_s 的确定

图 F.2 是一个电池的放电曲线图。

图 F.2 标出放电曲线之下的面积 A_1 和放电曲线之上的面积 A_2。

$$A_1 = A_2 \tag{F.7}$$

时的电流为平均放电电流 i（平均）。式（F.7）所描述的条件并非是放电中点（图 F.2 所示）。放电时间 t_d 由图中 $U(R, t) = U_c$ 处的交点确定。放电容量由式（F.8）求出：

$$C_d = i(平均) \times t_d \tag{F.8}$$

当 $R_d = R_s$ 时，放电容量为标准放电量 C_s，式（F.8）变为式（F.9）：

$$C_s = i(平均) \times t_s \tag{F.9}$$

这种通过实验来确定标准放电容量 C_s 和标准放电时间 t_s 的方法，在确定标准放电电压时也用到［见式（F.1）］。

F.3　实验条件和试验结果

实验制作 C/R 图时，建议使用 10 个独立的放电结果。每个放电结果为 9 只电池的放电平均值，这些数据将均匀分布在 C/R 图中所期望的范围。建议第一个放电值落在图 F.1 中的大约 $0.5C_p$ 处，最后一个实验值落在大约 $R_d \approx 2 \times R_s$ 处。所有的数据合起来用图 F.1 的一个 C/R 曲线来表示。由此图在大约 98% C_p 处可确定 R_d 值。获得 98% 放电容量时的标准放电电压 U_s 比获得 100% 放电容量时的标准放电电压偏低 50mV。这个毫伏范围内的电压差只是所研究体系的电荷迁移反应所造成的。

按照 F.2.3 确定 C_s 和 t_s 时，采用的终止电压与 GB/T 8897.2 的规定一致：

电压范围 1：$U_c = 0.9V$；电压范围 2：$U_c = 2.0V$。

表 F.1 给出的经实验测出的标准放电电压 U_s（SDV）仅供感兴趣的专家核对其重现性。

表 F.1　不同体系的标准放电电压

体系字母	—	C	E	F	L	S	Z
标准放电电压 U_s/V	1.30	2.90	3.50	1.48	1.30	1.55	1.56

对 A、B、G、P、W 和 Y 体系的 U_s 的测定正在研究之中。P 体系是个特例，因为它的 U_s 值与氧气还原的催化剂类型有关。由于 P 体系是一个对大气开放的体系，环境湿度以及体系激活后吸收的 CO_2 也会产生附加影响。对于 P 体系，其 U_s 值可达 1.37V。

附录 G（规范性附录）　消费品性能检验
标准方法（SMMP）的制定

注：本附录引自 ISO/IEC 指南 36：1982《消费品性能检验标准方法（SMMP）的制定》（1998 年废止）。

G.1　引言

对消费者有益的消费品性能信息是建立在具有重现性的产品性能检验标准方法基础上的（即检验方法测得的结果与产品在实际应用中的性能具有明显的关系，检验方法也是提供给消费者，让消费者了解产品性能特征的信息的基础）。

规定检验方法时，应尽可能考虑检测设备、费用和时间等条件的限制。

G.2　性能特性

在制定一个 SMMP（性能检验标准方法）时，首先要尽可能完整地列出在 G.1 中提到的产品特征。注：在列出产品特征时，应考虑选取消费者在决定购买时最注重的产品特性。

G.3　制定检验方法的准则

对所列出的每种特性应提出检验方法并且应考虑以下各点。

a）按规定方法检验的结果应尽可能与消费者对产品的实际使用结果一致；

b）检验方法必须客观，能得出有意义且可重现的检验结果。

c）应从最有益于消费者的立场出发制定检验方法的细节，应考虑产品价值和测试费用的比例。

d）当需要采用快速检验程序，或采用仅与产品的实际使用有间接关系的检验方法时，技术委员会应提供必要的指导，对检验结果与产品的常规使用的关系做出正确解释。

参 考 文 献

[1] 中华人民共和国国家质量监督检验检疫总局中国国家标准化管理委员会. GB/T 2900.41—2008. 中国标准书号 ［S］. 北京：中国标准出版社，2008.